新概念

计算机组装与维护

教程

成 昊　刘德玲　主　编

杜宏伟　李少峰　程玉柱　副主编

马建鹏　张国才　李 菲　编 委

科学出版社

内容简介

本书采用案例讲解的方法，精选实用、够用的案例，将组装与维护的各个知识要点和应用技巧融会贯通。

全书共11章，主要介绍了当前较主流的计算机组装与维护技术，内容包括计算机基础知识、计算机配件的选购、装机实战、常见外设的使用、局域网的组建、接入Internet、设置BIOS、优化电脑性能、电脑维护基础、电脑软件的管理、电脑常见故障及处理方案等。全书在内容上突出实用性和可操作性，以实践技能为核心，倡导以学生为本的教育理念，注重全面提高读者的职业实践能力和职业素养。

为方便教学，本书为用书教师提供超值的立体化教学资源包，主要包括与书中内容同步的多媒体教学视频（播放时间长达180分钟）、电子课件、课程设计、附赠的教学资源等内容，为教师的教学和学生的学习提供便利。

本书在内容上力求准确，层次清晰，语言通俗易懂，实用性强，非常适合组装与维护的初、中级用户学习；配合立体化教学资源包，特别适合作为职业院校、成人教育、大中专院校和计算机培训学校相关课程的教材。

图书在版编目（CIP）数据

新概念计算机组装与维护教程 / 成昊，刘德玲主编. —北京：科学出版社，2011.5
ISBN 978-7-03-030687-6

Ⅰ. ①新… Ⅱ. ①成… ②刘… Ⅲ. ①电子计算机—组装—教材 ②电子计算机—维修—教材 Ⅳ. ①TP30

中国版本图书馆 CIP 数据核字（2011）第 053629 号

责任编辑：桂君莉 吴俊华 / 责任校对：杨慧芳
责任印刷：张 伟 / 封面设计：彭琳君

科学出版社 出版

北京东黄城根北街 16 号
邮政编码：100717
http://www.sciencep.com

中国科学出版集团新世纪书局策划
北京虎彩文化传播有限公司 印刷
中国科学出版集团新世纪书局发行 各地新华书店经销

*

2011 年 6 月 第 一 版　　　　开本：787×1092　1/16
2011 年 6 月第一次印刷　　　　印张：14 1/4
字数：347 000

定价：39.90 元
（如有印装质量问题，我社负责调换）

丛书使用指南

一、编写目的

"新概念"系列教程于 2000 年初上市，当时是图书市场中唯一的 IT 多媒体教学培训图书，以其易学易用、高性价比等特点倍受读者欢迎。在历时 11 年的销售过程中，我们按照同时期最新、最实用的多媒体教学理念，根据用书教师和读者需求对图书的内容、体例、写法进行过 4 次改进，丛书发行量早已超过 300 万册，是深受计算机培训学校、职业教育院校师生喜爱的首选教学用书。

随着《国家中长期教育改革和发展规划纲要（2010～2020 年）》的制定和落实，我国职业教育改革已进入一个活跃期，地方的教育改革和制度创新的案例日渐增多。为了顺应教改的大潮流，我们迎来了本系列教程第 6 版的深度改版升级。

为此，我们组织国内 26 名职业教育专家、43 所著名职业院校和职业培训机构的一线优秀教师联合策划与编写了"第 6 版新概念"系列丛书——"十二五"职业教育计算机应用型规划教材。

二、丛书的特色

本丛书作为"十二五"职业教育计算机应用型规划教材，根据《国家中长期教育改革和发展规划纲要（2010～2020 年）》职业教育的重要发展战略，按照现代化教育的新观念开发而来，为您的学习、教学、工作和生活带来便利，主要有如下特色。

- ⓒ **强大的编写团队。**由 26 名职业教育专家、43 所著名职业院校和职业培训机构的一线优秀教师联合组成。
- ⓒ **满足教学改革的新需求。**在《国家中长期教育改革和发展规划纲要（2010～2020 年）》职业教育重要发展战略的指导下，针对当前的教学特点，以职业教育院校为对象，以"实用、够用、好用、好教"为核心，通过课堂实训、案例实训强化应用技能，最后以来自行业应用的综合案例，强化学生的岗位技能。
- ⓒ **秉承"以例激趣、以例说理、以例导行"的教学宗旨。**通过对案例的实训，激发读者兴趣，鼓励读者积极参与讨论和学习活动；让读者可以在实际操作中掌握知识和方法，提高实际动手能力、强化与拓展综合应用技能。
- ⓒ **好教、好用。**每章均按内容讲解、课堂实训、案例实训、课后习题和上机操作的结构组织内容，在领悟知识的同时，通过实训强化应用技能。在开始讲解之前，归纳出所讲内容的知识要点，便于读者自学，方便学生预习、教师讲课。

三、立体化教学资源包

为了迎合现代化教育的教学需求，我们为丛书中的每一本书都开发了一套立体化多媒体教学资源包，为教师的教学和学生的学习提供了极大的便利，主要包含以下元素。

- ⓒ **素材与效果文件。**为书中的实训提供必要的操作文件和最终效果参考文件。
- ⓒ **与书中内容同步的教学视频。**在授课中配合此教学视频演示，可代替教师在课堂上的演示操作，这样教师就可以将授课的重心放在讲授知识和方法上，从而大大增强课堂授课效果，同时学生课后还可以参考教学视频，进行课后演练和复习。
- ⓒ **电子课件。**完整的 PowerPoint 演示文档，协助用书教师优化课堂教学，提高课堂授课质量。

- 附赠的教学案例及其使用说明。为教师课堂上的举例和教学拓展提供多个实用案例，丰富课堂内容。
- 习题的参考答案。为教师评分提供参考。
- 课程设计。提供多个综合案例的实训要求，为教师布置期末大作业提供参考。

用书教师请致电(010)64865699 转 8067/8082/8081/8033 或发送 E-mail 至 bookservice@126.com 免费索取此教学资源包。

四、丛书的组成

新概念 Office 2003 三合一教程
新概念 Office 2003 六合一教程
新概念 Photoshop CS5 平面设计教程
新概念 Flash CS5 动画设计与制作教程
新概念 3ds Max 2011 中文版教程
新概念网页设计三合一教程——Dreamweaver CS5、Flash CS5、Photoshop CS5
新概念 Dreamweaver CS5 网页设计教程
新概念 CorelDRAW X5 图形创意与绘制教程
新概念 Premiere Pro CS5 多媒体制作教程
新概念 After Effects CS5 影视后期制作教程
新概念 Office 2010 三合一教程
新概念 Excel 2010 教程
新概念计算机组装与维护教程
新概念计算机应用基础教程
新概念文秘与办公自动化教程
新概念 AutoCAD 2011 教程
新概念 AutoCAD 2011 建筑制图教程
……

五、丛书的读者对象

"第 6 版新概念"系列教材及其配套的立体化教学资源包面向初、中级读者，尤其适合用作职业教育院校、大中专院校、成人教育院校和各类计算机培训学校相关课程的教材。即使没有任何基础的自学读者，也可以借助本套丛书轻松入门，顺利完成各种日常工作，尽情享受 IT 的美好生活。对于稍有基础的读者，可以借助本套丛书快速提升综合应用技能。

六、编者寄语

"第 6 版新概念"系列教材提供满足现代化教育新需求的立体化多媒体教学环境，配合一看就懂、一学就会的图书，绝对是计算机职业教育院校、大中专院校、成人教育院校和各类计算机培训学校以及计算机初学者、爱好者的理想教程。

由于编者水平有限，书中疏漏之处在所难免。我们在感谢您选择本套丛书的同时，也希望您能够把对本套丛书的意见和建议告诉我们。联系邮箱：l-v2008@163.com。

丛书编者
2011 年 4 月

Contents 目 录

第1章 计算机基础知识 ·······················1

1.1 计算机系统的组成 ·················· 1
  1.1.1 硬件系统················· 1
  1.1.2 软件系统················· 3
1.2 微型计算机的发展 ·············· 4

1.3 多媒体 PC 的组成 ·············· 5
1.4 计算机的性能指标 ·············· 6
1.5 课后练习 ·················· 7

第2章 选购计算机配件 ·······················9

2.1 CPU 的选购 ·················· 9
  2.1.1 四核和双核 CPU 的选购·········9
  2.1.2 高中端 CPU 的性能指标········12
  2.1.3 选购 CPU 的技巧·········15
2.2 主板的选购 ·················· 17
  2.2.1 主板的结构·········17
  2.2.2 主板的基本构成·········18
  2.2.3 主板的选购技巧·········19
2.3 内存的选购 ·················· 21
  2.3.1 内存的分类·········21
  2.3.2 内存的选购技巧·········22
2.4 硬盘的选购 ·················· 23
  2.4.1 硬盘的工作原理与结构·········23
  2.4.2 硬盘的接口类型·········25
  2.4.3 硬盘的选购技巧·········26
2.5 其他外存储设备的选购 ·········27
  2.5.1 光盘和光驱·········27
  2.5.2 刻录光盘与刻录机·········29
  2.5.3 蓝光、U 盘和 USB 移动硬盘·······30
  2.5.4 光驱、刻录机及其他可移动
       外存储器的选购技巧·········32
2.6 显卡的选购 ·················· 32
  2.6.1 显卡的工作原理·········32
  2.6.2 如何选购显卡·········33
2.7 显示器的选购 ·············· 34
  2.7.1 LCD 屏·········34
  2.7.2 CRT 显示器·········35
  2.7.3 如何选购显示器·········36

2.8 声卡的选购 ·················· 38
  2.8.1 声卡的类型·········38
  2.8.2 声卡的选购技巧·········39
2.9 音箱的选购 ·················· 40
  2.9.1 音箱简介·········40
  2.9.2 音箱的基本组成·········41
  2.9.3 音箱的性能指标·········42
  2.9.4 音箱的选购技巧·········43
2.10 键盘的选购 ·················· 45
  2.10.1 键盘的基本知识·········45
  2.10.2 键盘的选购技巧·········46
2.11 鼠标的选购 ·················· 46
  2.11.1 鼠标的基本知识·········46
  2.11.2 选购鼠标的注意事项·········47
2.12 手写板的选购 ·············· 48
  2.12.1 手写板的种类·········48
  2.12.2 手写板的用途·········49
  2.12.3 手写板选购指南·········49
2.13 机箱的选购 ·················· 49
  2.13.1 机箱的基本知识·········49
  2.13.2 机箱的选购技巧·········50
2.14 电源的选购 ·················· 51
  2.14.1 机箱电源的基本知识·········51
  2.14.2 电源的安全标准·········52
  2.14.3 电源的选购技巧·········52
2.15 课后练习 ·················· 53

第3章 装机实战 ·······55

3.1 安装前的准备 ·······55
  3.1.1 装机准备 ·······55
  3.1.2 装机注意事项 ·······56
  3.1.3 了解装机流程 ·······57
3.2 主机的安装 ·······57
  3.2.1 安装酷睿双核 CPU ·······57
  3.2.2 安装 CPU 风扇 ·······59
  3.2.3 安装内存 ·······61
  3.2.4 安装显卡和显示器数据线 ·······61
  3.2.5 连接主板电源线 ·······62
  3.2.6 最小系统开机测试 ·······63
  3.2.7 安装电源 ·······63
  3.2.8 安装主板 ·······64
  3.2.9 连接机箱信号线 ·······66
  3.2.10 安装显卡 ·······66
  3.2.11 安装声卡 ·······67
  3.2.12 安装硬盘 ·······67
  3.2.13 安装光驱/刻录机 ·······70
  3.2.14 安装机箱盖 ·······72
3.3 外设的连接 ·······72
3.4 设置 BIOS ·······75
3.5 分区和格式化 ·······75
  3.5.1 启动系统 ·······76
  3.5.2 硬盘分区 ·······76
  3.5.3 格式化硬盘 ·······78
3.6 安装 Windows XP 操作系统 ·······78
  3.6.1 启动电脑 ·······78
  3.6.2 准备安装 ·······79
  3.6.3 分区、格式化硬盘 ·······79
  3.6.4 复制系统文件 ·······80
  3.6.5 开始安装 ·······81
  3.6.6 最后阶段的设置 ·······82
  3.6.7 启动 Windows XP 系统 ·······84
3.7 安装和使用 Windows 7 操作系统 ·······85
  3.7.1 Windows 7 的新特性 ·······85
  3.7.2 Windows 7 不同版本的差异 ·······87
  3.7.3 安装 Windows 7 ·······88
  3.7.4 Windows 7 退出操作 ·······94
3.8 安装驱动程序和设置 Windows ·······95
  3.8.1 安装驱动程序的顺序 ·······95
  3.8.2 驱动程序安装方式 ·······95
  3.8.3 设置 Windows ·······97
3.9 课后练习 ·······97

第4章 常见外设的使用 ·······99

4.1 打印机 ·······99
  4.1.1 打印机的分类 ·······99
  4.1.2 打印机的安装 ·······101
4.2 扫描仪 ·······102
  4.2.1 扫描仪的基本知识 ·······103
  4.2.2 扫描仪的选购 ·······103
4.3 摄像头 ·······104
  4.3.1 摄像头的基本原理 ·······105
  4.3.2 摄像头的安装与应用 ·······105
  4.3.3 摄像头的性能指标 ·······106
4.4 案例实训 1——打印文档 ·······106
4.5 案例实训 2——扫描旧照片 ·······109
4.6 课后练习 ·······110

第5章 组建局域网 ·······112

5.1 网络基本知识 ·······112
  5.1.1 局域网的概念 ·······112
  5.1.2 TCP/IP 协议 ·······113
  5.1.3 以太网技术 ·······113
5.2 网络传输介质 ·······113
  5.2.1 同轴电缆 ·······114
  5.2.2 双绞线 ·······114
  5.2.3 光纤 ·······115
5.3 组建对等网 ·······115
  5.3.1 对等网的设备 ·······115

5.3.2　对等网的连接 ················ 118

5.4　对等网络的实现 ············· **119**

5.4.1　Windows XP 对等网络 ······· 119

5.4.2　设置文件共享 ················ 120

5.4.3　打印机共享 ·················· 121

5.5　组建小型局域网 ············· **122**

5.5.1　分析用户需要 ················ 123

5.5.2　确定网络设计的目标 ········· 123

5.5.3　网络设计的步骤 ············· 123

5.5.4　案例分析 ···················· 123

5.6　课后练习 ···················· **125**

第 6 章　接入 Internet ·· **126**

6.1　连入 Internet 的方式 ········· **126**

6.2　单机通过 ADSL 接入 Internet ···· **127**

6.2.1　ADSL 宽带上网所需的设备 ······ 127

6.2.2　安装硬件 ···················· 127

6.2.3　安装软件 ···················· 128

6.3　共享接入 Internet ············ **129**

6.3.1　ADSL MODEM 路由方案 ······ 129

6.3.2　宽带路由器方案 ············· 130

6.3.3　无线路由器方案 ············· 132

6.3.4　代理服务器方案 ············· 132

6.4　课后练习 ···················· **134**

第 7 章　设置 BIOS ·· **135**

7.1　BIOS 基础知识 ··············· **135**

7.1.1　BIOS 简介 ··················· 135

7.1.2　BIOS 与 CMOS 的区别 ······· 135

7.1.3　常见 BIOS 分类 ·············· 135

7.2　进入 BIOS 设置程序 ········· **136**

7.3　常用 BIOS 设置 ·············· **136**

7.4　BIOS 优化设置 ·············· **138**

7.5　BIOS 自检报警声的含义 ······ **139**

7.5.1　Award BIOS 报警声的含义 ········ 139

7.5.2　AMI BIOS 报警声的含义 ········ 139

7.5.3　BIOS 错误信息和解决方法 ········ 140

7.6　升级 BIOS ··················· **141**

7.7　课后练习 ···················· **142**

第 8 章　优化电脑性能 ··· **143**

8.1　使用″Windows 优化大师″优化操作系统 ············· **143**

8.1.1　优化磁盘缓存 ················ 143

8.1.2　优化桌面菜单 ················ 144

8.1.3　优化文件系统 ················ 145

8.1.4　优化网络性能 ················ 146

8.1.5　优化开机速度 ················ 147

8.1.6　优化系统安全 ················ 148

8.1.7　系统个性化设置 ············· 149

8.1.8　优化后台服务 ················ 149

8.1.9　清理注册表 ·················· 150

8.2　Windows 7 的系统优化 ······· **152**

8.2.1　将系统设为最佳性能 ········· 152

8.2.2　设置系统主题提高速度 ········ 154

8.2.3　关闭远程差分压缩 ··········· 154

8.2.4　使用任务管理器查看内存使用情况 ···················· 156

8.2.5　磁盘碎片整理 ················ 157

8.3　使用″360 安全卫士″优化操作系统 ··················· **159**

8.3.1　开机加速 ···················· 159

8.3.2　清理系统垃圾 ················ 160

8.4　课后练习 ···················· **161**

第9章 电脑维护基础 ··· 162

9.1 电脑的日常保养 ················ 162
  9.1.1 保证电脑系统良好的工作环境 ··· 162
  9.1.2 要有良好的操作习惯 ········· 163
  9.1.3 主要部件使用的注意事项 ······· 163
  9.1.4 其他方面 ············· 164
9.2 软件的维护 ············· 164
9.3 硬件的维护 ············· 165
9.4 使用 Ghost 备份数据 ········· 165
9.5 Windows 注册表及其维护 ······ 168

  9.5.1 注册表编辑器 ············ 168
  9.5.2 Windows XP 注册表 ······· 170
  9.5.3 注册表的备份 ············ 171
  9.5.4 注册表的恢复 ············ 172
  9.5.5 注册表的修复 ············ 172
  9.5.6 维护注册表 ············· 172
9.6 计算机安全维护 ·········· 173
9.7 课后练习 ·············· 175

第10章 管理电脑中的软件 ··· 176

10.1 软件的基本操作 ··········· 176
  10.1.1 安装软件 ············· 176
  10.1.2 查看已经安装的软件 ······· 180
  10.1.3 卸载软件 ············· 180
10.2 使用"360 软件管家"
    管理软件 ·············· 181
  10.2.1 通过"软件宝库"安装软件 ····· 181

  10.2.2 升级软件 ············· 183
  10.2.3 软件卸载 ············· 185
  10.2.4 管理正在运行的软件 ······· 187
  10.2.5 设置默认软件 ·········· 187
10.3 常用软件介绍 ··········· 188
10.4 课后习题 ············· 189

第11章 电脑常见故障及处理 ······································· 191

11.1 电脑故障概述 ··········· 191
  11.1.1 硬故障 ············· 191
  11.1.2 软故障 ············· 191
11.2 电脑检修基础 ··········· 192
  11.2.1 检修注意事项 ·········· 192
  11.2.2 识别故障的几条原则 ······· 192
  11.2.3 处理故障的一般思路 ······· 193
  11.2.4 故障检测的常用方法 ······· 194
  11.2.5 电脑检修步骤 ·········· 195
11.3 典型故障的分析与处理方法 ··· 197
  11.3.1 启动黑屏故障的分析与处理 ··· 197
  11.3.2 硬盘启动故障的分析与处理 ··· 199
  11.3.3 系统死机故障的分析与处理 ···· 200
  11.3.4 内存不足故障及维修方法 ···· 203

  11.3.5 计算机自动重启故障及维修
     方法 ·············· 204
  11.3.6 Windows 注册表故障及解决
     方案 ·············· 205
  11.3.7 光驱和刻录机故障的分析
     与处理 ············· 206
  11.3.8 板卡常见故障的分析与处理 ··· 207
  11.3.9 外设常见故障的分析与处理 ··· 209
  11.3.10 计算机软件常见故障的
      分析与处理 ·········· 211
  11.3.11 其他常见故障的分析与处理 ··· 212
11.4 CMOS 密码破解 ·········· 214
  11.4.1 更改硬件配置 ·········· 214
  11.4.2 建立自己的密码破解文件 ······ 214
11.5 课后练习 ·············· 215

附录 课后练习参考答案 ··· 217

第1章

计算机基础知识

本章导读

　　本章主要介绍了计算机的概念和性能指标。通过本章的学习，我们可以初步了解计算机的相关知识，为我们下面的学习奠定扎实的基础。

知识要点

- ✪ 微型计算机的基础知识
- ✪ 计算机软硬件系统的组成
- ✪ 多媒体计算机
- ✪ 计算机的性能指标

1.1 计算机系统的组成

　　随着计算机软/硬件技术突飞猛进的发展，计算机具备了处理多媒体信息的强大功能。人们能够以自己所熟悉的声音、文字、图形符号同计算机进行信息交互，计算机成了信息交流的媒介。配合网络的作用，计算机就有了更广泛的用途。当前计算机已进入千家万户，成为家庭中的信息、娱乐中心。

　　一个完整的计算机系统由硬件系统和软件系统组成。

1.1.1 硬件系统

　　计算机硬件系统是指构成计算机的物理设备，即由机械、光、电、磁器件构成的具有计算、控制、存储、输入和输出功能的实体部件。"计算机硬件系统五大部分结构"是于 1946 年由著名美籍匈牙利数学家冯·诺依曼（John Von Neuman）提出的。人们把运算器、控制器合称为中央处理器（Central Processing Unit，CPU），CPU 和内存储器又合称为计算机的主机，而将输入设备和输出设备合称为计算机的外部设备。五大部分的功能和相互关系，如图 1.1 所示。

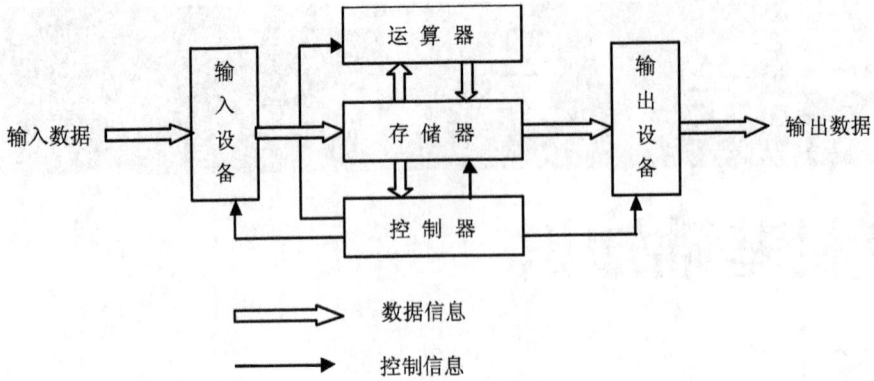

图 1.1　计算机硬件系统的组成

下面对这五大部分做简单的介绍。

1．运算器

运算器是计算机中执行各种算术和逻辑运算操作的部件，其主要任务是执行各种算术运算和逻辑运算。其中，算术运算是指各种数值运算，逻辑运算是指进行逻辑判断的非数值运算。

运算器的核心部件是加法器和若干个高速寄存器。其中，加法器用于进行加法运算，寄存器用于存储参加运算的各类数据以及运算后的结果。

2．控制器

控制器是按照预定顺序改变主电路或控制电路的接线和改变电路中电阻值来控制电动机的启动、调速、制动和反向的主要装置。在控制器的控制下，计算机就能够自动、连续地按照人们编制好的程序，实现一系列指定的操作，以便于完成一定的任务。

随着集成电路制作工艺的不断提高，出现了大规模集成电路和超大规模集成电路，于是可以把控制器和运算器集成在一块集成电路芯片上，构成中央处理器。中央处理器是计算机的核心部件，是计算机的心脏。微型计算机的中央处理器又称为微处理器（Micro Processing Unit，MPU）。

3．存储器

存储器（Memory）是计算机系统中的记忆设备，用来存放程序和数据。因此，存储器应该具备存数和取数的功能。其中，存数是指向存储器内“写入”数据，取数是指从存储器中“读取”数据。

存储器又分为内存储器（简称“内存”）和外存储器（简称“外存”）两种，外存通常是磁性介质或光盘等，能长期保存信息。内存是指主板上的存储部件，用来存放当前正在执行的数据和程序，但仅用于暂时存放，关闭电源或断电后数据就会丢失。

4．输入设备

输入设备是向计算机内输入数据和信息的设备，是计算机与用户或其他设备通信的桥梁。PC常用的输入设备有键盘、鼠标、手写输入板和扫描仪机等。

5．输出设备

输出设备是人与计算机交互的一种部件，用于数据的输出。它能够把各种计算结果数据或信息以数字、字符、图像、声音等形式表示出来。常见的有显示器、打印机、绘图仪、影像输出系统、语音输出系统和磁记录设备等。

1.1.2 软件系统

所谓计算机软件，就是人们为了充分发挥计算机硬件系统的效能，更方便用户灵活地使用计算机，以及为了解决各种应用问题而设计的各种程序总称。

通常计算机软件分为两类：系统软件和应用软件，如图 1.2 所示。

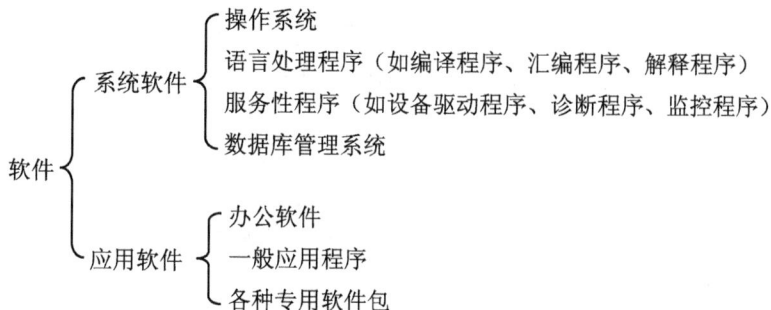

```
        ┌ 系统软件 ┌ 操作系统
        │          │ 语言处理程序（如编译程序、汇编程序、解释程序）
        │          │ 服务性程序（如设备驱动程序、诊断程序、监控程序）
软件 ┤          └ 数据库管理系统
        │
        └ 应用软件 ┌ 办公软件
                   │ 一般应用程序
                   └ 各种专用软件包
```

图 1.2　计算机软件系统的组成

1. 系统软件

系统软件是计算机厂商提供的管理、监控和维护计算机资源（包括软件、硬件）的软件，如 Windows、Linux 和 UNIX 等操作系统，还包括操作系统的补丁程序及硬件驱动程序，这些都属于系统软件类。

2. 应用软件

应用软件是利用各种系统软件而开发的解决各种问题的软件，例如工具软件、游戏软件和管理软件等都属于应用软件类。

在所有软件中，操作系统是最基本、最重要的，是对"裸机"在功能上的第一次开发和补充。其他软件都是通过操作系统对硬件功能进行扩充。所以说，系统软件为应用软件和硬件之间提供了一个衔接层次，如图 1.3 所示。

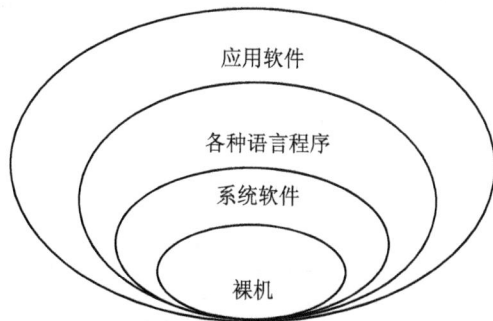

应用软件

各种语言程序

系统软件

裸机

图 1.3　软件与硬件的层次关系

计算机的硬件和软件是相辅相成的，缺一不可。它们的组成关系如图 1.4 所示。

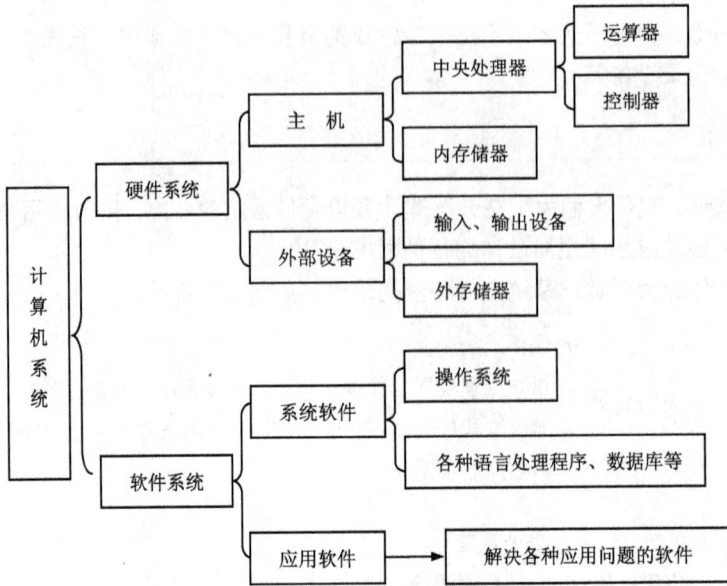

图 1.4　计算机系统的组成

1.2　微型计算机的发展

1969 年，美国 Intel 公司年轻的工程师马歇尔•霍夫（M.E.Hoff）提出了将计算机系统的整套电路集成在 4 个芯片中，即中央处理器芯片、随机存取存储器芯片、只读存储器芯片和寄存器芯片，并于 1971 年研制成功了世界上第一台使用 4 位微处理器的微型计算机。由于它的性能好，并且功能不弱于小型计算机，再加上具有环境适应能力强和价格低等优点，所以问世以来更新换代很快。目前在各行各业中都能够看到微型计算机的身影。

微型计算机系统的基本结构是由控制器、运算器、内存储器、输入设备和输出设备这 5 个部分构成的。各部件通过总线相互连接，总线有地址总线、数据总线和控制总线这 3 种。微型计算机硬件与总线连接，如图 1.5 所示。

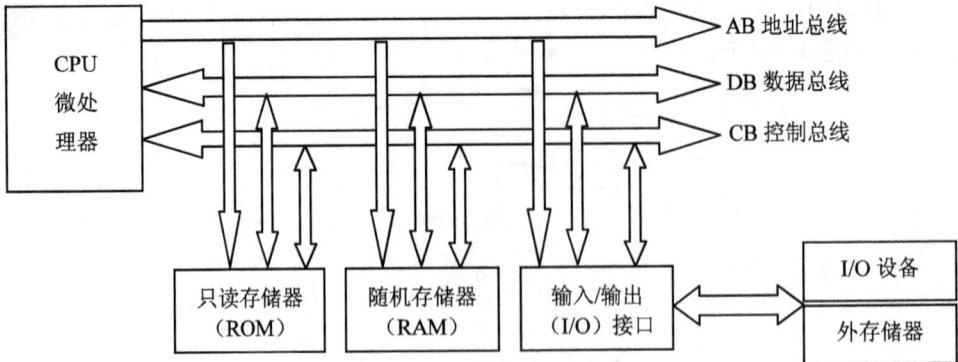

图 1.5　微型计算机硬件基本结构

在微型计算机硬件系统中，微处理器是它的核心部件。微处理器的发展过程代表了微型计算机的发展，下面对微型计算机的发展做简单介绍。

根据计算机使用的微电子器件，可以将计算机的发展分成 6 个阶段。

① 第一代计算机——电子管计算机时代（1946—1959 年）。

特点：运算速度慢，内存容量小，使用机器语言和汇编语言编写程序。主要用于军事和科研部门的科学计算。

② 第二代计算机——晶体管计算机时代（1959—1964 年）。

特点：采用晶体管作为开关元件，使计算机的可靠性得到提高，而且体积大大缩小，运算速度加快，其外部设备和软件也越来越多，高级程序设计语言应运而生。

③ 第三代计算机——小规模和中规模集成电路计算机时代（1964—1975 年）。

特点：以集成电路作为基础元件，这是微电子与计算机技术相结合的一大突破，并且有了操作系统。

④ 第四代计算机——大规模和超大规模集成电路计算机时代（1975—1990 年）。

特点：计算机的体积和重量大大减小，成本降低；逐渐微型化和网络化，使应用更加广泛。

⑤ 第五代计算机——超大规模集成电路计算机时代（1990—2005 年）。

特点：一是单片集成电路规模达 100 万个晶体管以上；二是超标量技术的成熟和广泛应用。

⑥ 第六代计算机——极大规模集成电路计算机（2005 年以后）。

特点：单片集成电路规模可达 1 亿~10 亿个晶体管。

随着超大规模集成电路的逐步完善，计算机将同时朝着巨型化、微型化、智能化和多媒体等多个方向发展。

1.3　多媒体 PC 的组成

多媒体（Multimedia）是相对于早期单一的文字媒体而提出的一个概念。随着计算机技术的发展，已经由早期的计算机只能处理单一的文字或数字信息，演变为现代的计算机可以轻松地处理文本、图形、图像、动画及声音等多种媒体信息，并形成了一个新的技术领域，出现了多媒体计算机。多媒体计算机是指应用了多媒体技术，能综合处理多媒体信息的计算机。

一般来说，一台多媒体 PC 由 16 个硬件组成，如表 1.1 所示。

表 1.1　多媒体 PC 的硬件组成及功能

硬件名称	功能
CPU	进行运算并控制计算机各部分正常工作
主板	提供各种接口来连接计算机各组成部件
内存	用来存放当前正在使用的或者随时要使用的程序及数据
硬盘	用来存储数据和程序，其内容不会随断电而消失
光驱	用来读取光盘（一种容量大且携带方便的数据载体，如VCD）中的数据
键盘	用来输入各种字符，如命令、程序和数据等
鼠标	一种非常快捷的输入设备
显示器	将计算机中的数字信号转化为光信号并输出
显卡	用来控制显示器的输出信号

硬件名称	功能
声卡	采集和播放声音
音箱	用来输出声音
MODEM	用来将计算机和网络或其他网络设备联网，目前最常用的是连入Internet
打印机	用来将计算机中输出的内容打印到纸上
机箱	用来固定主机内的各部分设备，并提供一定的电磁屏蔽功能
电源	将220V交流电压变成计算机所需的各种低压直流电

注：表中内存指的是动态随机存储器 DRAM。

图 1.6 是一台多媒体 PC 的外观示意图。从图中可以看出，它包括主机、显示器、键盘和鼠标。其中显示器属于输出设备，键盘、鼠标属于输入设备。

主机是计算机最重要的组成部分，由机箱及机箱内的 CPU、主板、存储器等设备组成，如图 1.7 所示。

图 1.6 多媒体 PC 的外观

图 1.7 主机内部的硬件

1.4 计算机的性能指标

性能指标也称计算机技术指标，它是评价一台计算机性能优劣的重要标志。通常，衡量一台 PC 性能好坏的指标主要有：CPU 的类型、字长、速度（包括 CPU 主频速度和运算速度）、内存、外存容量，机器的兼容性、系统的可靠性、可维护性及性能价格比等。

1. 字长

计算机处理数据时，一次可以运算的数据长度称为一个"字"。CPU 内每个字所包含的二进制数码位数或字符数目称为"字长"，它代表了计算机的精度。

机器的设计决定了机器的字长。一般情况下，基本字长越长，容纳的位数越多，内存可配置的容量就越大；运算速度越快，计算精度就越高。可见，字长是计算机硬件的一项重要技术指标。目前微型机的字长以 64 位为主，传统大、中、小型机的字长为 48~128 位。

2. 速度

计算机中与速度有关的概念包括两个：主频和运算速度。

（1）主频

主频也称主时钟频率，是时钟周期的倒数，等于 CPU 在 1 秒钟内能够完成的工作周期数。主频的单位为兆赫兹（MHz），主频越高，则表示中央处理器的运算速度越快，但主频不能直接表示计算机每秒的运算次数。

（2）运算速度

运算速度是衡量计算机性能的一项主要指标，它取决于指令的执行时间。

运算速度的计算方法有很多种，目前常用单位时间内执行多少条指令来表示，因此可根据一些典型题目计算中各种指令执行的频度、每种指令执行的时间来折算出计算机的运算速度。直接描述运行次数的指标为 MIPS，即每秒钟百万条指令。

3．内存容量

内存容量，也称为主存储器容量，反映计算机内存所能存储信息的能力，这是标志计算机处理信息能力强弱的一项技术指标。内存容量以字节为单位，常用单位是 KB 或 MB。

显然，计算机的内存容量越大，功能就越强。Intel Pentium 以上微机的内存容量一般可达 4GB。内存容量往往根据用户应用的需要来配置，目前微机 Intel Core 系列内存容量的配置一般为 1GB 或 2GB 以上，有的也可以达到 4GB 或 8GB。

4．外存容量

外存容量也称辅存容量，反映计算机外存所能容纳信息的能力。这是标志计算机处理信息能力强弱的又一项技术指标。

微机的外存容量一般是指其硬驱或光驱中的磁盘/光盘能容纳信息的量。

5．可靠性

计算机的可靠性是一个综合的指标，应由多项指标来综合衡量，但一般常用平均无故障运行时间来衡量。平均无故障运行时间是指在相当长的运作时间内，用机器的工作时间除以运行时间内的故障次数所得的结果。它是一个统计值，此值越大，说明计算机的可靠性越高，也就是故障率低。目前微型机的平均无故障运行时间可高达几万小时，而巨型机和大、中型机只有几千甚至几百小时。

6．性能价格比

性能价格比是机器性能与价格的比值，它是衡量计算机产品性能优劣的一个综合性指标。这里所说的性能除包括上述的 5 个方面外，还应包括软件功能（如高性能操作系统、各种高级语言和应用软件配置）、外设的配置，可维护性和兼容性等。显然，性能价格比的值越大越好。

1.5　课后练习

一、填空题

1．计算机的硬件系统由运算器、_____、_____、输入设备和输出设备组成。

2．运算器是完成各种算术运算和_____运算的部件。

3．控制器是根据_____去控制计算机各部件有条不紊进行协调工作的部件。

4．存储器是用来存储数据和_____的重要部件。

5．常见的输入设备有＿＿＿＿＿＿＿、＿＿＿＿＿＿＿和＿＿＿＿＿＿＿＿＿。

6．常见的输出设备有＿＿＿＿＿＿＿、＿＿＿＿＿＿＿和＿＿＿＿＿＿＿＿＿。

7．应用软件主要有＿＿＿＿＿＿＿、＿＿＿＿＿＿＿、＿＿＿＿＿＿＿和＿＿＿＿＿＿等。

8．处理器是由＿＿＿＿＿＿＿和＿＿＿＿＿＿＿组成的。

9．第一台微型计算机是由 IBM 公司于＿＿＿＿＿＿推出的，CPU 采用了 Intel 公司的＿＿＿＿＿＿芯片。

10．计算机系统通常由＿＿＿＿＿＿＿和＿＿＿＿＿＿＿两大部分组成。

11．计算机性能指标主要有＿＿＿＿＿＿＿、＿＿＿＿＿＿＿、＿＿＿＿＿＿＿、＿＿＿＿＿＿＿、＿＿＿＿＿＿＿和＿＿＿＿＿＿＿。

二、选择题

1．计算机系统软件包括（　　　　）、语言处理程序、服务性程序和数据库管理系统等。

　　A．操作系统　　　　　　　　B．办公自动化软件
　　C．专用软件包　　　　　　　D．应用软件

2．计算机内存容量越大，处理能力就越强，内存容量的单位是（　　　　）。

　　A．MB　　　　　　　　　　B．CM
　　C．字节　　　　　　　　　　D．字长

第2章

选购计算机配件

本章导读

本章详细介绍了计算机各个配件的功能和组成以及配件的选购技巧，学习本章可以使我们对计算机组成和计算机组装有进一步的了解。

知识要点

- ✪ 各类硬件的性能指标
- ✪ 各类硬件的产品和性能
- ✪ 计算机配件的选购
- ✪ 配件选购技巧

2.1 CPU 的选购

微处理器从最初发展至今，先后有 Intel 公司、AMD 公司、Cyrix 公司和 VIA 公司等几家厂商推出过 CPU 产品，品种有上百种之多。下面将对市场上 Intel 公司和 AMD 公司的主流 CPU 产品进行介绍。

2.1.1 四核和双核CPU的选购

1. Intel 公司的 CPU 产品选购

Intel 公司的主流产品主要有：Celeron duo-core、Core 2 Quad、Core 2 Duo、Pentium dual-core 、Core i3、Core i5 和 Core i7 等。

（1）Core 2 Quad四核处理器

Core 2 Quad（酷睿2）四核处理器拥有 4 个处理内核、12MB 共享二级高速缓存和 1 333 MHz 前端总线，具有超凡卓越的性能和效能表现。

（2）Core 2 Duo双核处理器

Core 2 Duo 双核处理器采用 65nm 或 45nm 制造工艺，具有 1 066MHz 前端总线，先进的电源管理功能。二级缓存一般为 4MB，且共享二级缓存，采用 Conroe 核心。如图 2.1 所示为 Core 2 Duo 双核处理器。

（3）Core i5双核处理器

Core i5双核处理器的主频为3.33GHz，启用Turbo Boost技术后可以达到3.6GHz，功耗仅73W。

CPU 部分采用 32nm 的制作工艺，GPU 部分采用 45nm 的制作工艺。架构仍是沿用 Intel 公司的 GMA 整合显示核心架构，在 G45 自带的 GMA X4500 上进行了加强优化，使其拥有更高的执行效率。图形核心可以支持 MPEG2、VC-1 及 H.264（AVC）的 1080P 高清解码，还增加了 Dual Stream 双流硬件解码能力，可以同时支持两组 1080P 高清播放。在预处理方面，增加支持 Sharpness 功能及 xvYCC 运算；在输出方面，支持两组独立 HDMI 高清输出，并追加 12bit Color Depth；在音效方面，增加了对 Dolby True HD 及 DTS-HD Master Audio 输出的支持，以迎合 HTPC 高清应用需求。Core i5 处理器如图 2.2 所示。

图2.1　Core 2 Duo双核处理器

图2.2　Core i5处理器

（4）Core i7处理器

Core i7 处理器是一款 45nm 原生四核处理器，拥有 8MB 三级缓存，支持三通道 DDR3 内存。该系列处理器采用 LGA 1366 针脚设计，支持第二代超线程技术，也就是支持以 8 线程运行。Core i7 处理器如图 2.3 所示。

（5）Celeron处理器

使用在笔记本中的赛扬双核系列，属于新一代低端移动处理器，频率在 1.6GHz 以上，核心架构为 Merom，前端总线为 533 或 667MHz，一级缓存为 2×32KB。二级缓存为 512KB 或 1MB，支持指令集 MMX、SSE、SSE2、SSE3、SSSE3、EM64T，制作工艺采用 65nm，功耗为 35W，常见型号有 T1400、T1500、T1600、T3100 等。Celeron 处理器如图 2.4 所示。

图2.3　Core i7处理器

图2.4　Celeron处理器

2. AMD 公司的 CPU 产品选购

AMD 公司的主流产品有：双核处理器 Athlon 64 FX、Athlon 64 X2，单核处理器 Athlon 64、

Sempron 64 位和 Sempron 非 64 位等。

（1）Athlon 64 FX双核处理器

Athlon 64 FX 双核处理器是 AMD K8 系列处理器之一，专为追求极限的爱好者而设计。此双核处理器采用 Windsor 核心、Socket AM2 接口，一级缓存为 64KB，二级缓存为 2×1MB；外频采用 200MHz，支持双通道 DDR2 800 内存，核心电压为 1.35V/1.40V，制造工艺为 90nm。Athlon 64 FX 双核处理器主要包括 Athlon 64 FX-5x 系列、Athlon 64 FX-6x 系列和 Athlon 64 FX-7x 系列等。如图 2.5 所示为 Athlon 64 FX 双核处理器。

（2）Athlon 64 X2双核处理器

Athlon 64 X2 双核处理器是 Athlon 64 中使用双核架构的产品。此类双核处理器采用 Windsor 核心 Socket AM2 接口，支持双通道 DDR2 800 内存，二级缓存分为 2×512KB 和 2×1MB 两种；最大功耗有 65W、89W 和 110W 几种，核心电压为 1.35V/1.40V，制造工艺为 90nm。目前，Athlon 64 X2 双核处理器主要包括 Athlon 64 X2 3600+/4000+/4200+/4600+/5000+/5600+/6400+ 等，主频为 2.0GHz～3.2GHz。如图 2.6 所示为 Athlon 64 X2 双核处理器。

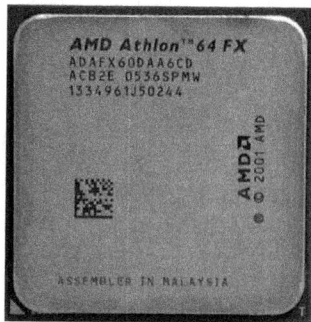

图2.5　Athlon 64 FX 双核处理器　　　　图2.6　Athlon 64 X2处理器正反面

（3）Athlon 64单核处理器

Athlon 64 处理器采用 Orleans 核心或 Winchester 核心，是全球首款 64 位 PC 处理器。它基于 X-86 指令体系的 64 位架构，制造工艺为 90nm，工作电压为 1.5V，二级缓存为 512KB，支持 DDR2 667 内存，前端总线为 1000MHz，外频为 200MHz，采用 Socket AM2 接口或 Socket 939 接口。如图 2.7 所示为 Athlon 64 处理器。

（4）Sempron单核处理器

Sempron（闪龙）单核处理器采用 Manila 核心或 Palermo 核心、Socket AM2 或 Socket 754 接口，制造工艺为 90nm，二级缓存为 128KB 或 256KB，支持 DDR2 667 内存，前端总线为 800MHz。如图 2.8 所示为 Sempron 单核处理器。

（5）Phenom II X4 940四核处理器

K10 架构 Phenom（羿龙）处理器最先涉足高端，共享三级缓存让 Phenom 成为了一款真正意义上的原生多核心处理器。Phenom II 采用新一代 45nm 制造工艺，功耗得到了很好的控制，即便主频提升了 15%，而在功耗方面非但没有相应提升，反而有所降低。在使用过程中，Phenom II 平台比 Phenom 平台的功耗低 20W 左右，就算是空载时也会低 10W 左右。在两个处理器运行于相同频率的情况下，功率差距更是拉大到 40W，可见 Phenom II 的功耗表现还是非常令人满意的。

图 2.7　Athlon 64 处理器

图 2.8　Sempron 处理器正反面

2.1.2　高中端CPU的性能指标

要了解 CPU，可以从 CPU 时钟频率、缓存（Cache）、CPU 接口方式、基本字长、访问地址空间的能力、制造工艺和核心数等几个方面来进行。

1. CPU 时钟频率

CPU 时钟频率，也称为主频，是 CPU 内核的实际工作频率，也是评价 CPU 性能的一个重要指标。主频越高，执行一条指令所需的时间越短，CPU 速率就越快。需要特别指出的是，CPU 主频并不是影响 CPU 性能的唯一因素，它只是影响 CPU 性能的主要因素之一。

2. 缓存

缓存是位于 CPU 与内存之间的容量较小但速度很快的存储器。因为它在高速的 CPU 和低速的内存之间起缓冲作用，故称为缓存，也称为高速缓存。缓存通常由 SRAM 组成，它采用和 CPU 相同的半导体制造工艺，速率一般和 CPU 相当。

目前计算机系统的缓存均采用分级结构，通常是两级缓存或三级缓存。在两级缓存系统中，一级缓存（L1 Cache）是集成在 CPU 芯片内部的高速缓冲存储器，又称为片内缓存。二级缓存（L2 Cache）一般为加在 CPU 芯片外部的高速缓冲存储器，相对于一级缓存，称为二级缓存，又称片外缓存，它才是 CPU 与内存之间的真正缓冲。分级结构的优势在于良好的性能价格比。

对于分级结构的缓存，CPU 访问过程为：首先访问片内缓存，若未找到需要的数据，则访问二级缓存；若仍未找到，则需访问内存。

3. CPU 接口方式

CPU 和主板连接的方式与 CPU 的接口方式有关。目前 CPU 的接口方式大致上可分为两类，Socket 方式和 Slot 方式。

（1）Socket方式

PC 从 386 时代开始，普遍使用 Socket 插座来安装 CPU，包括 Socket 4、Socket 5、Socket 7、Super 7、Socket 8、Socket 370、Socket 423、Socket 478 和 Socket A。

Socket 插座都是方形多针零插拔插座，插座上有一根拉杆，如图 2.9 所示。在安装和更换 CPU

时，只要将拉杆向上拉出，就可以轻易地插进或取出 CPU 芯片了。Socket 插座和 PGA 封装的 CPU 相配套，适用范围很广。例如，Intel Pentium、Pentium MMX、Pentium 4，AMD K5、K6、K6-2、K6-III、K7、Athlon 和 Cyrix MII 等 CPU 均采用这种接口。

图 2.9　Socket 插座和 PGA 封装的 CPU

（2）Slot方式

Slot 1 是 Intel 公司的专利技术，实际产品是一个狭长的 242 针脚的插槽。Slot 插槽和采用 S.E.C (Single Edge Connector，单边接触) 接口的 CPU 相配套，如图 2.10 所示。例如，Pentium II、Pentium III 和一些 Celeron 处理器均采用 S.E.C 接口。Slot 系列中除了 Slot 1 接口外，还有 Slot 2、Slot A 等 CPU 接口。

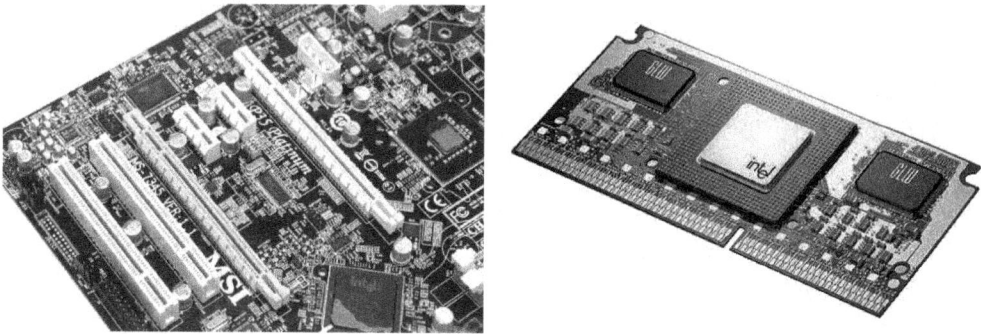

图 2.10　Slot 插槽和 S.E.C 接口的 CPU

4．基本字长

基本字长是指在 CPU 内交换、处理数据时，信息位的最基本长度，也就是 CPU 一次可同时传送、处理二进制位的个数。CPU 的基本字长越长，传送、处理的信息越多，CPU 的处理能力就越强。第一款微处理器 4004 的基本字长是 4 位，后来的 8080 是 8 位，称为 8 位机，之后又有 16 位的 8086 (8088)；从 80386 开始到 Pentium 4，CPU 都是 32 位的；64 位的处理器多见于 IBM 等大公司的数据服务器中，如 Intel 公司的 Itanium。

5．访问地址空间的能力

CPU 所能访问的内存单元数是由地址总线的位数决定的。例如，8086 具有 20 位地址总线，内存寻址能力为 1MB；80286 采用 24 位地址总线，其内存寻址能力为 16MB；80386 的地址总线是 32 位，内存寻址能力为 4GB。目前，大多数 CPU 至少采用 32 位地址总线，内存寻址能力已不是问题，但为了读者便于理解过去 CPU 的性能，仍将地址总线作为 CPU 性能指标在此介绍。

6. 制造工艺

制造工艺的趋势是向密集度高的方向发展。密集度愈高的 IC 电路,意味着在同样大小的 IC 中,可以拥有密度更高、功能更复杂的电路设计。现在主要有 180nm、130nm、90nm、65nm、45nm、32nm 的,还有 22nm 的。

7. 核心数

多核心,也指单芯片多处理器 (chip multiprocessors,CMP)。CMP 的思想是将大规模并行处理器中的 SMP(又称多处理器)集成到同一芯片内,各个处理器并行执行不同的进程。与 CMP 比较,SMT 处理器结构的灵活性比较突出。但是,当半导体工艺达到 0.18μm 微米以后,线延时已经超过了门延时,要求微处理器的设计通过划分许多规模更小、局部性更好的基本单元结构来进行。相比之下,由于 CMP 结构已经被划分成多个处理器核心来设计,每个核都比较简单,有利于优化设计,因此更有发展前途。目前,IBM 公司的 Power 4 芯片和 Sun 公司的 MAJC5200 芯片都采用了 CMP 结构。多核处理器可以在处理器内部共享缓存,提高缓存利用率,同时简化多处理器系统设计的复杂度。

2005 年下半年,Intel 公司和 AMD 公司的新型处理器也将融入 CMP 结构。新安腾处理器开发代码为 Montecito,采用双核心设计,拥有最少 18MB 的片内缓存,采取 90nm 工艺制造,它的设计绝对称得上是对当时芯片业的挑战。其每个单独的核心都拥有独立的 L1、L2 和 L3 Cache,包含大约 10 亿支晶体管。

8. 散热

(1) 使用散热片和风扇降温

CPU 风扇和散热片,可以快速将 CPU 的热量传导出来并吹到附近的空气中。两者的品质直接关系到降温效果的好坏。

安装了散热片的 CPU,如图 2.11 所示。由于 CPU 的散热量不断增大,单纯的散热片已不能胜任 CPU 的散热需求,因此在散热片上需加上风扇,如图 2.12 所示。此外,还在 CPU 和散热片之间填充硅脂以辅助散热,如图 2.13 所示。

图 2.11 安装了散热片的 CPU　　　图 2.12 带有散热片的风扇　　　图 2.13 导热硅脂

在选购风扇时,功率越大越好。因为功率越大,风扇风力越强劲,散热效果也就越好。目前市场上出售的风扇的一般电压是 12V,电流范围为 0.1A~0.3A,转速范围为 3000r/min~6000r/min,功率在 2W 左右。风扇在使用一段时间后就会噪声大增,甚至产生抖动,所以要注意更换风扇。

(2) 软件降温

软件降温也是一种 CPU 散热方法。降温软件可以通过实时检测来了解 CPU 的工作状态。一旦发现 CPU 不能工作时，只要执行 HLT 指令，降低 CPU 的工作频率或者暂时停止 CPU 的工作，这样便可降低 CPU 的温度。目前的一些降温软件在 CPU 不满负荷工作时，可将 CPU 的温度降低 5℃～10℃。

常用的 CPU 散热软件有 Waterfall Pro、KCPU Cooler 和 CPU Cool 等。

2.1.3 选购CPU的技巧

如果想知道 CPU 是由哪家公司生产的，主频是多少，都可以通过 CPU 上的编号来识别。下面以 Intel 公司的 Core 2 Quad 为例进行介绍。

Intel 公司的 CPU 编号非常有规律，很容易识别。图 2.14 所示为 Core 2 Quad 的正面图，上面用蚀刻方式记录了此 CPU 的信息。

图 2.14　Intel 公司的 Core 2 Quad

其中，第 1 行的"INTEL 06 Q9650"表示是由 Intel 公司生产的这款 CPU 型号；第 2 行的"INTEL CORE 2 QUAD"表示这款 CPU 是 Core 2 四核处理器；第 3 行后面的"MALAY"表示产地是马来西亚；第 4 行的"3.00GHZ/12M/1333/05A"表示频率是 3GHz，L2 缓存为 12MB，前端总线为 1333MHz，内存工作电流是 0.5A；第 5 行的"L820B036"表示产品的序列号。

1. 选择 AMD 公司还是 Intel 公司的处理器

这个问题可能是很多装机朋友最头疼的问题。AMD 公司的 CPU 在三维制作、游戏应用、视频处理等方面比同档次的 Intel 处理器有优势，而 Intel 公司的 CPU 则在商业应用、多媒体应用和平面设计方面有优势。在性能方面，同档次的 Intel 处理器可能比 AMD 的处理器要有优势；而在价格方面，AMD 的处理器会占优势。

在选购时，应根据实际用途、资金预算选择最适合自己的 CPU。

2. 选择散装还是盒装

散装和盒装 CPU 并没有本质的区别，在质量上是一样的。从理论上说，盒装和散装产品在性能、稳定性以及可超频潜力方面不存在任何差距，主要差别在于质保时间的长短以及是否带散热器。一般而言，盒装 CPU 的保修期要长一些（通常为 3 年），且附带有一只质量较好的散热风扇；而散装 CPU 一般的质保时间是 1 年，不带散热器。

3．注意购买时机

通常一款新的 CPU 刚刚面世时，其价格会高得吓人，而且技术也未必成熟。此时除非非常需要，否则用户大可不必追赶潮流去花更多的钱。只要过半年左右的时间，便可以节省一笔可观的开支。因此，购买时最好选择推出半年到 1 年的 CPU 产品。

4．注意预防购买到假的 CPU

首先，注意看封装线。正品盒装 Intel CPU 塑料封纸上的封装线不可能在盒右侧条形码处，如果发现封装线在条形码处需引起注意，如图 2.15 所示。

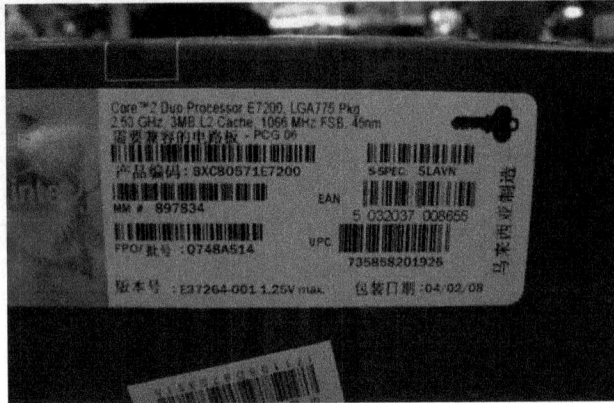

图 2.15　盒装 CPU 包装的条形码

其次，看水印字。Intel 公司在处理器包装盒上包裹的塑料薄膜使用了特殊的印字工艺，薄膜上 Intel Corporation 的水印文字非常牢固，无论你用指甲怎么刮都刮不下来；而假盒装上的印字就不那么牢固，只要用指甲刮或用手指搓就能让字迹变淡或刮下来，如图 2.16 所示。

接着，看激光标签。正品盒装处理器外壳左侧的激光防伪标签采用了四重着色技术，层次丰富，字迹清晰，假货则做不到这样精美，如图 2.17 所示。

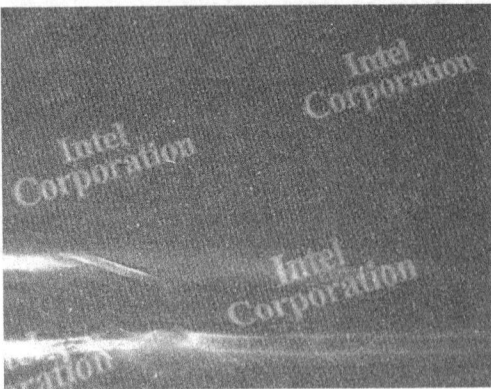

图 2.16　包装盒上的水印字

图 2.17　Intel 公司产品激光标签

最后还可以用电话查询。盒装标签上有一串很长的编码，可以通过拨打 Intel 公司的查询热线来验证产品的真伪。

2.2 主板的选购

2.2.1 主板的结构

主板的分类方法有很多种，主要包括以 CPU 的类型、主板的结构和使用的芯片组区分等。本节主要讲解以 CPU 类型和主板结构进行分类。

1. 按 CPU 的插座分类

随着 CPU 的发展，不同类型 CPU 的插座也不一样。按 CPU 的插座类型，主板可分为如下几种。

（1）Slot 型主板

Slot 是插槽的意思，即 CPU 插座为插槽的结构。这种结构主要在 Pentium Ⅱ 和早期的 Pentium Ⅲ 及 AMD 公司的部分 K6 CPU 中使用。该类 CPU 一面作为 CPU 主体及散热片，另一面作为 CPU 的二级缓存，现在已被淘汰。图 2.18 所示为 Slot 插槽及 Slot 接口 CPU。

图 2.18　Slot 插槽（左）和 Slot 接口 CPU（右）

（2）Socket 型主板

Socket 型主板即主板 CPU 插座采用插座形式，如图 2.19 所示。现在此类主板是主流。

图 2.19　Socket 型主板中的插座

Socket 型主板又分为多种，主要有 Socket 7 型、Super 7 型、Socket 370 型、Socket 423 型、Socket 478 型、Socket 462（A）型、LGA 775 型、Socket 754 型、Socket 939 型、Socket 940 型和 Socket AM2 型等。

2. 按主板分类

按主板的结构划分，可分为 AT 主板、ATX 和 Micro ATX 主板以及 NLX 主板三大类。

（1）AT 主板

AT 是一种主板的尺寸大小和结构规范，主板尺寸一般为 13in×12in。该类主板的特征是串口和打印口等需要用电缆连接并安装在机箱后框上，AT 主板现在已被淘汰。

（2）ATX 和 Micro ATX 主板

ATX 和 Micro ATX 主板是 Intel 公司制定的主板标准。其中，ATX 是 AT Extend 的缩写。ATX 主板的尺寸为 12in×9.6in，相对 AT 主板，ATX 主板改进的主要方面是主板上各元器件的相对位置，并将 AT 主板上的组件旋转了 90°，将串口、并口和鼠标接口等直接设计在主板上，取消了连接电缆，对机箱工艺有一定要求，主板布局更加合理，如图 2.20 所示为 ATX 主板。Micro ATX 主板与 ATX 主板基本相同，只是该类主板的扩展槽和内存插槽减少了，整个主板尺寸也减少了很多，Micro ATX 主板的尺寸为 9.6in×9.6in（约为 244mm×244mm）。

图 2.20　ATX 主板

（3）NLX 主板

NLX 是 Now low Profile Extension 的缩写，意思为新型小尺寸扩展结构。NLX 主板是一种新型的低侧面主板，提供了更多的系统级设计和灵活的集成能力。NLX 主板将所有的 I/O 接口、板卡和电源连接线全部集成在一块扩展卡上，使用时只要将此卡插在主板上即可。这样可以将机箱尺寸做得比较小，同时使主板的拆装变得非常简单。

2.2.2　主板的基本构成

主板是电脑中关键的部分，它连接了芯片组、各种 I/O 控制芯片、扩展槽和电源插座等部件。根据主板上各元器件的布局排列方式、尺寸大小、形状和所使用的电源规格等，业界对主板及其使用的电源、机箱等制定了相应的工业标准，也就是"结构规范"。

在主板的发展历史上出现了 AT、Baby AT、ATX、Micro ATX、LPX、NLX、Flex ATX 等多种类型的结构规范。其中，AT、ATX 两种结构最为有名。AT 结构主要用于早期的 586 机型中，早已被淘汰，而 ATX 结构则是目前的主流。

ATX 主板的结构组成基本相似。主板上的元器件主要有 CPU 插座、内存插槽、总线扩展槽、芯片组、软/硬盘接口、外设接口和 BIOS 芯片等，如图 2.21 所示。

图 2.21　主板组成

随着主板的不断发展，主板的功能也在不断地变化。为了支持不同的硬件设备，主板通常采用不同的架构来满足用户的需求，如图 2.22 所示为主板的架构图。从图中可以清楚地了解主板的功能。

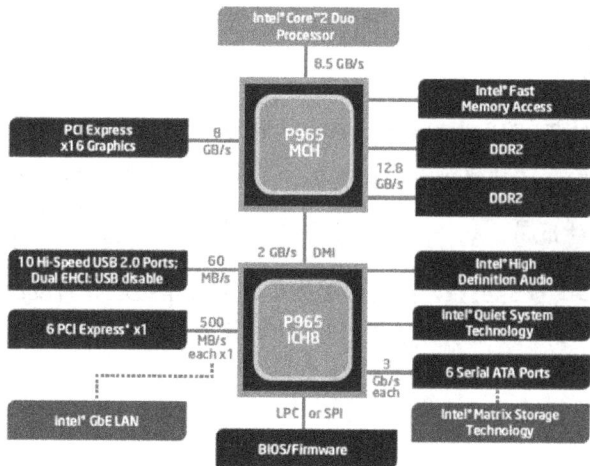

图 2.22　主板的架构图

2.2.3　主板的选购技巧

对于计算机来说，一块质量过硬、性能强大、功能齐全、安全可靠的主板对计算机的整体性能是非常重要的。如何选择一块好的主板是令很多用户头疼的事情，下面从几个方面具体分析主板的选购技巧。

1．芯片组

芯片组是主板的灵魂，对系统性能的发挥至关重要。不同的芯片组，性能上有较大的差别，支持的硬件也不同，所以选择什么样的主板是由芯片组的类型决定的。

2．品牌

设计、生产主板需要强大的研发能力，名牌大厂的产品一般性能较出色一些，而且会有较长的使用寿命，所以在预算允许的情况下尽量购买知名品牌的产品。现在一些大厂都针对低端市场推出第二品牌产品，这些产品往往做工比较精致，而且价格相对低廉，甚至低于一些二三线品牌的产品，因此拥有很高的性价比。

3．看主板布局

对于用户来说，主板电子元器件布局设计是否合理也是非常重要的。主板 CPU 插槽周围的空间如果不宽敞，会给 CPU 和风扇的拆装带来不便，而且影响 CPU 的散热。主板、CPU、内存和显卡插槽应紧密围绕着北桥芯片组，这样会提高 CPU 与内存和显卡插槽通过北桥芯片组进行数据交换的速度；同时还要注意主板的 IDE、PC、声卡芯片、网卡芯片是否围绕着南桥芯片组。现在有种主板把网卡接口从 USB 口附近安排到了中央，这样做把网卡芯片放到南桥附近，缩短了网卡芯片与网卡接口的距离，既提高了网卡的性能，又大大减少了长走线对周围元器件的电磁干扰。

4．看主板电容

电容是保证主板质量的关键。电容在主板中的主要作用是保证电压和电流的稳定（起滤波作用）。高品质的电解电容有利于机器长期稳定的工作，常见的电容主要分为铝电容和固体钽电容。固体钽电容多为贴片式，一般大量集中于处理器插槽中心地带，与普通电解电容相比，拥有更佳的电气性能和更高的可靠性，不易受高温影响。

5．看芯片的生产日期

主板的速度不仅取决于 CPU 的速度，同时也取决于主板芯片组的性能。如果各芯片的生产日期相差较大，则要小心。一般来说，时间相差不宜超过 3 个月，否则将影响主板的整体性能。

6．看 PCB 板的设计布局

通常，采用较大 PCB 板的主板，在内部走线等方面都是经过专门设计的。除了考虑到主板的性能外，还考虑到了板卡的扩展性及散热性；较小的 PCB 板为降低成本，走线简单，从而会影响到板卡本身的性能。

7．看主板外表，掂主板重量

看主板厚度，两主板比较，厚者为宜。再观察主板电路板的层数及布线系统是否合理。把主板拿起来并对着光源看，若能观察到另一面的布线元件，则说明此主板为双层板；否则，主板就是四层或多层板。选购时，最好选四层或多层板。另外，布线是否合理流畅，也将影响整块主板的电气性能。

8．售后服务

主板上面布满各种元器件，损坏在所难免，因此售后服务也是必不可少的。对于知名品牌来说，厂商重视信誉，所以都拥有不错的售后服务，即使主板出现故障，也能提供免费维修或者更换良品。一些品牌甚至提供 3 年质保，这将使用户能够更加放心地使用主板。

2.3　内存的选购

按工作原理的不同，内存可分为两大类——随机存储器和只读存储器。在现代 PC 系统中，内存和显存是动态随机存储器，Cache 是静态随机存储器，BIOS 芯片是只读存储器。

2.3.1　内存的分类

随机存储器（Random Access Memory，RAM）是一种既能存又能取的存储器。内存和 Cache 都属于 RAM，CPU 从 RAM 中读指令和数据，处理完的结果也要首先存入 RAM 中。RAM 是一块由成千上万个 MOS 管构成的超大规模集成电路。当 PC 电源关闭时，RAM 的供电中断，其中的数据也就随之消失，这是内存和外存本质的区别之一。PC 中的内存通常是以内存条的形式插在主板上，内存的种类和性能也各不相同。

随机存储器又分为动态随机存储器和静态随机存储器。

1. 动态随机存储器

动态随机存储器（Dynamic RAM，DRAM）是最常用的一种 RAM，常说的内存就是指 DRAM。DRAM 由动态的 MOS 管构成，具有集成度高、存储容量大、价格相对便宜等优点。

DRAM 中的每个存储单元由一个不完全的 MOS 管构成，只有栅极，无源漏区，靠栅极和衬底之间形成的电容来保存信息。由于 MOS 管栅极上的电荷会因漏电而释放，所以存储单元中的信息只能保存若干毫秒，这样就需要在 1ms～3ms 内周期性地刷新栅极电容上的存储电荷，故此称其为动态随机存储器。

由于刷新期间不能存取数据，所以会影响 DRAM 的读取速度，而 DRAM 本身也不能定时刷新，必须靠附加的刷新电路，因此主板采用了哪一款芯片组，也就决定了其能支持的内存类型，主板上也会设计有相应类型的内存插槽。

2. 静态随机存储器

静态随机存储器（Static RAM，SRAM）是另一类随机存储器，由静态的 MOS 管组成。其每个存储单元都是由 6 个 MOS 管构成的触发器，只要不断电，触发器可永久地保存信息。SRAM 不需要定时刷新，故称静态随机存储器。

SRAM 和 DRAM 相比，有体积大、集成度较低的缺点，原因是其每个存储单元均由 6 个 MOS 管构成。单位容量的存储成本比 DRAM 高得多，但因其无须定时刷新，所以运行速度较快。

在现代 PC 中，采用 SRAM 作为高速缓存（Cache）。Cache 的容量较内存小，一般只有内存的几百分之一甚至千分之一，但速率较内存快，一般会快一个量级以上。

在 PC 中，通常采用分级内存结构，用容量较小但速度较快的 SRAM 和容量较大但速度较慢的 DRAM 共同构成一个系统。Cache 通常被分成两级或三级，与 DRAM 共同形成一个金字塔形的结构，以获得整个系统最佳的性能价格比。

2.3.2 内存的选购技巧

1．内存的识别方法

目前内存标注还没有一个统一的规范标准，各芯片厂商的型号标记形式各异，内存的全部性能指标不能简单地从内存芯片的标注上读出来。尽管如此，还是有一些普遍规律。下面做一些简单介绍。

在内存芯片的标识中通常包括以下内容：厂商名称、单片容量、芯片类型、工作速率和生产日期等。另外还可能有电压、容量系数和一些厂商的特殊标识等。下面以"??xxx64160AT-10"为例进行说明。

- "??"代表芯片生产厂商的标识，内存厂商代码如表2.1所示。
- "xxx"代表厂商的内部标识。
- "64"是指64Mbit的容量（是bit，而不是Byte）。
- "16"表示每块小芯片的位数是16位。对于64位的总线系统来说，至少需要4片这样的芯片才能构成可用的内存条。这时由4片小芯片构成的内存条容量是64Mbit/8×4=32MB，它就是32MB一条的内存。如果内存条上有8片这样的小芯片，当然就是64MB的内存。如果内存条上只有2片这样的小芯片，就必须要两根内存条同时使用才能满足总线位宽的要求，即16×2×2=64bit的总线位宽。
- "0"表示这是一条SDRAM。
- "-"后的数字表示芯片的系统时钟周期或存取时间。
- "-"前的第一个数字表示内存类型，单数是EDO RAM，双数是SDRAM。

表2.1 内存厂商代码表

厂商	代码	厂商	代码	厂商	代码
Hyundai（现代电子）	HY	Siemens（西门子）	HYB	Hitsubish	M5M
NMB	AAA	SHARP	LH	Motorola	MCM
LG-Semicon	GM	SAMSUNG（三星）	KM或M	Fujitsu	MB
Matsushita	MN	OKI	MSM	Micron	MT
TMS（德州仪器）	TI	Toshiba（东芝）	TC或TD	Hitachi（日立）	HM
STI	TM	NEC	uPD	NPNX	NN

2．内存的选购技巧

（1）看品牌

和其他产品一样，内存芯片也有品牌的区别，不同品牌的芯片，质量自然也不同。一般来说，一些久负盛名的内存芯片在出厂的时候都会经过严格的检测，质量可以保证。

（2）看内存容量大小

内存条容量大小有多种规格，DDR内存一般分为256MB、512MB、1GB和2GB等。现在计算机中大多都安装Windows XP操作系统，这就需要1GB的内存；如果电脑中安装Windows 7操作系统，这就需要2GB的内存。如果经常进行平面设计和多媒体制作，最好选用更大容量的内存。由于主板的内存插槽有限，因此扩展能力并不是无限的，而且在同容量下单条内存要好于双条（双通道系统除外），同时，也为以后升级着想，选择单条容量 1GB 及以上比较合适。

（3）看 PCB

PCB 板（印刷电路板）最好是 6 层板。PCB 板的质量以及线路设计与内存品质有非常密切的关系。内存的级别与层数有关。作坊级别的内存使用 4 层 PCB 板制造，仅经过初级检测未发现重大缺陷，可能无法在所有的系统上使用。而品牌内存和原厂内存一般使用 6 层 PCB 板，通过相关电气标准测试，能够稳定工作，兼容性也高。由于 6 层板具有完整的电源层和地线层，因此跟 4 层板设计相比，在稳定性上有很大优势。6 层板设计的内存一般有一种沉甸甸的感觉，表面整洁，边缘打磨得比较光滑。板面光洁且色泽均匀，元件之间的焊点整齐，布线孔是不透明的，如果内存 PCB 板上有透明布线孔，则为 4 层板设计。

另外，好的内存条表面有比较高的金属光洁度，色泽也比较均匀，部件焊接也比较整齐，没有错位；金手指部分也比较光亮，没有发白或者发黑现象。

（4）看内存的颗粒

内存颗粒在市场上分为原厂颗粒和 OEM 颗粒，原厂颗粒是指生产出来后经过原厂切割和封装，然后经过完整测试流程检验的合格产品。因为芯片测试设备非常昂贵，对生产成本有很大影响，所以有许多内存生产厂商会采用未经完整测试的 OEM 颗粒或者原厂颗粒淘汰下来的不合格品。这样生产出来的内存产品在兼容性和稳定性方面都没有保证。

（5）看内存的工作频率

目前主流内存的工作频率为 800MHz，内存的工作频率直接影响内存的工作速度。常见内存的规格主要包括 DDR2 533、DDR2 667、DDR2 800 和 DDR2 1066。选购内存时，应该根据主板芯片组支持的内存规格选购。大部分主板都支持 DDR2 667 和 DDR2 800 的内存，DDR3 内存走入实际应用是从 2008 年底开始的。随着价格的大幅下降，DDR3 内存才真正走进了寻常百姓家。与 DDR2 内存相比，DDR3 内存最大的特点就是频率和带宽的提升，数据传输频率从 800MHz 开始往后一直延伸到 2000MHz，选购内存时应根据主板芯片组支持的型号选择。

（6）售后服务

我们最常看到的情形是用橡皮筋将内存条扎成一捆进行销售，用户得不到完善的咨询和售后服务。目前部分有远见的厂商已经开始完善售后服务渠道，选择信誉良好的经销商，一旦购买的产品在质保期内出现质量问题，只需及时去更换即可。

2.4 硬盘的选购

2.4.1 硬盘的工作原理与结构

1. 硬盘的工作原理

硬盘是利用特定的磁粒子极性来记录数据的。磁头在读取数据时，将磁粒子的不同极性转换成不同的电脉冲信号，再利用数据转换器将这些原始信号变成计算机可以识别、使用的数据，写操作正好与此相反。

硬盘是在合金材料表面涂上一层很薄的磁性材料，通过磁层的磁化来存储信息。硬盘主要由磁头、盘片和控制电路组成。信息存储在盘片上，由磁头负责读写。

当硬盘收到指令时，磁头根据收到的地址，通过磁盘的转动找到正确的位置，读出需要的信息并将其保存在硬盘的缓冲区中，缓冲区中的数据通过硬盘接口与外界进行数据交换，从而完成读取、写入、修改及删除数据的操作。

2. 硬盘的结构

硬盘主要包括盘片、磁头、盘片主轴电机、控制电机、磁头控制器、数据转换器、接口及缓存等几个部分。硬盘的外观、内部结构如图 2.23 和图 2.24 所示。

图 2.23 硬盘的外观   图 2.24 硬盘的内部结构

所有的盘片都固定在主轴上，而且全部都是平行的。通常每个盘片有两个存储面，每个存储面有一个磁头负责读写操作。磁头由磁头控制器控制，可沿盘片的径向移动。盘片以每分钟数千转的速率高速旋转，这样磁头就能在盘片的指定位置进行数据读写。工作时磁头浮在盘片上方，并不与盘片直接接触。

（1）磁头

磁头由读写磁头、传动臂和传动轴 3 个部分组成。磁头的移动是硬盘技术中最重要、最关键的一环。磁头采用了非接触结构，加电后磁头在高速旋转的磁盘表面移动，与盘片的间隙只有 0.1μm～0.3μm，这种结构有利于磁头读取到高信噪比的信号，提高数据传输的可靠性。

（2）磁头驱动机构

硬盘的寻道是靠移动磁头来完成的，而移动磁头则需要机构驱动才能实现。磁头驱动机构由电磁线圈电机、磁头驱动小车和防震动装置构成。高精度的轻型磁头驱动机构能够对磁头进行正确的驱动和定位，并能在很短的时间内精确定位系统指令所指定的磁道。

（3）盘片

盘片是硬盘存储数据的载体，大多采用金属盘片作为基片，在基片上均匀地覆有磁介质而形成一个磁介质薄膜。这种薄膜和软盘的不连续颗粒载体相比具有更高的存储密度。

另外，IBM 公司还用一种被称为"玻璃盘片"的材料作为盘片基质。在运行时，这类盘片比普通盘片具有更好的稳定性。

由于盘片高速转动时任何灰尘、杂质都会给硬盘带来致命的损伤，所以盘片和磁头被密封在一个高清洁度的腔体中。

（4）主轴组件

主轴组件包括轴承和驱动电机等。随着硬盘容量的扩大和速率的提高，主轴电机的速率也在不断提高，硬盘厂商已经开始采用精密机械工业中的液态轴承电机技术。

（5）控制电路

总的来说，硬盘控制电路可以分为几个主要部分：主控制芯片、数据传输芯片和高速数据缓存芯片等。主控制芯片负责控制硬盘读/写等工作；数据传输芯片则是将硬盘磁头前置控制电路所读取的数据经过校正及变换后，由数据接口传输到主机系统；高速数据缓存芯片是为了协调硬盘与主机在数据处理速率上的差异而设置的。

（6）接口部分

接口包括电源接口插座和数据接口插座两个部分。电源接口插座与主机电源相连，为硬盘正常工作提供电力保障；数据接口插座则是硬盘数据与主板控制芯片之间进行数据传输的通道，使用时是用一根数据电缆将其与主板 IDE 接口或与其他控制适配器的接口相连接。

2.4.2　硬盘的接口类型

1．ATA 接口

ATA（Advanced Technology Attachment）是用传统的 40 针并口数据线连接主板与硬盘的。ATA能支持一个主设备（Master）和一个从设备（Slave），每个设备的最大容量为 528MB，这个限制的由来和硬盘采用的模式有关。ATA 支持 PIO-0 和 PIO-1、PIO-2 模式，其数据传输率为 3.3Mbit/s。由于其并口线的抗干扰性能太差，且排线占空间，不利于计算机散热，因此已被 SATA 所取代。

2．EIDE 接口

EIDE（Enhanced IDE）是在 ATA 的基础上增加了两种 PIO 和两种 DMA 模式，将硬盘的最高传输速率提高到 16.6Mbit/s，引进 LBA 模式后，突破了支持 528MB 硬盘的限制，最高可支持 8.4GB的硬盘。现代的主板一般有两个 EIDE 接口，每个接口可分别连接一个主设备和一个从设备，即一块主板可以支持 4 个 EIDE 设备。

3．SATA 接口

使用 SATA（Serial ATA）口的硬盘又称为串口硬盘。2001 年，由 Intel、APT、Dell、IBM、希捷、迈拓这几大厂商组成的 Serial ATA 委员会正式确立了 Serial ATA 1.0 规范。2002 年，虽然串行ATA 的相关设备还未正式上市，但 Serial ATA 委员会已抢先确立了 Serial ATA 2.0 规范。Serial ATA采用串行连接方式，它使用嵌入式时钟信号，具备了更强的纠错能力；与以往相比，其最大的区别在于能对传输指令（不仅是数据）进行检查，如果发现错误会自动矫正，这在很大程度上提高了数据传输的可靠性。串行接口还具有结构简单，支持热插拔的优点。

4．SATA II 接口

SATA II 是 Intel（英特尔）公司与希捷公司在 SATA 的基础上发展起来的，其主要特征是外部传输速率从 SATA 的 150MB/s 进一步提高到了 300MB/s，此外还包括 NCQ（Native Command Queuing，原生命令队列）、端口多路器（Port Multiplier）、交错启动（Staggered Spin-up）等一系列的技术特征。但是并非所有的 SATA 硬盘都可以使用 NCQ 技术，除了硬盘本身要支持 NCQ 外，也要求主板芯片组的 SATA 控制器支持 NCQ。

5．SCSI 技术

SCSI（Small Computer System Interface，小型计算机系统接口）最早研制于 1979 年，当时

是专为小型机研制的一种接口技术。但随着 PC 技术的发展，它已被完全移植到了普通 PC 上。

SCSI 广泛应用于硬盘、光驱、ZIP、MO、扫描仪、磁带机、JAZ、打印机、光盘刻录机等设备上。因其传输速率快，在高端计算机、工作站、服务器上常作为硬盘及其他存储装置的接口使用。

SCSI 接口可在一块 SCSI 控制卡上同时挂接多个设备，具有适应面广，多任务，传输率高，CPU 占用率低及可外置或内置使用等优点。其缺点是价格昂贵，安装复杂，版本较多较乱。常用接口有 25 针、50 针、68 针和 80 针等几种。

6. SAS 接口

SAS（Serial Attached SCSI，串行连接 SCSI）是新一代的 SCSI 技术，和 SATA 技术支持的硬盘相同，都是采用串行技术以获得更高的传输速率，并通过缩短连接线改善内部空间等。SAS 是继并行 SCSI 接口之后开发出的全新接口。此接口的设计是为了改善存储系统的效能、可用性和扩充性，并且提供与 SATA 硬盘的兼容性。

2.4.3 硬盘的选购技巧

硬盘作为 PC 中最主要的外部存储单元，其重要性是显而易见的。硬盘除了是计算机上数据、资料的大仓库外，对整机的性能而言，它也扮演着重要的角色。因为就算你的计算机配有最好的 CPU、内存和显示器，但性能不佳的硬盘也会严重拖垮电脑的整体性能。现在市面上主要的硬盘品牌有希捷（Seagate）、西部数据（Western Digital）、日立（Hitachi）、东芝（Toshiba）、三星（SAMSUNG）等，下面讲解选购硬盘时的一些注意事项。

1. 硬盘的容量

容量是衡量硬盘最为直观的参数。如今，一般硬盘容量已经超过了 250GB，普通计算机硬盘容量在 250GB～500GB，1TB 以上硬盘已经融入了当前的市场。对于一般用户来说，320GB 已经够用；对于喜欢从网上下载资料的用户来说，500GB 或更大容量的产品比较合适。

2. 硬盘的转速

目前市场上的硬盘主要有 5400 转、5900 转和 7200 转的产品，而针对于笔记本用户的则是 4200 转、5400 转为主，虽然已经有公司发布了 10000 转的笔记本硬盘，但在市场中还较为少见；针对服务器用户的对硬盘性能要求最高，服务器中使用的 SCSI 硬盘转速均为 10000 转，甚至还有 15000 转的，其性能要超出家用产品很多。其中 7200 转是当前的主流，性能也高，所以在一般情况下，建议选购 7200 转的产品。

3. 硬盘的缓存容量

缓存容量的大小与转速一样，与硬盘的性能有着密切的关系，大容量的缓存对硬盘性能的提高有着明显的帮助。现代主流的硬盘缓存容量有 4 种规格：8MB、16MB、32MB 和 64MB。当然缓存越大，硬盘的性能就越高。

4. 硬盘的接口

硬盘的接口方面没多大的选择余地，虽然现在市场上出现了 IDE、SCSI 和 SATA 接口标准，但是由于后两者价格都相对昂贵，根本不适合普通用户的选购要求。因此，IDE 接口的硬盘依旧是市场的主流，ATA-100、ATA-133 两种规格将继续流行，具体要结合你所选购主板的接口规格来进行选择。

5．稳定性

硬盘的容量变大、转速加快后，稳定性的问题也日渐凸现。如果硬盘的容量大、速度快，但稳定性却极差，可能会经常出现系统死机。在硬盘的数据和震动保护方面，各家公司都有一些相关的技术，如数据保护系统（DPS）、震动保护系统（SPS）等，选购时注意查看。

6．硬盘的发热与噪声

发热和噪声当然都是越低越好，这也是采用了液态轴承电机技术的硬盘产品受欢迎的原因之一。当前采用该项技术的有希捷、迈拓和三星等硬盘厂商。

7．硬盘的质保时间

关于质保时间，常见的散装硬盘产品多数均为一年；迈拓、西部数据的盒装产品为两年。而三星、西部数据 JB 系列以及 SATA 硬盘都提供了三年的质保承诺。

8．区分"行货"与"水货"

辨认"水货"的方法为：看硬盘代理商贴在代理硬盘产品上的防伪标签；看硬盘盘体和代理保修单上的硬盘编号是否一致。购买时注意查看，一般可以区分开。

9．辨识"返修"与"二手"硬盘

对于"返修"的硬盘，厂家会在盘面上做出相应的标志。仔细观察硬盘上标注的日期，如果发现后面有一个 R 字母，则说明它前面标注的是硬盘返修的日期，而不是硬盘生产的日期，也就是说，这是一块返修硬盘。如果在硬盘上能够找到印有 Refurbished 的字样（中文含义为"整修"），说明它也是返修的硬盘。

从外观上，也可以做出判断。"二手"硬盘因为已经使用过，所以在它固定螺丝的两侧和数据线接口等位置会有一些摩擦的痕迹，而新出厂的硬盘是不会有的。另外，还需要注意硬盘的生产日期。

2.5　其他外存储设备的选购

2.5.1　光盘和光驱

1．光盘

光盘是以光信号作为存储信息的载体来存储数据的。按是否可擦写，可以将光盘分为不可擦写光盘（如 CD-ROM、DVD-ROM 等）和可擦写光盘（如 CD-RW、DVD-RAM 等）。

光盘通常是在聚碳酸脂基片上覆以极薄铝膜制作而成的，薄膜层之外还有一层起保护作用的塑料层。通常基片的尺寸是直径 12cm 或 8cm，厚 1mm。CD 光盘的最大容量约为 700MB；DVD 盘片单面最大容量为 4.7GB，最多能刻录约 4.59GB 的数据（因为 DVD 的 1GB=1000MB，而硬盘的 1GB=1024MB），双面 8.5GB 的最多能刻录约 8.3GB 的数据；HD DVD 单面单层 15GB，双层 30GB；BD（蓝光）单面单层 25GB，双面 50GB。

光盘以二进制的形式存储文件，其中盘片上的小坑代表"1"；反之，代表"0"。当激光射到盘片时，盘片上的凹凸反射光的强度不同，以此来区别是"0"还是"1"，从而读取相应的数据。

2. 光驱

光驱，即平常所说的 CD-ROM 或 DVD-ROM，如图 2.25 所示。一台普通的光驱主要由主体支架、光盘托架、激光头组件和电路控制板等几大部分构成。其中，激光头组件最为重要，称得上是光驱的"心脏"。下面来看看激光头组件的原理。

图 2.25　DVD 光驱

实际上，通常所说的激光头是光驱中的一个组件，即激光头驱动组件，包括主轴电机、伺服电机、激光头和机械运动部件等几部分，如图 2.26 所示。

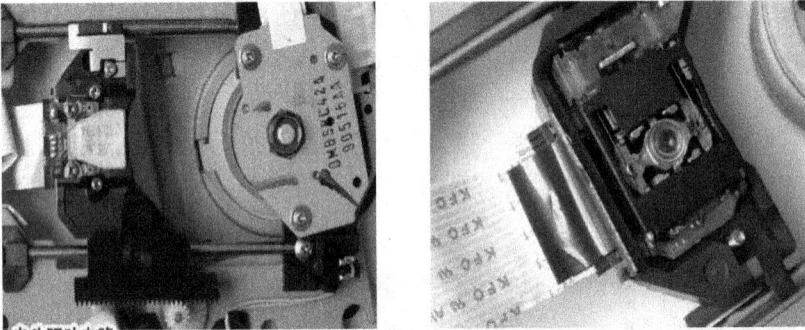

图 2.26　光驱激光头组件

激光头是由一组透镜和光电二极管组成的。在激光头中，有一个设计非常巧妙的平面反射棱镜。当光驱在读盘时，从光电二极管发出的电信号经过转换变成激光束，再由平面棱镜反射到光盘上。由于光盘是以凹凸不平的小坑代表"0"和"1"来记录数据的，因此它们接受激光束时所反射的光也有强弱之分，这时反射回来的光再经过平面棱镜的折射，由光电二极管变成电信号，经过控制电路的电平转换后变成只含"0"、"1"信号的数字信号，计算机就能够读出光盘中的内容。

一台光驱的好坏关键有两个方面，即纠错性能和稳定性。在技术上，保证这两个指标的主要有两项技术：寻迹和聚焦。

- **寻迹让激光头能够始终对准螺旋形轨道的轨迹。**当激光束与光盘轨迹正好重合时，这时的偏差就是"0"。但是大多数情况下，都不可能达到这样理想的状态，因为寻迹时总会产生一些偏差，就需要对光驱进行调整。如果寻迹范围不够大，那么数据盘就可能读不出，CD 可能不能发声。这也就是通常所说的纠错性能不好。

● **聚焦就是激光束能够精确射在光盘轨道上并得到最强的信号**。当激光束从光盘上返回时，需要经过4 个光电二极管，每个光电二极管所发出的信号需要经过叠加形成聚焦误差信号。只有当这个误差信号输出为 0 时，聚焦才准确。如果聚焦不准确，显然就不能顺利地读取光盘。

2.5.2 刻录光盘与刻录机

1. 可写入光盘 DVD-R/RW

DVD-ROM 具有价格便宜，使用方便，存储量大等优点，但它是一种只读存储介质，我们不能直接将数据写到 DVD-ROM 盘上，所以很不方便。DVD-R 和 DVD-RW 可以很好地解决这个问题，如图 2.27 和图 2.28 所示。

图 2.27 DVD-R 光盘

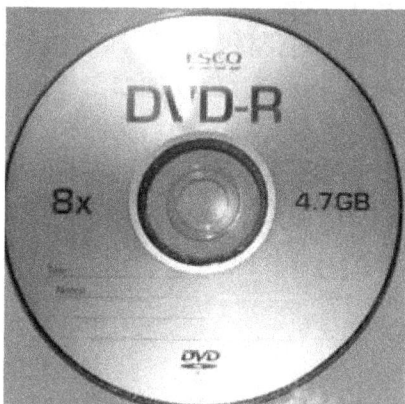

图 2.28 DVD-RW 光盘

DVD-R 是可写入光盘，用户可将自己的数据写入到 DVD-R 光盘中，但只能写入一次，写入后DVD-R 光盘就变成了一张只读光盘。而 DVD-RW 是可擦写光盘，可重复写入。

2. DVD 光盘的结构

DVD 光盘的尺寸分为两种：一种是常用的 120mm 光盘，一种是很少见到的 80mm 光盘。单面的 DVD 光盘只有 0.6mm 厚，比 CD 光盘薄了一半，其容量却有 4.7GB。单面 DVD 光盘的介质还可以分为两层，这样一来单面双层的容量扩大到了 8.5GB，再把两张光盘合在一起，就变成双面双层 17GB 的 DVD 光盘。

能得到如此大容量的原因是：DVD 存放数据信息的坑点非常小、非常紧密，最小凹坑长度仅为 0.4μm，每个坑点间的距离只是 CD-ROM 坑点距离的 50%，并且道间距只有 0.74μm，读取数据时使用波长为 635nm～650nm 的红外激光器。而 CD-ROM 凹坑的长度是 0.834μm，道间距是1.6μm，读取数据时采用波长为 780nm～790nm 的红外激光器。

3. 刻录机的工作原理

DVD-R 和 DVD-RW 的写入设备被称为光盘刻录机，其外观和外形尺寸与普通光驱一样，如图 2.29 所示。刻录完成的 DVD-R 或 DVD-RW 光盘，可以像普通的 DVD-ROM 光盘一样用光驱来读取。

图 2.29　光盘刻录机

在刻录 DVD-R 盘片时，通过大功率激光射到 DVD-R 盘片的染料层上，形成一个个平面(Land)和凹坑（Pit），光驱在读取这些平面和凹坑时将其转换为"0"和"1"。由于这种变化是一次性的，不能恢复到原来的状态，所以 DVD-R 盘片只能写入一次。

DVD-RW 的刻录原理与 DVD-R 大致相同，只不过 DVD-RW 盘片上镀的是一层 200 埃～500 埃 (1 埃=10^{-8}cm) 厚的薄膜，这种薄膜的材质多为银、铟、硒或碲的结晶层，这种结晶层能够呈现出结晶和非结晶两种状态，这两种状态相当于 DVD-R 的平面和凹坑。通过激光束的照射，可以在这两种状态之间相互转换，从而实现 DVD-RW 盘片的重复写入。

4. 刻录机的接口规范

刻录机与主机相连的接口方式主要有 IDE、SATA、SCSI、USB 和 IEEE 1394 等。早期的刻录机都使用 SCSI 接口，该接口刻录机占用的系统资源很少，刻录时相对稳定；不过必须安装 SCSI 卡，其价格也较昂贵。最近几年，安装简单、价格低廉的 IDE 和 SATA 接口刻录机已成为市场主流。采用 USB 1.1 接口的外置式刻录机，由于受到接口传输速率的限制，大多只能达到 4 倍或 6 倍的速率，但凭借其支持热插拔、携带安装方便的优点，在市场上也占有一席之地。IEEE 1394 接口的刻录机价格也比较昂贵。不过，从长远角度来看，外置式刻录机必将逐渐过渡到 IEEE 1394 接口和 USB 2.0 接口。

5. 刻录机的速度

目前市场中的 DVD 刻录机能达到的最高刻录速度为 16 倍速，对于 2～4 倍速的刻录速度，每秒数据传输量为 2.76MB～5.52MB，刻录一张 4.7GB 的 DVD 盘片需要 15～27 分钟的时间。DVD 刻录速度是购买刻录机的首要因素，如果在资金充足的情况下，尽可能选择高倍速的 DVD 刻录机。最大 DVD 读取速度是指光存储产品在读取 DVD-ROM 光盘时所能达到的最大光驱倍速，该速度是以 DVD-ROM 倍速来定义的。目前 DVD-ROM 驱动器的所能达到的最大 DVD 读取速度是 16 倍速；DVD 刻录机所能达到的最大 DVD 读取速度也是 16 倍速。DVD-R 和 DVD-RW 盘片也都有标称的刻录速度，对于仅支持低速刻录的盘片，如果强行采用高速刻录方式，有可能会造成记录层刻录不完全，导致数据读取失败甚至盘片报废。因此，选择支持相应刻录速度的盘片也是非常重要的。

2.5.3　蓝光、U 盘和 USB 移动硬盘

1. 蓝光

目前流行的 DVD 技术都采用波长为 650nm 的红色激光和数字光圈为 0.6 的聚焦镜头，盘片厚度为 0.6mm，如图 2.30 所示。蓝光 DVD 技术采用波长为 405nm 的蓝紫色激光，通过广角镜头上比率为 0.85 的数字光圈，成功地将聚焦的光点尺寸缩得极小程度。

图 2.30　蓝光 DVD

　　蓝光 DVD 盘片结构中采用了 0.1mm 厚的光学透明保护层，这样能减少盘片转动过程中由于倾斜而造成的读写失常，使盘片数据的读取更容易。蓝光 DVD 单面单层盘片的存储容量有 23.3GB、25GB 和 27GB 的，其中高达 27GB 的容量是当前红光 DVD 单面单层盘片容量的近 6 倍。像传统的红光 DVD 盘片一样，蓝光 DVD 同样还可以制成单面双层和双面双层的。

2. U 盘

　　U 盘，又称优盘，英文名 USB flash disk，中文全称"USB（通用串行总线）接口闪存盘"，是一种小型的硬盘（见图 2.31）。闪存盘接口有 RS-232、USB、SCSI、IEEE 1394 和 E-SATA 等多种，严格地说，只有 USB 接口的闪存盘才能称为 U 盘。它使用浮动栅晶体管作为基本存储单元实现非易失存储，不需要特殊设备和方式即可实现实时擦写。目前闪存均采用串行闪存芯片，芯片外部引脚大大减少，同时由于采用串行方式读写数据，芯片的功耗也降低了许多。目前市场上主流 U 盘容量有 1GB、2GB、4GB、8GB、16GB 等。

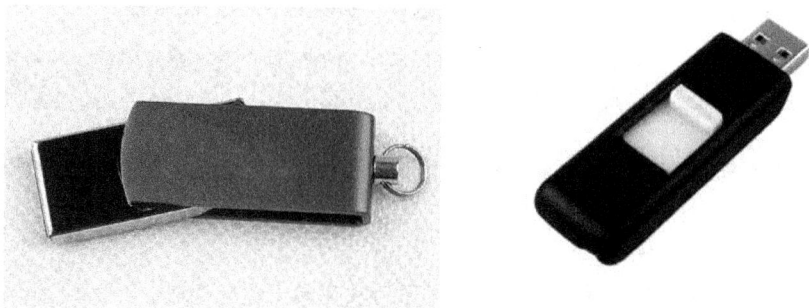

图 2.31　两款 U 盘

　　U 盘存储介质具有防磁、防震、防潮等诸多特性，大大加强了数据的安全性，而且重量轻，体积小，目前已经广泛应用于 PC、PDA、移动通信设备、MP3 播放器和数码相机中。

3. USB 移动硬盘

　　USB 移动硬盘（见图 2.32）是将笔记本电脑硬盘放到一个采用 USB 接口的专用硬盘盒中而形成的。和其他移动存储设备相比，具有容量大、存储速度快、即插即用等特点，所以被广泛用于各种需要文件交换的场所。目前 USB 移动硬盘的容量有 80GB、120GB、160GB、250GB、320GB

和 500GB 等几种，价格比较适中，普遍采用 USB 2.0 标准。

图 2.32　USB 移动硬盘

2.5.4　光驱、刻录机及其他可移动外存储器的选购技巧

光驱已成为计算机的基本配置。现代驱动器的价格也比较便宜，所以建议选购 DVD 驱动器。在选择 DVD 驱动器时不要片面考虑速度，还要考虑读盘能力和纠错性能。

在选购刻录机时，注意这几个方面：好的品牌；完善的售后服务及技术支持；读写速度够用即可，不用特意追求最高读写速度；缓存在 8MB 左右即可，当然缓存越大越好；选择有防欠载技术的产品，减少坏盘；注意刻录机对盘片的兼容性、对刻录方式的兼容性、与刻录软件的兼容性等；另外，售后服务也是很重要的问题。一些刻录机产品虽然价格特别便宜，但由于售后服务不佳或者根本没有完整的售后服务，所以遇到机器故障或软件不兼容时吃亏也就在所难免了。此外工作温度及噪声大小，配件是否齐全，保修卡、说明书等证明资料是否全面，也是选购时需要注意的。

目前软驱已基本被淘汰，所以建议不要配置，可以考虑购买 U 盘和 USB 移动硬盘。U 盘和 USB 移动硬盘价格都不贵，都采用 USB 接口，所以存储速度比较快。在选购时，注意选择支持 USB 2.0 的产品，不要购买不知名品牌产品，更不要贪便宜而分别购买硬盘盒和笔记本硬盘，因为组装的整体效果不好，而且容易坏。

至于，U 盘或移动硬盘可根据自己的实际需要选购，以选择品牌产品为宜。

2.6　显卡的选购

显卡的作用是将 CPU 传送来的数据信号经过处理后输送至显示器，整个过程通常包括 4 个步骤。

① CPU 将数据通过总线传送到显示芯片。

② 显卡的主芯片对数据进行处理，并将处理结果存放在显卡的内存中。

③ 将显卡内存中的数据传送到 RAMDAC 并进行数模转换。

④ RAMDAC 将模拟信号通过 VGA 接口输送到显示器。

不同显卡的工作原理是不尽相同的，典型的工作方式有 VGA 方式和图形卡方式两种。

2.6.1　显卡的工作原理

1. VGA 卡原理

VGA 卡从主存获得要显示的数据，同时从 CPU 获得显示控制命令，然后分别存入显卡的显存和控制器中，再由显示控制器通过控制显存和索引颜色寄存器来生成包括位置、颜色在内的显示信号，然后由串行发生器变成串行信号，经过数模转换变成显示器可接受的 VGA 信号，输出到显示器，即可完成显示过程。

VGA 的显示模式可兼容 CGA、EGA，还可以在 80×5 行、16 色、文本模式，640×480 分辨率、16 色、图形模式，320×200 分辨率、256 色等模式下工作。

SVGA 是在 VGA 基础上的扩展，其工作原理与 VGA 相似，SVGA 的显示模式有 640×480、256 色，800×600、256 色，1024×768、256 色等许多显示模式。

2. 图形卡原理

图形卡也称图形加速卡，它是在显卡上加入图形加速或图形处理芯片而成的。这是与 VGA 显卡的根本区别。图形处理芯片也称 GPU（Graphic Processing Unit）。图形卡在显示时，CPU 只下达简单命令，具体的处理工作由显卡上的图形加速芯片或图形处理芯片来完成。

图形加速卡拥有自己的图形处理器和显示内存，它们专用来执行图形加速任务。例如，在显示器上输出一个圆圈，如果只让 CPU 做这个工作，就要考虑用什么颜色、需要多少个像素等；但有了图形加速卡，CPU 就只需告诉图形加速芯片"给我画个圈"，剩下的工作就由图形加速芯片来完成，这大大减轻了 CPU 的负担，提高了计算机系统的整体性能。

另外，图形卡一般采用 64 位或 128 位总线，比 PC 的系统总线更宽、更快，这大大加速了图形卡内部的数据传输速率；还改进了 DAC，采用了高速显存和 AGP 接口等。

图形卡有自己的中央处理器和内存（即 GPU 和显存），按冯·诺依曼结构，这就是一个完整的计算机系统核心。这个系统的任务是和 PC 系统核心配合，完成大容量的图形输出工作。显卡作为电脑主机中的一个重要组成部分，承担着输出显示图形的任务，对于喜欢玩游戏和从事专业图形设计的人来说，显卡是非常重要的。目前民用显卡图形芯片供应商主要包括 AMD（ATi）和 Nvidia 两家。

2.6.2 如何选购显卡

在选购显卡时，应根据电脑的用途选购相应的高、中、低档产品，还应考虑显存的容量、类型和速度，显卡的品牌、显示芯片、元器件及做工等问题。

1. 按需选购

在决定购买前，一定要搞清楚自己购买显卡的主要目的。根据用途，确定选购高、中、低哪个档次的显卡及显存。

- 对显卡性能几乎没有什么要求，一般用来学习、打字、上网或玩一般的游戏等，可以选择 200~500 元的显卡即可；显存有 256MB 就够用了。
- 经常玩各种游戏，但仅仅是简单玩一玩，并不苛求运行速度，选择价格为 500~1000 元即可；显存一般 512MB，越大越好。
- 需要流畅运行大型三维游戏、专业图形图像制作或电子商务，最好选专业显卡，价格在 1000 元以上的，显存最好是 1GB 以上。

2. 看显存位宽

在选择显卡的时候，尽量选择 128 位或者 256 位以上显存位宽的显卡，不要选择 64 位的显卡。当然显存位宽对显卡性能的影响要比显存容量的影响更重，还是应该优先考虑大显存位宽的产品。

3．看显存芯片

显存是显卡的核心部件，直接关系到显卡的速度和性能。目前显存的制造商主要以日本、韩国和中国台湾地区的为主。市场上的显卡主要使用三星、现代、钰创、ESMT 等几个品牌的。应该说，这几个正规大厂生产的显存，其性能和质量都是有保障的，无论是稳定性还是超频性能都相当不错。显存的规格有 DDR 2 和 DDR 3，其中 DDR 3 逐渐成为市场主流。

4．看显卡接口

显卡接口有 AGP 总线接口和 PCI Express 总线接口。PCI Express x16 总线插槽将取代 AGP 8X 插槽，其数据带宽是 AGP 8X 的两倍，可达 4GB/s，还可给显卡提供高达 75W 的电源。

5．看 PCB 板

对于多数显卡来说，采用公版 PCB 设计的性能和稳定性要比采用非公版设计的产品要更值得选择。

6．看电容

一般来说，像三洋、红宝石这些日系电容的品质还是要比我们常看到的黑色外观电容的品质更好一些，多数非黑色外观的贴片电容的品质也要比黑色外观的贴片电容的品质更好一些。钽电容的品质也要比普通电容的品质更好。采用的电容品质是否可靠直接关系到显卡是否能长时间稳定运行，所以要尽量选择电容品质比较好的显卡。

7．看风扇

显卡的两个核心部件——芯片和显存都是发热"大户"。如果工作中得不到及时的散热，将影响整个显卡的稳定性，甚至会导致两个关键部件损坏。现代优质的显卡都采用了大面积的散热片和大功率风扇，从而使芯片和显存散发的热量得到了及时的处理。很多中高端显卡还采用了水冷散热，即通过热管液体把 GPU 和水泵相连，利用液体循环来降低温度。

2.7　显示器的选购

2.7.1　LCD 屏

LCD 屏如图 2.33 所示。LCD 具有轻薄短小。耗电量低，无辐射危险，平面直角显示及影像稳定不闪烁等优势，目前价格便宜，已经取代 CRT 的主流地位。

图 2.33　LCD 屏

1．LCD 屏的工作原理

LCD 是一种通过控制半导体发光二极管的显示方式来显示文字、图形、图像、动画、视频、录像信号等各种信息的显示屏幕。利用液晶的电光效应制造而成，即通电时，液晶排列有秩序，光线容易通过；不通电时，液晶排列混乱，阻止光线通过。

2．LCD 屏的分类

常见 LCD 的分类如表 2.2 所示。

表 2.2　常见 LCD 类型

分类	拼写方式
扭曲向列 LCD	TN-LCD（Twisted Nematic-LCD）
超扭曲向列 LCD	STN-LCD（Super TN-LCD）
双层超扭曲向列 LCD	DSTN-LCD　（Double Layer STN-LCD）
薄膜式晶体管 LCD	TFT-LCD　（Thin Film Transistor-LCD）

其中，DSTN-LCD 和 TFT-LCD 被广泛应用到计算机系统、PDA、移动通信等领域。

前 3 种类型 LCD 的工作原理相似，只是液晶分子的扭曲角度不同，即我们常说的"伪彩屏"。其中，DSTN-LCD 的结构简单，价格低廉，使用最为广泛，但其对比度和亮度较差、可视角度较小及色彩也欠丰富。

TFT-LCD 虽然在构造上和 TN-LCD 非常相似，但 TFT-LCD 把 TN-LCD 上部夹层的电极改为 FET 晶体管，而下层改为共同电极。FET 晶体管具有电容效应，能够保持激发后的电位状态不变，直到再次被激发改变状态为止。TFT-LCD 上的每一个液晶像素点都是由集成在该像素点后的薄膜晶体管来直接驱动的，因此可以大大提高 LCD 的对比度、响应时间及色彩还原能力。

和 DSTN-LCD 相比，TFT-LCD 具有屏幕反应速度快，对比度好、亮度高，可视角度大，色彩丰富等优点，是当前 LCD 的主流。

2.7.2　CRT 显示器

CRT 显示器是一种使用阴极射线管（Cathode Ray Tube）的显示器，如图 2.34 所示。阴极射线管主要有 5 个部分组成：电子枪（Electron Gun）、偏转线圈（Deflection coils）、遮罩（Shadow mask）、高压石墨电极和荧光粉涂层（Phosphor）及玻璃外壳。它是目前应用最广泛的显示器之一，CRT 纯平显示器具有可视角度大，无坏点，色彩还原度高，色度均匀，可调节的多分辨率模式，响应时间极短等 LCD 难以超越的优点，而且现代的 CRT 显示器价格要比 LCD 显示器便宜不少。但是随着技术的发展以及 LCD 价格的不断下降，更多的 CRT 显示器已被 LCD 所取代。

CRT 显示器的工作原理

当显示器收到计算机（显卡）传来的视频信号后，通过转换电路转换为特定强度的电压，电子枪根据这些高低不定的电压放射出一定数量的阴极电子，形成电子束；电子束经过聚焦和加速后，在偏转线

图 2.34　CRT 显示器

圈的作用下穿过遮罩上的小孔，射到荧光屏的荧光粉层上，受到高速电子束激发的这些荧光粉单元会分别发出强弱不同的红、绿、蓝3种光，相邻的红、绿、蓝荧光粉单元组成一组，称为像素。要显示一个像素，电子枪就要同时发射三束电子束，它们分别受显卡R、G、B基色视频信号电压的控制，轰击各自的荧光粉单元，从而形成不同的演示。电子束快速地从左到右、从上至下，逐行轰击荧光屏，最终形成完整稳定的图像。

2.7.3　如何选购显示器

在选购显示器时，一般要考虑屏幕尺寸、性能指标、品质和价格等。

1. LCD 的选购技巧

根据液晶产品的特点，选购时注意点缺陷、可视角度、响应时间、色彩数量以及亮度和对比度、价格、外观等。

（1）看点缺陷

在液晶显示器上出现的"亮点"、"暗点"和"坏点"统称为点缺陷。

点缺陷的问题是用户在购买时比较关心的，而且各地的生产商和不同品牌之间也存在着差异，其允许的点缺陷数量也是不同的。在选购时，注意仔细观察屏幕上是否有点缺陷，数量是否过多。

（2）看响应时间

响应时间一直是选购 LCD 的一大问题。拖尾现象在看电影或作视频工作时影响尤为明显，所以在选购LCD时一定不要忘了这个指标，越小越好！目前市场上液晶显示器的响应时间一般为8ms、5ms 和 2ms。以华硕 MS 系列 2ms 响应的无汞液晶为代表，国内液晶厂商已经开始紧跟，三星、LG 等韩国厂商不断有 2ms 响应时间的产品发布。

（3）看亮度

亮度是由显示器所采用的液晶板决定的，一般廉价 LCD 亮度为 170CD，高档 LCD 一般也低于 300CD。亮度越大并不代表显示效果越好，这必须要和对比度同时调节，两者配合一致才能获得最佳效果。

（4）看对比度

对比度是直接体现该液晶显示器能否体现丰富色阶的参数。对比度越高，还原的界面层次感就越好。目前市面上的液晶显示器对比度在 1000:1 左右。

（5）看外观

选择液晶显示器的另一个重要标准就是外观。之所以放弃传统的 CRT 显示器而选择液晶显示器，除了辐射之外，主要的原因就是液晶显示器身材娇小，占用面积较少，产品外观时尚、灵活。因此，选购时一定选购一款自己喜欢的显示器外观。

2. CRT 显示器的选购技巧

（1）价格

价格是一般用户最关心的问题，在购买时可灵活地根据自己的需求和经济能力选购。

（2）显像管

打开后，要注意显示器的显像管。先看显像管（显示屏）是否够黑，越黑说明对比度越高，如果底色偏灰，一般是低级品。再透过机壳后的散热孔看机内是否有完整的防辐射金属罩，这是衡量显示器是否偷工减料的重要方法。

（3）刷新频率

刷新频率越高，图像越稳定；刷新频率越低，图像的闪烁感越强，眼睛也越容易感觉到疲劳。可将目光移到屏幕外，用余光观察屏幕，如果显示器的刷新频率低，将很容易发现屏幕在闪个不停。较长时间看电视或用电脑时，经常会有头晕、眼疼、流泪等症状。一般来说，显示器的视频带宽越宽、行频越高，其最大刷新频率也就越高。现在的17英寸纯平显示器，低档的带宽一般都为110MHz，最佳分辨率为 1024×768 时，刷新率可以达到 85Hz。在 85Hz 的刷新率下，图像清晰稳定，人眼不会感到疲劳，基本可以满足家庭需要。

（4）点距

点距是屏幕上相邻两个同色点（如两个红色点）的距离，常见点距规格有 0.28mm、0.25mm、0.22mm 和 0.20mm 等。显示器点距越小，在高分辨率下越容易取得清晰的显示效果，目前市场上17 英寸纯平显示器的点距一般为 0.25mm。

（5）看色彩

可以通过观察商家提供的演示图片来衡量显示器在色彩和层次上的表现力。或站在离屏幕稍远的地方，观察色彩是否饱和、明快且真实，如果它的界面明显比其他显示器暗淡，试着增大对比度和亮度，看看能否有所改善。靠近显示器，仔细分辨细节上的层次，这时应该注意界面上人的皮肤、花瓣或其他色彩和明暗过渡的位置，能看到的层次越多越好。

（6）显示器的辐射标准

显示器的好坏直接影响人的身体健康（如眼睛的保护等），业界的 TCO 系列认证标准能够保障用户在这方面的需求，对显示器可能危害人体健康的环境保护、生物工程、可用性、电磁场、能源消耗及电力火力安全等方方面面做了严格规定。人体工程学、辐射及能源测试等方面的要求更为苛刻，它要求制造厂商必须通过 ISO 14001（环境管理体系）认证。可以说，通过了 TCO 认证的显示器是安全、可靠的显示器。

（7）外观印象

在购买时，要看外包装有没有打开过，包装箱上应该印有商标、序列号等信息，箱内泡沫塑料应该是崭新雪白的，绝大多数显示器都应该套在一个大塑料袋里，显示器的机身不应该有污渍、手印等，以及屏幕的涂层有没有脱落或划伤的痕迹，否则就很有可能是旧货。另外，还要注意以下几点。

`Step 01` 看包装箱是否完好，特别是上、下密封胶带，一定要选择包装箱完好的显示器，有些经销商习惯从包装箱下面开封，一定要注意。

`Step 02` 打开包装箱后，看箱内附带的驱动程序、电缆、合格证、质量保证等是否齐全。

`Step 03` 观察显示器外壳是否完好，有没有磕碰迹象或划痕。

`Step 04` 观察显示器的屏幕，有划痕等缺陷一定不能买。

（8）售后服务

一定要向经销商问清楚质保时间，例如：一年包换是换新的，还是换返修的，以及保修时间等。还有显示器的技术指标，别购买了货不对版的产品。

2.8 声卡的选购

声卡是多媒体计算机的标准组件之一，如图 2.35 所示。声卡的基本功能是把来自话筒、磁带、光盘的原始声音信号加以转换，输出到耳机、扬声器、扩音机、录音机等声响设备，或通过音乐设备数字接口（MIDI）使乐器发出美妙的声音。随着技术的发展，声卡已不仅仅作为发声之用，还兼备了声音的采集、编辑、语音识别、网络电话等种种功能。目前，声卡已成为多媒体个人计算机(MPC)不可缺少的组成部分。

图 2.35　声卡

2.8.1　声卡的类型

目前市场上的声卡主要分为板卡式、集成式和外置式 3 种接口类型。

1. 板卡式

板卡式产品是现今市场上的中坚力量，产品涵盖低、中、高各档次，售价从几十元至上千元不等。目前板卡式主流产品多为 PCI 接口，它们拥有更好的性能及兼容性，支持即插即用，安装使用都很方便。板卡式产品主要由音效处理芯片、Digital Control 芯片、Audio Codec 芯片几个部分组成。

2. 集成式

集成式声卡就是将声卡芯片整合在主板上，这样的电脑更加廉价与简便，使用时只要把声卡的驱动安装上即可。集成式声卡的音质比较一般，由于很多人对声音的要求只要能发声即可，因此集成式声卡也是一种不错的选择。

此类产品集成在主板上，具有不占用 PCI 接口，成本更为低廉，兼容性更好等优势，能够满足普通用户的绝大多数音频需求，自然就受到市场青睐。集成声卡的技术也在不断进步，PCI 声卡具有的多声道、低 CPU 占有率等优势也相继出现在集成声卡上，它也由此占据了声卡市场的大半壁江山。

3．外置式

外置式声卡通过 USB 接口与 PC 连接，具有使用方便，便于移动等优势。但这类产品主要应用于特殊环境，如连接笔记本实现更好的音质等。

2.8.2　声卡的选购技巧

1．按需选购

现在声卡市场的产品很多，不同品牌的声卡在性能和价格上的差异十分巨大，所以一定要在购买前想一想自己打算用声卡来做什么，要求有多高。

一般说来，如果只是普通的应用（如听听 CD、看看影碟或玩一些简单的游戏等）所有的声卡都足以胜任，那么选购一款一般的廉价声卡即可；如果是用来玩大型的 3D 游戏，就一定要选购带 3D 音效功能的声卡。因为 3D 音效已经成为游戏发展的潮流，现在所有的新游戏都开始支持了。

2．了解音效芯片

声卡音效芯片在声卡中的地位是非常重要的。它决定了声卡的处理能力、音效、档次与价格，读者可以根据自己的用途选购声卡芯片。

3．功能与接口

声卡具备的各项功能都要通过相应的输入/输出接口来实现，如果要实现某项功能，一定要留意声卡是否具备相应的功能和接口。一些功能接口较多的中高档产品会有一块子卡，要多占一个 PCI 插槽。

4．检验声卡的音质

音质是判定一块声卡好坏的重要标准，其中包括信噪比、采样位数、采样频率及总谐波失真等指标，这些参数的高低决定了声卡的音质。

信噪比的高低关系到播放声音是否干净纯正，只有达到 93dB 以上才能无明显噪声。目前声卡的信噪比大多达到了 96dB。

采样位数是指声卡对声音信号的采集能力，值越大，声卡对声音的处理能力就越强。目前主流声卡的采样位数为 16bit，已经能够满足需求。

采样频率是指每秒钟内声卡采集信号的次数，值越高，其音质就越好。目前主要分为 22.05kHz、44.1kHz 和 48kHz 3 种。理论上，44.1kHz 就可达到 CD 音质。

不过音质是眼见为虚、耳听为实，而且每个人对音质好坏的判断也不一样，购买时试听实际效果是很有必要的。要注意测试声卡的回放和录制采样效果，也可在静音状态下将音箱的音量调至最大，并注意听是否有明显的噪声。测验音箱一定要选用质量档次高的产品，才不会对效果判断产生干扰。

5．音效与多声道

要得到良好的回放音效，声卡必须具备优秀的 3D 音效。而 3D 音效也有多种模式，常见的有 A3D、EAX、DirectSound 3D、Q3D 等 3D 音频技术。其中以创新的 EAX 较为出色。

帝盟的 A3D 出现较早，可通过双通道实现较好的 3D 效果，定位感不错，至今已发展到 A3D 3.0 规范；EAX 则是创新推出的环境音效扩展开放性 API，着重于 3D 环境音效，特别是多声道效果十分突出；DirectSound 3D 为微软推出的音频 API 标准，借助 Windows 系统有了统一的接口和极好的兼容性，目前的 PCI 声卡几乎都支持这一技术；Q3D 则是 QSound 开发的软件模拟 3D 效果，效果相对单一逊色。

若按照声卡输出声道区分，又分为双声道、四声道、5.1 声道和 7.1 声道等几种。但并不表示 2.1 音箱就得搭配 2.1 声道的声卡使用，因为音箱中的"1"声效是分离其他声道中的低频信号；对声卡而言，其实并没有 2.1、4.1 之类的输出概念。例如，声道声卡就可支持 2.1 声道的音箱，四声道声卡可支持 4.1 声道音箱。不过，5.1 声道则是个另类，要求声卡必须有 6 个声道，因此这类产品又称为 6 声道声卡。

现在 DVD-ROM 是主流，很多人经常在计算机上欣赏 DVD 影碟。若组建 5.1 声道或 7.1 声道影院系统，还得留意声卡是否支持 AC-3 解码。因为只有解码后的 AC-3 信号输出到音箱，才能获得真实的 5.1 声道和 7.1 声道效果。

6．声卡质量

声卡的质量可从产品包装、PCB 元件和相关附件等方面分辨，应当着重检查 PCB 的层数、产品的设计走线以及采用的元件质量。声卡之间的做工、兼容性与产品品牌、价格有很大关系。

辨别声卡的做工，最简单易行的办法是看电路板的外观，一般元件排列整齐、焊点干净、板子厚实的，做工不会差到哪里去。另外，看金手指也大致可以看得出：好的卡金手指镀的真金，金色很纯、亮晶晶的；不太好的卡，其金手指往往颜色比较淡，色泽也不好，有些甚至只是铜的。在设计上，屏蔽干扰也是非常重要的，主要看它们是几层板和有没有敷铜及接地。

2.9 音箱的选购

音箱是用来还原声音的。如果没有性能优异的音箱相配合，即使是最高档的声卡，仍然无法展现其卓越的性能。目前，音箱已成为多媒体计算机必不可少的部件，在音频领域中有着不可取代的地位。

2.9.1 音箱简介

音箱是计算机的重要输出设备之一，常用的音箱主要有 2.1 声道音箱、5.1 声道音箱和 7.1 声道音箱等，如图 2.36 所示。目前仍然出现塑料与木制音箱同在、双声道与多声道音箱并存的市场状况。

图 2.36　音箱

2.9.2　音箱的基本组成

音箱是将电信号还原成声音信号的一种设备，评价音箱性能的标准是音箱是否能真实地把声音进行还原。音箱主要由箱体、外壳、电源、功率放大部分、扬声器单元和特殊音效与功能电路等部分组成，下面分别进行介绍。

1．箱体设计

除了特殊的平板式、号角式、迷宫式音箱外，通常可以将音箱分为倒相式音箱和密闭式音箱两种。

倒相式音箱与密闭式音箱的区别在于，其前面装有筒形的倒相孔（见图 2.36），以使箱体内外的空气相通。倒相式音箱借助音箱里的空气以及倒相孔中空气柱的振动，并且依靠音箱后板的反射作用，将扬声器后面的声波反相 180°，再由倒相孔将这部分声波传送出来，以使这部分声波与扬声器直接发出的声波同相，这样就增加了低频的辐射能量，倒相式音箱也因此而得名。倒相式音箱可以由两个或两个以上的扬声器组成，因此又可以分为二分频和多分频两种。通常，普通多媒体音箱都采用二分频，以求得制造成本与性能之间的平衡，而一些高档音箱则普遍采用多分频技术。倒相式音箱有着更高的功率承受能力和更低的失真度，灵敏度极高，能胜任各种场合。

密闭式音箱在封闭的箱体里安装扬声器，将箱体内部与外部的声波完全隔绝起来，将声波封闭在箱体内是为了减少箱体内驻波对扬声器振动的干扰。在密闭式音箱内部一般都放有阻尼材料，用来有效吸收音箱内部的声波以及降低空气分子传播声音的速度。密闭式音箱听古典音乐室内效果极佳，但低频稍感不足。其灵敏度比倒相式音箱要小 5dB 左右。

2．音箱外壳

音箱外壳也是影响音箱性能的重要因素。常见的音箱外壳材料为塑料或木材等。塑料音箱采用模具一次性注塑成型，成本相对较低，造型设计丰富多彩。但由于注塑工艺、技术上的限制，音箱体积不能做得过大，而且这样制造出的音箱不能承受太大的输出功率，仅适用于普通音箱。木制音箱一般用厚度在 10mm 以上的中高密度复合板制成。与塑料音箱比，木质音箱有着更好的抗谐振性能，扬声器可承受更大的功率，体积也不受模具的限制，但造型则较为死板。现在一些音箱往往结合木质音箱与塑料音箱各自的优势，根据实际情况采用不同的材料。以图 2.36 的音箱为例，这套 2.1 规格的音箱两个主音箱采用塑料注塑而成；低音炮则采用木质结构，为增加音箱造型的变化，低音炮前面板采用注塑件。这样的设计，既兼顾了成本，又保证了质量，在成本与质量之间求得了平衡。

3．电源部分

音箱内的电路为低压电路，输入的电压一般需要通过变压、整流和滤波后才能使用，以保证输出电压的平稳。为了保证音箱质量，必须严格保证变压、整流、滤波等环节符合规范要求。变压器要有足够的功率输出；整流部分二极管要符合要求，尽量用 4 个二极管进行整流；滤波部分要同时采用大电容与小电容结合的滤波方式，大电容应该采用不低于 3000μF 的电解电容，可以采用一个大电容或两个中容量电容并联的方法实现滤波，并且一定要使用小电容来弥补大电容对高频滤波的不足。

4．功率放大部分

功率放大部分由前级放大和后级放大两部分组成。前级放大将电压放大，预先将输入信号的电压幅度放大到功率放大要求的最小值以上。对前级放大的要求主要是频率范围、失真度和放大倍数，尤其是放大倍数要满足要求。后级放大的核心是功放芯片，它是整个音箱的核心；按照标准，音箱标注的额定功率不应该超过功放芯片的功率典型值。

5．扬声器单元

一般木制音箱和较好的塑料音箱都采用二分频的技术，由高、中音两个扬声器来实现整个频率范围内的声音回放；而一些在 $X.1$（$X=2$、4 或 5）上被作为环绕音箱的塑料音箱所用的是全频带扬声器，即用一个喇叭来实现整个音域内的声音回放。另外，用在计算机多媒体领域的音箱必须要具有防磁性，在扬声器的设计上必须采用双磁路，并且要采取在扬声器上加装防磁罩的方法来避免磁力线外漏。

6．特殊音效与功能电路

特殊音效与功能电路只出现在一些中高档音箱上，如 USB 音箱的数/模转换电路、数字输入调节部分、三维声场处理芯片以及 BBE 高清晰重放技术电路等。有一些低档音箱也带 3D 声场功能，但出于成本的考虑，它们的 3D 效果不是由芯片来完成的，而是由一个极为简单的反馈电路来实现的，性能相对较差。

2.9.3 音箱的性能指标

衡量音箱性能的指标很多，比如功率、频率范围、频率响应、失真度、信噪比、灵敏度、可扩展能力和箱体体积等。

1．功率

功率决定了音箱所能发出的最大声强。国际上通行的对音箱功率的标注有两种方法：额定功率与最大功率。额定功率是指在额定频率范围内给扬声器一个规定了波形的持续模拟信号，在有一定间隔并重复一定次数后，扬声器不发生任何损坏的最大电功率；最大功率是指扬声器短时间所能承受的最大功率。

在选购多媒体音箱时应注意摆放音箱的房间和音箱功率之间要相互协调，例如 20 平方米左右的房间，$2\times30W$ 的音箱即可，功率过大没有任何实际意义。

2．频率范围

频率范围是指音箱最低有效回放频率与最高有效回放频率之间的范围，其单位为赫兹（Hz）。频率范围越大，音域越广，音箱质量就越好。

3．频率响应

频率响应是指给音箱系统连接一个恒电压的音频信号，音箱产生的声压将随音频信号频率的变化而发生增大或衰减，相位也随频率而发生变化，这种声压、相位与频率相关联的变化关系称为频率响应，其单位为分贝（dB）。频率响应是音箱性能优劣的一个重要指标，其分贝值越小说明音箱的频率响应曲线越平坦，失真越小，性能就越高。

4．失真度

失真度分为谐波失真、互调失真和瞬态失真。谐波失真是指声音回放中增加了原信号中没有的高次谐波成分而导致的失真；互调失真主要影响声音的音调；瞬态失真是由于扬声器具有一定的惯性质量存在，扬声器盆体的振动无法赶上瞬间变化的电信号振动而导致的信号失真。失真度直接影响到音质、音色的还原程度，是一项与音箱品质密切相关的指标，通常以百分数表示，其数值越小，表示失真度越小。普通音箱的失真度以小于 0.5% 为宜；而低音炮的失真度则较大，不大于 5% 就属正常。

5．信噪比

信噪比是指音箱回放的正常声音信号强度与噪声信号强度的比值。当信噪比低时，由于输入的小信号强度与噪声强度不分上下，很难区分正常信号与噪声，使得在整个音域里声音变得混浊不清，严重影响音质。通常认为普通音箱的信噪比不能低于 80dB；低音炮的信噪比不能低于 70dB。

6．灵敏度

灵敏度是指能产生全功率输出时的输入信号。输入信号越低，灵敏度就越高。音箱灵敏度每差 3dB，输出的声压就相差一倍。一般以 90dB 以上为高灵敏度，87dB 为中灵敏度，84dB 以下为低灵敏度。灵敏度虽然是音箱的一个指标，但它与音箱的音质、音色无关。灵敏度的提高是以增加失真度为代价的，追求高灵敏度与低失真度有时是互相矛盾的，要保证音色的还原程度与再现能力，在必要时必须降低对灵敏度的要求；反之亦然。

7．可扩展能力

可扩展能力包括音箱多声道音频信号同时输入、数字信号输入以及是否有接无源环绕音箱的输出接口等。对于低音炮来说，有源音箱的输出接口及接口数目也很重要，它决定了以后能否组成多点式环绕声音系统。

8．箱体体积

音箱箱体越大越好，箱体越重意味着所选的板材越厚、密度越高，抗谐振性能越好，可以得到更好的音质。

2.9.4　音箱的选购技巧

学习了这么多关于音箱的知识，下面就谈一谈如何选购音箱。音箱的性能指标虽然很多，但对普通用户而言，只要抓住其中主要的几个就可以买到满意的音箱。

1．检查音箱外观

不论音箱质量如何，给人第一印象的总是音箱的外观。各人可以根据自己的喜好进行挑选。首先，要检查音箱功能面板的设计布局，看其是否合理。各调节旋钮、功能按钮以及各输入/输出插口不能相互干扰，影响音箱的调节。其次，需要估计主音箱的重量与体积，看其是否符合标称值。如果音箱的箱体过轻，说明在箱体所用材料、电源变压器、扬声器等方面存在偷工减料。

对木质音箱来说，要仔细检查音箱的外贴皮，看是否有明显的瑕疵，如起泡、突起、硬伤痕和边缘贴皮粗糙或不整等缺陷；检查箱体各板之间结合的紧密性，是否有不齐、不严、漏胶、多胶的现象；检查后面板与箱体是否结合紧密。对低音炮而言，要看它外接有源音箱的接口数目，以方便必要时进行升级。

最后，要检查音箱包装箱内的音箱及附属配件是否齐全，例如，音箱/音频连接线、插头、说明书和保修卡等。

另外，一些名牌音箱，如"麦博"、"漫步者"等音箱都有唯一的产品序列号，如果出现同号的，肯定是假冒产品。"润宝轻骑兵"的序列号是由计算机按照某种编码规则随机生成的，别说是同号，就是连号或相近号码也极有可能是假冒产品。

2．考核音箱性能

音箱是用来还原声音的设备，其最基本的要求就是声音的还原效果真实自然，失真度小。考核音箱性能最简单的办法就是实际听听音箱的音色、音质。音箱重现声源声音的准确性是衡量音箱性能的第一标准。

对音质、音色的主观评价可以从以下几个方面进行。

（1）音色的均匀性

音色的均匀性是指音箱在整个发声音域中是否有真实均匀的音色表现力，也就是看音箱在高、中、低各频域中的表现是否均衡。多媒体音乐的声源是以游戏、歌唱中的乐器声和人声为主组成的，中、高音占的比例较大，低音比例较小，在评测中对多媒体音箱中、高音的表现力要多加重视。

高音分成 2500Hz～13kHz 的低高音和 13kHz 以上的超高音两部分。在低高音部分主要使用弹拨乐、管弦乐与交响乐声源对音箱进行考核，要求声音自然柔美，节奏轻快，轮廓鲜明，要注意的是音箱声音有无明显干涩的感觉和过分黏稠凝滞的现象。

在超高音域中采用爵士乐和一些如破碎声、劈裂声、鸣叫声等特色音源对音箱进行考核，主要考察音箱高音的瞬态表现力。在反复的瞬态高音中看音箱是否发音清脆、干净，有无劈裂声、沙沙声等明显的失真现象。

对中音的考核以人声为主，在 150Hz～2500Hz 的频率范围内，包括讲话声与歌唱声。主要是考核音箱的抗中频染色能力，即是否有声音不稳，音调不连贯，人声中带有明显的"鼻音"现象等。

低音分成 80Hz～150Hz 的低音和 40Hz～80Hz 的重低音两部分。人耳对低音的敏感度比较差，主要考核低音是否沉稳、凝重、雄浑。通常，低音单元材质好、体积大、箱体重、板材厚、密封好的音箱会有更好的表现力。

（2）声场定位能力

声场定位能力是指音箱所营造声场的纵深宽度与广度。声场定位能力与箱体的摆放有很大关系，声场定位良好的音箱是应将声场准确定位于两音箱的中部，人声与乐器声的前后深度是自然展开的，声场稳定且听者在一定的范围移动后只能感觉到微小的变化。有些音箱定位的稳定性较差，还原出的声源位置会随着频率的不同而改变，还有一些音箱声场范围较窄，只能在两音箱之间的一狭窄区域内还原出真实的声音，外延后则会发生明显的声场失真现象。通常来说，具有 SRS、APX 等音效芯片设计的音箱在声场的声响定位方面普遍要好一些。用户在选购音箱时，应按不同摆放方式，在不同位置多次试听，以判断音箱声场定位能力的优劣。

（3）频域动态放大限度

当音箱的音量开大到一定限度时，音箱就不能在全音域内保持均匀清晰的声源信号放大能力了。这一限度称为频域动态放大限度，是衡量音箱优劣的一项评测标准。在超出限度后，音箱的低音单元会发出劈裂声、爆破声、嗡鸣声等明显的失真声音。在大动态信号下工作时，非线性失真则很难察觉。

（4）特殊音源的输出效果

采用信号相对较弱的音源进行放音，能有效地考核音箱在大音量时的背景噪声，以及带有 BBE 音效的音箱对弱小信号的回放性能。输入带有微小噪声的信号，并与性能价格比合理的标准音箱进行对比，考察被测音箱的背景噪声是否明显，同时也是对它的抗干扰能力进行衡量。

（5）箱体谐振

当在 200Hz 以下的低频段大音量输出时，箱体轻且薄的音箱会发生谐振现象，造成声音信号的失真。考核的办法是将音箱音量逐步调大，观察音箱箱体是否会发生轻微的振动，是否会出现噼啪声。

（6）防磁性

显示器对周围磁场十分敏感，只要将音箱靠近显示器，仔细观察屏幕上的图像有无局域的偏色或整体的色位移，就可以检验音箱的防磁性能。音箱的磁性是来自于扬声器的，防磁音箱的扬声器都采用的是双磁路的设计，而且扬声器喇叭后面的永磁体外应有金属罩。

（7）箱体的密闭性

在对音箱中低频的瞬态性能进行检验时，可以增加一定程度的音量，将手放在倒相孔外，感觉是否有明显的空气冲出或吸进现象，这种感觉越明显说明音箱的密闭性能越好。

3．功能设计及易用性

功能设计主要考核使用 BBE、SRS、APX、Spatializer 3D 等音效增强技术与 3D 环绕音效技术音箱的实际效果是否明显。易用性是指音箱面板设计的是否合理，是否提供了高/低音调节旋钮、平衡调节、多路音源输入等功能。

另外，还要注意音箱的安全性能，查看音箱以及各种连线、插头等是否符合安全规范。

2.10　键盘的选购

键盘作为计算机中最基本也是最重要、最早使用的输入设备，在计算机的发展史中起着举足轻重的作用。以前，差不多每一段程序、每一篇文章都是通过键盘一个字一个字地敲入计算机中的。

2.10.1　键盘的基本知识

键盘是计算机最早拥有的基本部件之一，键盘的历史和计算机的历史一样长。最早的键盘为 84 键，后来陆续出现了 101 和 102 键键盘。以最常见的 104 键键盘为例，所有的按键可分为 4 个区：打字键区、功能键区、编辑控制键区和数字小键盘区，如图 2.37 所示。打字键区用于输入文字、数字等；功能键区定义了常用的一些功能，以方便快速使用；编辑控制键区用于在编辑时控制、定位光标；数字小键盘区主要用于快速输入数字。

按照按键的结构划分，键盘可分为机械式和电容式两大类。早期的键盘都是机械式的，手感较差，击键时用力大，键盘磨损也快，故障率高，但维修比较方便，这种键盘已被淘汰。现在的键盘都是电容式键盘。电容式键盘的按键由活动极、驱动极和检测极组成，当按键被按下时，安装在立杆上的活动极响应驱动极，向检测极靠近，极板间距离缩短，从而来自振荡器的脉冲信号

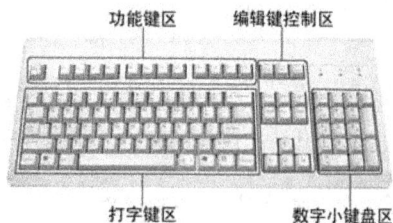

图 2.37　键盘

被电容耦合后输出，起到了开关的作用。电容式键盘击键声音小，寿命较长，手感好，但由于按键采用密封组装，不易进行维修。

目前，键盘接口有 AT 接口、PS/2 接口、USB 接口和无线接口 4 种。AT 接口比较大，现在已很少使用。PS/2 接口原本是 IBM 公司的专利，现在已广泛用于各种计算机上。而 USB 接口键盘和无线接口键盘是正在普及的两种键盘，由于使用携带方便，获得了更多年轻人的青睐。

2.10.2 键盘的选购技巧

尽管键盘种类、样式各不相同，但其质量标准是一样的。在购买键盘时，应该注意以下几个问题。

1．应选用标准键盘

不同厂家生产的计算机键盘，按键的排列不完全相同。因此，购买时一定要注意选购符合自己习惯的键盘。

2．应选用耐磨性好的键盘

较好的键盘都采用激光印字键帽。使用这种工艺，键盘上的印字在手指长时间的敲击之后都不会褪色。而劣质的键盘在敲击几个月后，键盘上的印字就会逐渐褪色，甚至消失。此外，不少高级键盘都具有防水设计。

3．应选用手感好的键盘

有些键盘由于设计或装配等原因，不是每个按键都很好用。最好在选购时，检查一下每一个按键的状况，如果发现问题，可及时更换。劣质键盘往往外表粗糙，按键弹性不好，经常是某个键按下去就起不来，影响使用。

4．应选用制作水准高的键盘

键盘的做工好坏从外观上即可分辨，应检查键盘是否美观大方，键盘的表面和边角等加工是否精细、合理，键盘设计上是否符合人体工学设计等。主要的键盘生产厂商是罗技、戴尔、Microsoft、双飞燕、SUNSEA（日海）、普拉多、新贵、明基、三星、多彩、力胜电子、爱国者、森松尼、技嘉、惠普和现代。

5．应按照所需功能选择键盘

现在市面上键盘种类繁多，随着技术的发展，新推出了如无线键盘、薄膜式键盘、夜光键盘等，选购时要确定自己键盘的用途，然后选择适合自己学习和工作的键盘款式。

2.11 鼠标的选购

众所周知，鼠标是计算机的另一种主要输入设备。就如同键盘一样，它已成为计算机必不可少的部件，也是计算机的标准配置之一。

2.11.1 鼠标的基本知识

鼠标的历史可以追溯到 20 世纪 60 年代末，美国斯坦福大学的 Englebart 博士于 1968 年发明了鼠标。尽管当时的鼠标很简陋，但由于它不凡的性能，在以后的几十年里得到了飞速的发展。

鼠标的分类方式很多，按工作原理，可分为机械式鼠标和光学鼠标；按按键数目，可分为二键鼠标、三键鼠标和五键鼠标；按用途，可分为普通鼠标和网络鼠标；按接口不同，可分为串口鼠标、PS/2 口鼠标、USB 接口鼠标和无线鼠标。

从性能上讲，光电式鼠标性能最好，如图 2.38 所示。光电式鼠标内部有两对互相垂直的光电检测器，光敏三极管通过接收发光二极管照射到光电板反射的光而进行工作。光电板上印有许多黑白相间的格子，当光照到黑色格子上时，由于光被黑色吸收，光敏三极管接收不到反射光；如果光照到白色格子上，光敏三极管就可以接收到反射光形成脉冲信号，反应在屏幕上就是鼠标箭头。移动鼠标时，会形成高低电平交错的脉冲信号，在屏幕上就看到了鼠标箭头的移动。

无线鼠标的外观，如图 2.39 所示。采用无线技术与计算机通信，从而脱离了电线的束缚。无线鼠标利用了数字、电子、程序语言等原理和内装微型遥控器，以干电池为能源，能实现远距离控制光标移动。使用时，无线鼠标与电脑主机之间不需要用线连接，并且不受角度的限制，所以这种鼠标与普通鼠标相比有较明显的优点。其通常采用的无线通信方式，包括蓝牙、Wi-Fi （IEEE 802.11）、Infrared （IrDA）、ZigBee （IEEE 802.15.4）等多个无线技术标准，但对于当前主流无线鼠标而言，仅有 27MHz、2.4GB 和蓝牙无线鼠标共 3 类。随着人们对办公环境和操作便捷性要求日益增高，无线鼠标也越来越普及。

轨迹球鼠标可以看做是鼠标的另类，轨迹球的样子就像是一个翻转过来的机械鼠标，橡胶球被移到了鼠标的上面，其外观如图 2.40 所示。轨迹球不需要移动，只要用手拨动轨迹球就可以控制光标的移动。还有一些轨迹球直接做在键盘上，如笔记本电脑的键盘和鼠标是做在一起的。

图 2.38　光电鼠标　　　　　图 2.39　无线鼠标　　　　　图 2.40　轨迹球鼠标

2.11.2　选购鼠标的注意事项

鼠标是计算机的主要输入设备，很多时候可能比键盘更常用。选购鼠标时需要格外仔细，必须遵照以下注意事项。

1. 质量第一

质量好坏是选择鼠标的关键。无论它的功能有多强、外形有多漂亮都是次要的，最重要的是鼠标的质量。如果质量不好，其他一切都不用多考虑了。一般名牌大厂的产品质量都比较好，但要注意别买到假冒产品。鼠标的主要国外品牌有微软、罗技、LG、明基、戴尔等；国内品牌主要有双飞燕、雷柏、SUNSEA（日海）、多彩、新贵、爱国者、鲨鱼、紫光电子和标王等。

首先，看鼠标外观，比较正规的鼠标表面都是亚光的。制作亚光表面比制作全光表面工艺难度大，多数伪劣产品达不到这种工艺要求或由于成本原因而不使用亚光技术，因此从外观上就可以排除一部分。其次，看鼠标铭牌，质量较好的鼠标一般都通过了认证（如 ISO 9000 等），这些都印在鼠标下面的铭牌上。最后，看鼠标序列号，如果是假冒伪劣产品，往往没有流水序列号。即使有序列号，往往也都是相同的，可以拿几个鼠标对比一下即可辨别真伪。

2．自己满意

选购鼠标很重要的一点就是性能优异，自己看着满意、用着舒服。鼠标接口有串口、PS/2 接口、USB 接口和无线接口 4 种，用户可以根据自己的计算机主板以及其他配置情况，确定鼠标接口的类型。至于鼠标结构，如果只是一般的家用，选择光电鼠标就可以了。

好的鼠标应根据人体工学原理设计外型，手握时感觉轻松、舒适且与手掌面贴合，按键轻松而有弹性，滑动流畅，屏幕光标定位精确。

造型漂亮、美观的鼠标能给人带来愉悦的感觉，令人爱不释手。但需要注意的是，虽然有些鼠标外形新奇，但手感并不好，用户选购时要格外注意。

3．功能强大

从实用角度看，软件的重要性不次于硬件。好而实用的鼠标应附有足够的辅助软件，如厂商所提供的驱动程序应优于操作系统所附带的驱动程序，而且每一键都能让用户重新自定义，能满足各类用户的特殊需求。另外，软件还应配有完备的使用说明书，让用户能够充分利用软件所提供的各种功能，充分发挥鼠标的作用。

2.12　手写板的选购

手写板作为一种新型的输入设备，正越来越受到人们的重视。对于打字不熟练的人来说，手写板无疑是一种既快捷又方便的输入工具，其外观如图 2.41 所示。

图 2.41　手写板

2.12.1　手写板的种类

手写板分为电阻式和感应式两种。电阻式手写板必须充分接触才能写出字，这在某种程度上限制了手写笔代替鼠标的功能；感应式手写板又分"有压感"和"无压感"两种，其中有压感的输入板能感应笔画的粗细，着色的浓淡，在使用 Photoshop 等绘图软件时会有不小的作用，但感应式手写板容易受一些电器设备的干扰。

目前还有直接用手指来输入文字的手写系统，采用的是新型电容式触摸板。手写板书写区域越大，书写的回旋余地越大，运笔也就更加灵活方便。

2.12.2 手写板的用途

手写板的用途和鼠标很相似，手写板主要用于屏幕光标的快速定位、精确制图和文字输入。

- **精确制图**：手写板的分辨率很高，定位非常准确，很适合于精确制图。手写板可用于电路设计、CAD 设计、图形设计和自由绘画等。
- **文字输入**：配合手写板的驱动程序和相关的文字识别系统，手写板可用于文字的手写输入。对于普通用户来说，手写板的手写输入也许更为实用，现在很多手写板也专为文字录入而设计。这其中比较出名的有 Motorola 慧笔、汉王手写笔和爱国者神笔等。

2.12.3 手写板选购指南

目前手写板种类很多，既有兼具手写输入、光标定位及制图功能的通用型手写板，也有专用于屏幕光标精确定位制图的专用型手写板，以及专用于文字录入的手写笔。

购买手写板时，首先要明确买手写板的用途，根据自己的实际用途决定购买何种类型的手写板。另外，手写板价格差异很大，从几百元的手写笔到几千元的制图手写板都有，用户要根据自己的需要和经济情况进行选择。

现在还有一些厂商将键盘和手写板做在一起，称为"手写键盘"。对一些用户来讲，不失为一种好的选择。

2.13 机箱的选购

机箱是用来安置各种计算机部件的场所，它为主板、电源、光驱和硬盘等部件提供栖身之地，是各个部件的"家"。它起的主要作用是放置和固定各电脑配件，起到一个承托和保护作用；此外，电脑机箱具有电磁辐射屏蔽的重要作用。

2.13.1 机箱的基本知识

从样式上，计算机机箱可分为立式机箱和卧式机箱；从机箱尺寸大小、形状上，又可分为超薄、半高和全高机箱；按结构划分，机箱则可分为 AT、ATX、Micro ATX、NLX 以及最新的 BTX。

目前，机箱市场上的主流产品是采用 ATX 结构的机箱，AT 结构的机箱已逐步被淘汰，而 Micro ATX、Flex ATX、NLX 等机箱主要用在一些品牌机（如康柏、DELL、联想和金长城等）上。Micro ATX 机箱是在 ATX 机箱的基础上建立的，为了进一步的节省空间，因而比 ATX 机箱体积要小一些。各个类型的机箱只能安装其支持类型的主板，一般是不能混用的，而且电源也有所差别，选购时一定要注意。

最新推出的 BTX (Balanced Technology Extended) 是 Intel 定义并引导的桌面计算平台新规范。BTX 架构可支持下一代电脑系统设计的新外形，使行业能够在散热管理、系统尺寸和形状及噪声方面实现最佳平衡。

如图 2.42 所示为一个最常见的 ATX 立式机箱。机箱外壳采用冷轧镀锌钢板制成，而前面板则采用注塑件。机箱内部有用于安装硬盘、光驱的托架，在机箱后面板上部有一个"洞"，用来安装电源。除此以外，还有一些带有插头的连线，主要是 Power 键、ReSet 键、PC 喇叭及一些指示灯的引线。

图 2.42 ATX 机箱

机箱钢板厚度对机箱的性能影响是很重要的，它直接关系到机箱的刚性、抗电磁波辐射能力。一般质量好的机箱钢板厚度在 1.0mm 左右，不能低于 0.8mm。

机箱的前面板一般采用注塑件，造型多种多样。在前面板安装驱动器的部位装有挡板，安装驱动器时需要将其卸下。机箱前塑料挡板一般采用塑料倒钩的连接方式，以方便拆卸和安装。

2.13.2 机箱的选购技巧

选购机箱应从机箱的安全规范、机箱选材、设计水平和制作工艺水平等方面加以考虑。

1．安全规范

选购的机箱一定要通过安全规范认证。这些安全规范认证包括 FCC、UL、CSA、TUV、CE 认证和国内的 CCEE（China Commission for Conformity Certification of Electrical Equipment，中国电工产品认证委员会）长城认证标志。通过安全规范、取得安全认证的机箱，其防电磁辐射能力较强，可有效防止电磁辐射对人体造成的伤害。

2．机箱选材

优质机箱的前面板应采用优质 ABS 材料注塑成型；而机箱的框架和外壳采用双层镀锌钢板，以保证具有良好的导电性能和防静电性能。钢板的厚度通常应为 1mm 左右。

3．机箱设计水平

机箱的设计包括面板设计和结构设计。面板应美观大方、朴素典雅，尽量不要太夸张。机箱整体风格应协调统一，面板上指示灯和按钮的布局要合理，符合人体工学设计，操作方便；面板采用不锈钢弹片卡钩式设计，易于安装。

机箱应尽量采用全模块化结构，少用螺丝，以使安装更方便、快捷；机箱内部空间要大，散热性能良好；机箱钢板厚度要满足要求，以保证机箱有良好的防磁、防辐射能力。

4．制作工艺水平

质量好的机箱应当箱体结构稳固，制作工艺精湛。机箱尺寸精度要高，尺寸偏差应不超过 0.1mm，以保证计算机各部件安装的精度。机箱内部应有撑杠，起到增强机箱刚度的作用，防止机箱变形；底板应当厚重结实，具有较强的抗冲击能力。机箱前面板要求美观大方，面板丝印正确、色泽漂亮。

通常，优质机箱由于选材讲究，机箱一般较重，通常普通 ATX 机箱不含电源的重量为 8kg 左右；用户在选购机箱时，可通过机箱的重量大致判断机箱的优劣。

2.14 电源的选购

电源也是计算机中的一个重要配件，是一种安装在主机箱内的封闭式独立部件。它的作用是将交流电通过一个开关电源变压器换为+5V、−5V、+12V、−12V、+3.3V 等稳定的直流电，以供应主机箱内系统板、软盘、硬盘驱动及各种适配器扩展卡等系统部件使用。品质不好的电源不但会损坏主板、硬盘等部件，还会缩短电脑的正常使用寿命，因此在选购机箱时要特别注意电源的质量。

2.14.1 机箱电源的基本知识

从外观上看，机箱电源只是一个带有很多引线的铁盒子，如图 2.43 所示。

图 2.43 机箱电源

电源按照结构可分为 AT 电源和 ATX 电源。ATX 电源又分为 ATX 1.0、ATX 1.1、ATX 2.01、ATX 2.02 等多个版本，目前机箱电源以 ATX 2.01 版为主，一些高档电源则为 ATX 2.02 版。

通常，机箱电源后部有两个插座，分别用来连接外部电源和显示器。现在，有许多 ATX 电源已经取消了显示器插座。

在电源内部有一个风扇，负责将电源内的热空气与外部的冷空气进行交换，以降低电源温度。在电源内部还有两块较大的散热片，如图 2.44 所示，主要负责大功率管的散热。

ATX 电源提供多组插头，主要有 20 芯的主板插头和 4 芯的驱动器插头等，如图 2.45 所示。

图 2.44 电源内部结构

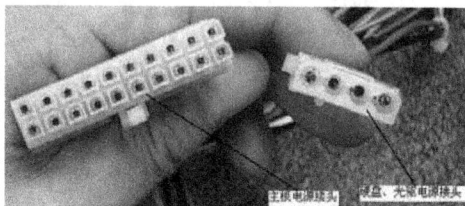

图 2.45 电源接头

20 芯的主板插头只有一个，个头最大且具有方向性，可以有效地防止误插。主板插头还带有固定装置，可以勾住主板上的插座，以免接头松动导致主板在工作状态下突然断电。4 芯的驱动器电源插头用途最广，用于各种光驱、硬盘以及其他设备。4 芯插头提供+12V 和+5V 两组电压，一般黄色电源线代表+12V 电压，红色电源线代表+5V 电压，黑色电源线代表 0V（地线）。

2.14.2　电源的安全标准

安全标准对于机箱电源是至关重要的。电源必须通过安全认证、质量合格才准予销售。一般情况下，电源符合某个国家的安全标准，得到其法定部门颁发的证书，就称为通过 XX 认证。例如，取得了 UL 机构颁发的证书，就称为通过了 UL 认证。中国的安全认证机构是 CCEE。

2.14.3　电源的选购技巧

挑选电源时不应该盲目听从商家的指导，而应该选择质量有保证、售后服务好的名牌产品，即使多花点钱也是值得的。挑选电源主要从以下几个方面入手。

1．安全认证

优质电源一般都通过了 FCC、UR 和 CCEE 等权威机构的认证。这些认证标准一般是根据行业内技术规范制定的专业标准，包括生产流程、电磁干扰、安全保护等各个项目。只有通过安全认证的电源，认证机构才允许其在包装和产品表面使用认证标记，以证明其产品质量是有保证的。

- 符合 EMIB 标准的电源属于绿色电源，是我国现行的强制性执行标准要求的。
- 通过 CCEE 长城认证的电源安全性能符合要求。一般大型电脑公司选配的电源都是通过此项认证的。
- 通过 FCC B 标准的电源是"健康环保"电源。最著名的 FCC B 电磁传导干扰民用标准，是美国对住宅环境所制定的电磁干扰标准，标准极为严格。目前国内市场上通过此项测试认证的电源仅有航嘉、百盛、长城等少数品牌。

2．电气性能

过压、过流及短路保护是所有电源都应具备的基本电源保护功能，只有电源具备完善可靠的保护功能，才可避免烧坏电源本身或电脑内的其他部件。目前市场上的正规厂商生产的电源通过了此项检测。

3．外观检查

在外观方面，应注意对以下几点的检查。

- **外观**。一个好电源应包装完好，封条和各种标签完整。
- **散热器件**。质量好的电源一般采用铝或铜散热片，散热片较大较厚；而廉价电源虽然采用铝质或铜质散热片，但小且薄；风扇转速平稳，无明显噪声。
- **电线**。优质电源输出功率一般较大，电源线较粗。
- **电路部分**。质量好的电源一般用方形 CBB 电容，输入滤波电容大于 $470\mu F$，输出滤波电容值也较大，具有完善的过压、限流保护功能。

4．电源功率

电源功率分为额定功率和最大功率。选择电源时要认清额定功率；机箱电源功率并不是越大越好。现在，计算机的显示器一般单独供电，计算机自身耗电不足 100W，电源功率在 150W 左右基本就能满足需要。

为了能买到好的电源，在没有把握的情况下，尽量购买一些名牌电源，如长城、银河和百盛等。

但需要注意的是，有些名牌电源的部分产品也没有通过认证，需要用户在购买时分清选购的品牌、规格和型号。

2.15　课后练习

一、填空题

1. CPU 的主频＝＿＿＿＿×＿＿＿＿。

2. 主板结构分为＿＿＿＿、＿＿＿＿和＿＿＿＿三类。

3. 主板上安装 CPU 的插座可分为＿＿＿＿和＿＿＿＿两类。

4. 按工作原理的不同，内存可分为＿＿＿、＿＿＿两大类。

5. 硬盘主要包括＿＿＿、＿＿＿、＿＿＿、＿＿＿、＿＿＿、＿＿＿、＿＿＿等几个部分。

6. LCD 分为＿＿＿、＿＿＿、＿＿＿和＿＿＿ 4 种，目前被广泛应用于计算机显示器的是＿＿＿。

7. 音箱是将＿＿＿还原成＿＿＿的一种设备，主要由＿＿＿、＿＿＿、＿＿＿、＿＿＿、＿＿＿和＿＿＿与＿＿＿等部分组成。

8. 以 104 键键盘为例，键盘按键可以分为＿＿＿、＿＿＿、＿＿＿和＿＿＿ 4 个区。

9. 按工作原理可以将鼠标分为＿＿＿和＿＿＿两类，鼠标接口有＿＿＿、＿＿＿和＿＿＿。

10. 手写板分为＿＿＿和＿＿＿两种，感应式手写板又分＿＿＿和＿＿＿两种。

11. 从样式上，计算机机箱可分为＿＿＿和＿＿＿；按机箱结构，可分为＿＿＿、＿＿＿、＿＿＿、＿＿＿以及＿＿＿机箱。目前，市场上的主流产品是采用＿＿＿结构的机箱。

12. 电源按照结构可分为＿＿＿和＿＿＿。ATX 又分为＿＿＿、＿＿＿、＿＿＿和＿＿＿等多个版本。

二、选择题

1. AMD 的 CPU 不包括以下哪一种？（　　　　）

    A. 双核处理器 Athlon 64 FX　　　　B. 双核处理器 Athlon 64 X2

    C. Thunderird　　　　D. Sempron 非 64 位

2. 主板芯片组是主板的核心部件，以下除（　　　　）外，都与芯片组有重要关系。

    A. 主板支持的 CPU 类型

    B. CPU 的最高工作频率

    C. 内存的类型和最大容量、扩展槽的数量

    D. 主板电源的类型，比如 AT 或 ATX

3. 影响硬盘容量的因素不包括以下哪项？（　　　　）

    A. 磁道数　　　　B. 扇区大小　　　　C. 磁头数　　　　D. 硬盘转速

4．一个 IDE 接口最多可以连接（　　　　）个 IDE 设备。

A. 2　　　　　　　　B. 4　　　　　　　　C. 8　　　　　　　　D. 不限数量

5．DVD 光盘的容量是（　　　　）。

A. 1.44 GB　　　　　B. 4.7GB　　　　　C. 650MB　　　　　D. 800MB

6．以下哪种说法不正确？（　　　　）

A. 显卡的主芯片用来对数据进行处理，并将处理结果存放在显卡的内存中

B. 显卡内存中的数据被传送到 RAMDAC，并进行数/模转换

C. RAMDAC 将数字信号通过 VGA 接口输送到显示器

D. 显卡主要由显示芯片、显示内存、RAMDAC 芯片、显示 BIOS 和总线接口等几部分组成

7．以下哪项说法不正确？（　　　　）

A. 音箱是将电信号还原成声音信号的一种设备

B. 声卡不仅可用于发声，还具备声音的采集、编辑、语音识别等功能

C. 评价音箱性能的标准是音箱是否能真实地还原声音

D. 一块高档声卡即使配备低档次音箱，也能获得高质量的声音效果

8．以下除哪项外，说法都是正确的？（　　　　）

A. 打字键区用于输入文字、数字等

B. 功能键区定义了常用的一些功能，以方便快速使用

C. 编辑控制键区用于在编辑时控制、定位光标，还可以用来控制计算机的启动和关闭

D. 数字小键盘区主要用于快速输入数字，某些键还兼具控制键的功能

第3章

装机实战

本章导读

本章主要介绍了组装计算机和安装操作系统的基本操作步骤及安装过程中需要注意的问题。通过本章的学习，可以让我们的计算机开始正常使用并发挥其作用。

知识要点

- ✪ 装机准备知识
- ✪ 安装步骤
- ✪ 安装操作系统和驱动程序
- ✪ 装机步骤
- ✪ 分区与格式化操作
- ✪ Windows 7 系统安装

3.1 安装前的准备

3.1.1 装机准备

1. 准备电脑配件

装机要有自己的打算，不要盲目攀比，按实际需要购买配件。选购机箱时，要注意内部结构合理，便于安装，外观颜色要与其他配件相配。机箱内的电源关系到整个电脑的稳定运行，其输出功率不应小于 300W，有的处理器还要求使用 350W 甚至 400W 的电源，应根据需要选择。除机箱电源外，需要的配件还有主板、CPU、内存、显卡、声卡、网卡、硬盘、DVD 光驱（有 DVD 光驱和 DVD 刻录光驱）、数据线和信号线等，如图 3.1 所示。

> **提示**
>
> 以上电脑部件是组装时不可缺少的，集成显卡、声卡、网卡的主板不必单独安装显卡、声卡、网卡。此外一台电脑根据需要还可以附加打印机、扫描仪和摄像头等外设。

2. 准备组装工具

装机时，需要准备螺丝刀和尖嘴钳两种工具。螺丝刀需准备两种，一种"一"字形螺丝刀，一种"十"字形螺丝刀，而且螺丝刀要选用头部带磁性的，这样比较方便安装。电脑中大部分部件都是用螺丝刀固定的，个别不易插拔的设备要用到尖嘴钳等，如图 3.2 所示。

1 显示器	**2** 键盘鼠标	**3** 机箱	**4** 电源
5 显卡	**6** 主板	**7** 内存	**8** CPU
9 硬盘	**10** 光驱	**11** 声卡	**12** 数据线

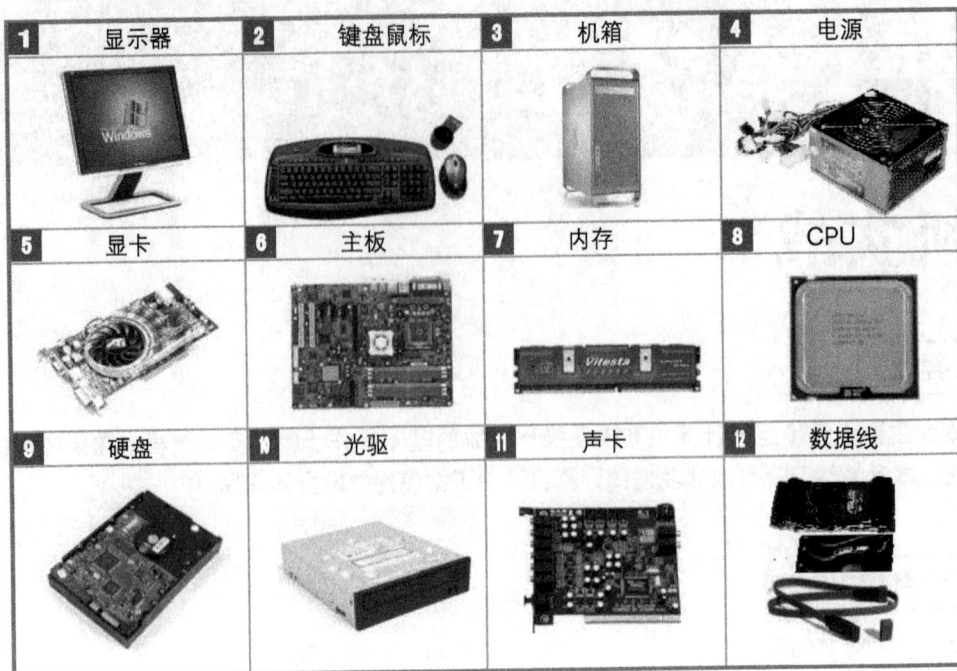

图 3.1　电脑配件

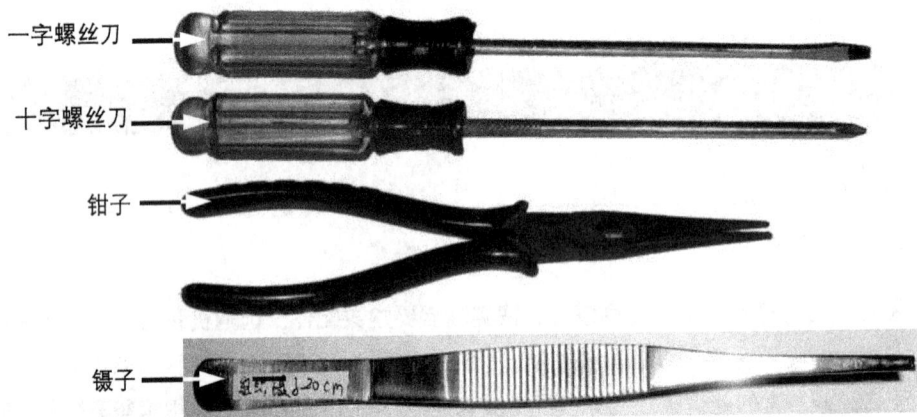

一字螺丝刀

十字螺丝刀

钳子

镊子

图 3.2　组装工具

3.1.2　装机注意事项

在本小节中，先要了解在什么情况下需要组装电脑。现在品牌机的价格与组装机器相差不是很大，如果只是用于上网、看电影或文字处理等一般性用途，那么可以选择中低档品牌机，因为品牌机在兼容性和售后服务上要比组装机更有保障。如果属于专业三维图形设计、3D 游戏玩家或者方便以后灵活升级，那就选择组装机。下面是装机前需要注意的一些事项。

- **根据需求进行预算。** 由于电子产品更新换代的速度很快，往往两三年之后换修配件很难在市场上买到了，或者是花高价才可以买到。因此，在不实用的功能上尽量该精简就要精简，没有必要装配一些花哨但不实用的配件。选购配置时不要一味贪图便宜或者追求豪华，只要配置可以达到自己的使用要求或者稍高于即可。

- **选择配件时不要过于追求新产品，适用即可。** 现在技术进步很快，产品不断更新换代，目前市面上价格越高的产品贬值越快，新产品上市旧型号必然大幅降价。因此，选择配置时要量力而行，不过过于追新，追求高性能。装机时适当地考虑一下为今后升级提供方便。

- **搭配要均衡，合理。** CPU、主板、显卡、内存条等合理搭配决定了机器整体性能的优劣，也就是我们平时所说的兼容性。选配的配件不要出现某种配件很好，但是某种配件很差的情况，要保证各个配件在价格和性能上差不多。例如，一辆卡车只给其配备了轿车的发动机，自然不会达到我们所需要的性能。

- **要配件尽量选择大的品牌。** 现代电脑市场上商品种类繁多，价格参差不齐，不要贪图一时便宜去购买一些小作坊生产的产品。这些产品性能往往无法得到保证，后续问题很多，所以宁可多花几百块钱，选购正规厂家的行货。凡是质量没有保证的杂牌、小品牌、价格低得出奇的产品尽量不要选购。

下面是装机过程中所要注意的一些事项。如果一不小心，很有可能会导致装机失败。

- 释放静电。静电最容易对计算机造成损坏，并且是最不容易发觉的。因为人体或多或少会带有静电，在干燥的天气更明显，但这种静电却足以对计算机内部的芯片造成损坏。解决的办法：在装机之前，接触一下金属导体，把人体所带的静电放掉。

- 上螺丝时，先不要上紧，要等到所有的螺丝都到位后再逐一上紧。

- 移动主机时要轻拿轻放，特别是一些精密配件。

- 在组装时不要让一些杂物掉到机箱里面去，一旦不小心有东西掉进去，一定要把它取出来。

- 不要过度用力。一般情况下，在整个装机过程中，没有要用很大力气的地方。

- 在计算机运行时千万要注意，不要对其内部元件做任何操作，包括移动和拆除。

3.1.3 了解装机流程

在进行具体的安装计算机前，了解安装计算机的过程很有必要，安装过程如图 3.3 所示。

3.2 主机的安装

3.2.1 安装酷睿双核 CPU

Intel 公司的酷睿双核 CPU 主要采用 LGA 775 架构。LGA 775 架构是采用全新的 CPU 架构，该架构将 CPU 的针脚转移到了插座上，CPU 底部是平的，插座上则具有 775 个针脚；而 Socket 架构则是 CPU 本身设计有针脚，插座上很多针脚对应的小孔，用来插 CPU 的针脚。LGA 775 架构的 CPU 安装方法与 Socket 接口的 CPU 有所不同，下面详细讲解 LGA 775 架构的酷睿双核 CPU 的安装方法。

```
                    ┌──────────┐
                    │ 准备工具  │
                    └────┬─────┘
                         │
  ┌────────┐      ┌──────────┐      ┌──────────┐
  │ 准备主板 │◄────│ 释放静电  │────►│ 准备主机箱 │
  └───┬────┘      └──────────┘      └────┬─────┘
      │                                   │
 ┌─────────┐                         ┌─────────┐
 │ 安装 CPU │                         │ 安装电源 │
 └────┬────┘                         └────┬────┘
      │                                   │
┌──────────┐                              │
│ 安装 CPU 风扇│                            │
└────┬─────┘                              │
     │                                    │
 ┌─────────┐      ┌──────────────┐        │
 │ 安装内存 │────►│ 安装主板到机箱 │◄───────┘
 └─────────┘      └──────┬───────┘
```

| 安装网卡 | 安装显卡 | 安装声卡 |

| 安装硬盘及连接数据线、电源线 | 安装光驱及连接数据线、电源线 | 安装软驱及连接数据线、电源线 | 连接引出线 |

安装机箱盖 → 连接键盘、鼠标 → 连接显示器电源及信号线 → 连接打印机等外设 → 开机测试

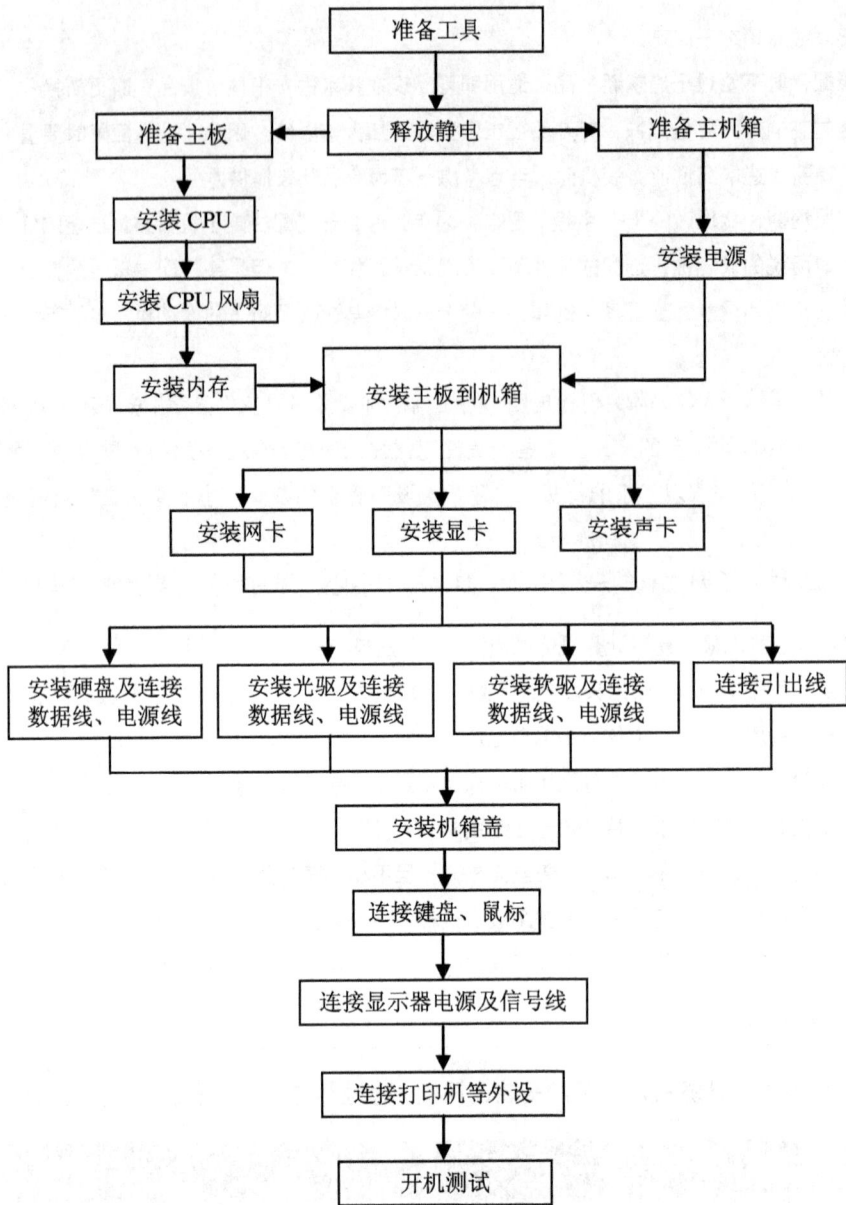

图 3.3　装机流程图

　　LGA 775 架构的酷睿双核 CPU 的安装方法如下。

Step 01　消除身上的静电，将主板轻轻放在主板的包装盒上，准备安装 CPU。

Step 02　打开 CPU 插座的金属框，将主板上 CPU 插座的固定杆稍微往下压，再稍微往外拉，如图 3.4（a）所示。

Step 03　将固定杆轻轻向上拉起，如图 3.4（b）和图 3.4（c）所示。

(a) 往外拉固定杆

(b) 拉起固定杆

(c) 拉起固定杆

图 3.4　准备安装 CPU

Step 04　用手按下金属框一端如图 3.5（a）所示，将金属框轻轻打开，如图 3.5（b）和图 3.5（c）所示。

(a) 按下金属框一端

(b) 打开金属框

(c) 打开金属框

图 3.5　打开 CPU 插座的金属框

3.2.2　安装 CPU 风扇

安装 CPU 风扇前，先应该在 CPU 上涂抹硅脂（已有硅脂，就不用再涂了），将 CPU 风扇放到固定风扇的位置上，再将 CPU 风扇的电源插头插到主板 CPU 电源插座上即可。

Step 01　将已经涂抹硅脂的 CPU 风扇如图 3.6（a）所示，轻轻放到主板 CPU 风扇固定孔中，如图 3.6（b）所示。

Step 02　用一字螺丝刀先向下按 CPU 风扇固定柱，同时向顺时针方向拧，将黑色固定帽卡在白色的柱上。最后将其他 3 个固定柱按相同的方法固定住即可，如图 3.6（c）所示。

(a) 已经涂抹硅脂的 CPU 风扇

(b) 放到主板 CPU 风扇固定孔上

(c) 固定好固定柱

图 3.6　安装 CPU 风扇

Step 03 连接 CPU 风扇电源插头，连接方法如图 3.7 所示。

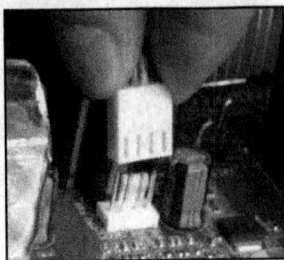 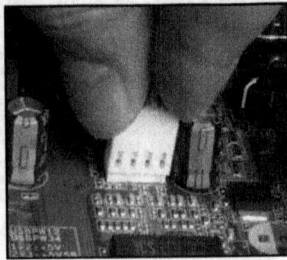 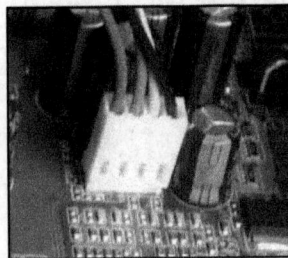

（a）将插头对准插座　　　　（b）将插头插入插座　　　　（c）完成连接

图 3.7　连接 CPU 风扇电源插头

提 示

AMD 公司双核 CPU 风扇安装方法与酷睿双核 CPU 风扇安装方法是不同的。

AMD 公司双核 CPU 风扇安装方法如下。

Step 01 将 CPU 风扇放入固定架，然后将风扇的两个固定弹簧片的一边扣环（扣环较小的一端）扣住主板 CPU 风扇固定架卡槽的一边，如图 3.8（a）所示。

Step 02 将 CPU 风扇的另一个固定弹簧片上的卡锁掰开，然后将扣环扣住 CPU 风扇固定架卡槽的另一边，接着将卡锁向回掰，直到锁住卡锁为止，如图 3.8（b）～图 3.8（d）所示。

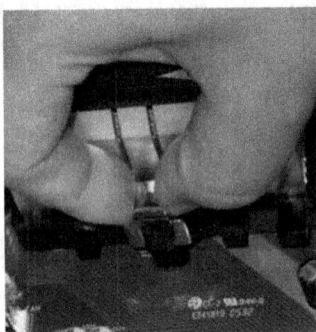 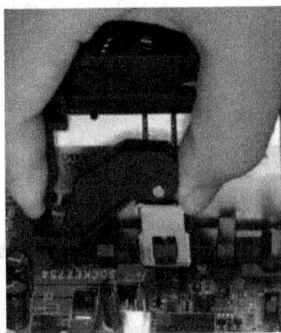

（a）　　　　　　　　　　　　　　　　（b）

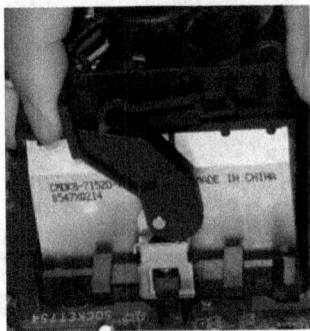 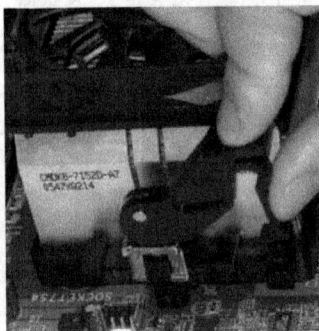

（c）　　　　　　　　　　　　　　　　（d）

图 3.8　安装 AMD 双核 CPU 风扇

3.2.3 安装内存

目前主流内存条为 DDR2 内存，DDR2 内存为 240pin，它与 DDR 内存不同，DDR 内存为 184pin。主板中的 DDR2 内存插槽一般为两组插槽（双通道），这两组插槽一般用颜色分开，且内存插槽一般分为两个通道，其中 1 号插槽和 3 号插槽为通道 1；2 号插槽和 4 号为通道 2。安装时，只要在相同颜色的插槽中安装相同容量的、相同规格的、相同品牌的内存即可。DDR2 内存的安装方法如下。

Step 01 将主板上的内存插槽两边的白色卡槽掰开，如图 3.9（a）所示。

Step 02 将内存垂直放入内存插座，用双手的食指和拇指拿住内存条的两侧，同时用力，当听到"咯"一声说明内存已经插好了。插好后，内存插槽两边的白色卡子自动合上，如图 3.9（b）所示。

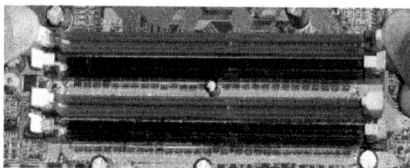

（a）掰开内存插槽两边的白色卡槽　　　（b）内存插槽两边的白色卡子自动合上

图 3.9　安装内存

提 示

安装内存时，要对照内存金手指的缺口与主板内存插槽上的断点确认内存条的插入方向，如图 3.10 所示。

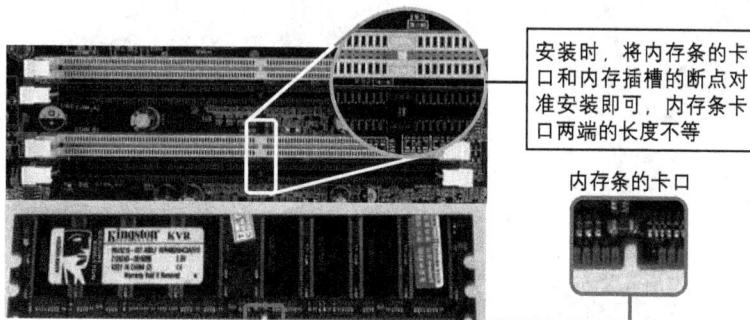

安装时，将内存条的卡口和内存插槽的断点对准安装即可，内存条卡口两端的长度不等

内存条的卡口

图 3.10　内存定位缺口和定位断点

Step 03 安装第 2 条内存，安装方法同第 1 条内存。

3.2.4 安装显卡和显示器数据线

主板显卡的接口为 AGP 或 PCI-E 接口，在主板上一般只有 1 个，位置紧靠主板北桥芯片。目前主流显卡的接口为 PCI-E 接口，如图 3.11 所示为主板的 AGP 插槽和 PCI-E 插槽。

显卡的安装方法比较简单，找到显卡安装插槽，然后将显卡轻轻插到相对应的插槽中即可。如图 3.12 所示为安装 PCI-E 显卡的过程。

图 3.11　主板的 AGP 插槽和 PCI-E 插槽

图 3.12　安装显卡

显卡安装好后，再将显示器的信号线接在显卡对应的输出接口上（VGA 接口或 DVI 接口），如图 3.13 所示。

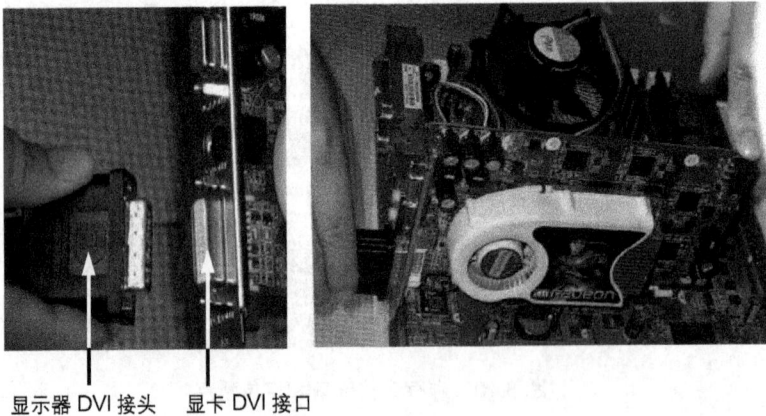

显示器 DVI 接头　　显卡 DVI 接口

图 3.13　连接数据线

3.2.5　连接主板电源线

目前主流主板的电源接口为 24 pin 和 4 pin 两种，主板电源线安装比较简单，因为目前主板电源接口都有防呆设计，如果方向不对，就无法连接上，所以就算新手也不会插错。

安装主板电源线时，首先找到主板上的电源插座和对应的电源插头，然后将电源插头插入主板电源插座中即可。安装完主板电源线后，再用电源线将市电接到电源上，即可启动电脑，如图 3.14 所示。

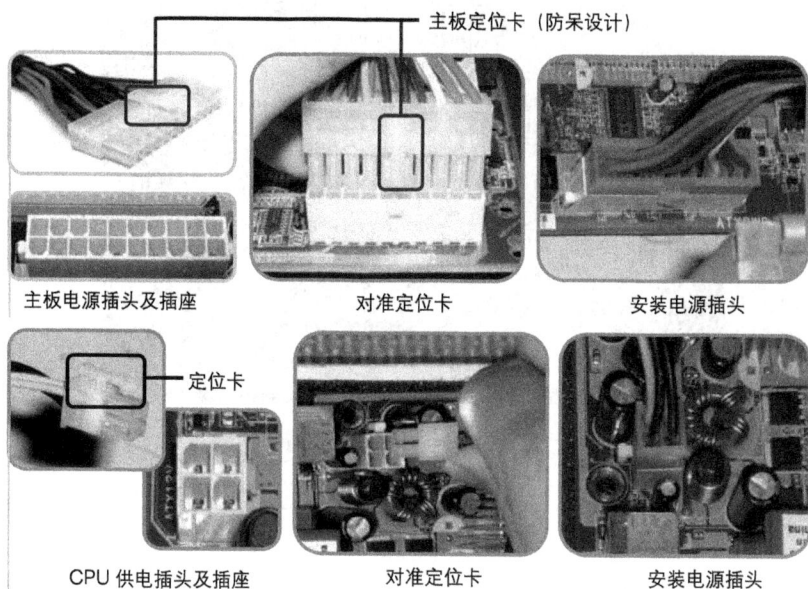

主板定位卡（防呆设计）

主板电源插头及插座　　对准定位卡　　安装电源插头

定位卡

CPU 供电插头及插座　　对准定位卡　　安装电源插头

图 3.14　安装主板电源线

3.2.6　最小系统开机测试

"最小系统"搭建完成后，接着开始测试。测试时用镊子将主板电源开关跳线短接，电脑即可启动。电脑启动后，观察显示器上是否有显示。如果有显示信息，则检查显示的硬件信息是否正确；如果没有显示，则要检查最小系统中的硬件。如图 3.15 所示为开机测试。

CPU 型号等信息

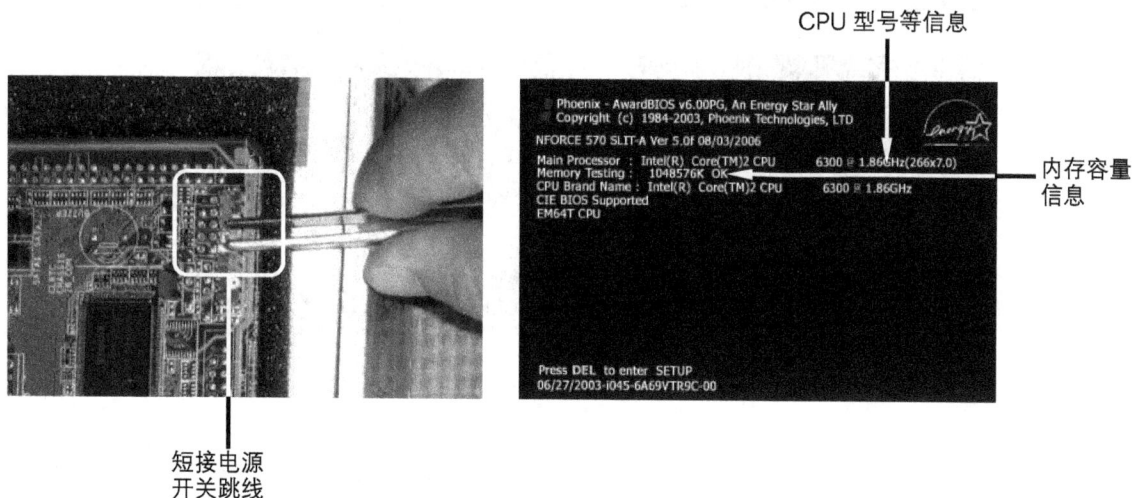

内存容量信息

短接电源开关跳线

图 3.15　开机测试

3.2.7　安装电源

机箱中放置电源的位置通常位于机箱尾部的上端。电源末端 4 个角上各有一个螺丝孔，如图 3.16 所示。它们通常呈梯形排列，所以安装时要注意方向性；如果装反了，就不能固定螺丝。

定位螺丝孔

图 3.16　电源的安装位置

　　安装电源时，先将电源放置在电源托架上，并将 4 个螺丝孔对齐，再用螺丝刀将螺丝拧到固定螺丝孔处即可，如图 3.17 所示。

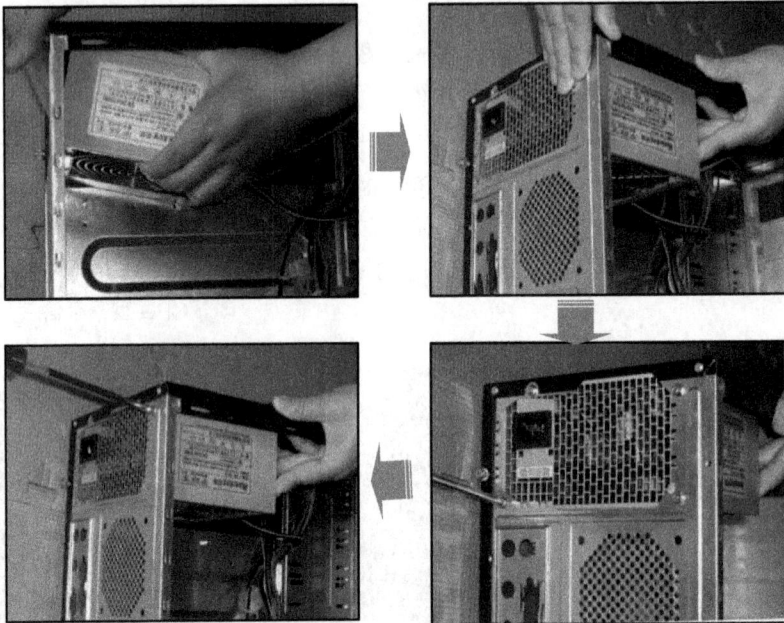

图 3.17　安装电源

注 意

　　安装螺丝时，要先装对角线上的螺丝，并且开始安装的螺丝不能拧紧，等所有螺丝全部装上后，再逐个拧紧。

3.2.8　安装主板

　　按照下面的安装步骤把主板固定到机箱面板上。

Step 01　安装铜柱螺丝。在机箱的侧面板上有很多小孔，这些小孔就是用来固定主板的，如图 3.18 所示。依照主板上安装孔的位置，先将主板放到机箱内部和主板的预留安装孔对比一下，找准机箱固定主板孔，然后将铜柱螺丝固定到机箱面板上，如图 3.19 所示。

图 3.18　机箱面板和主板上的安装孔

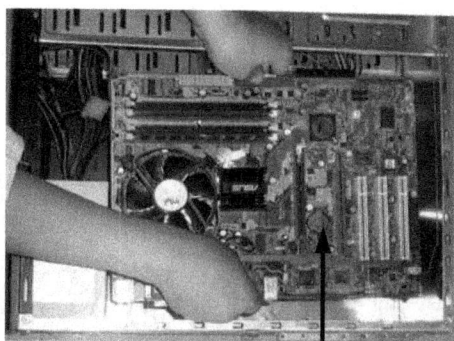

把主板放到机箱中，对照主板安装
孔，找到机箱面板中的安装孔

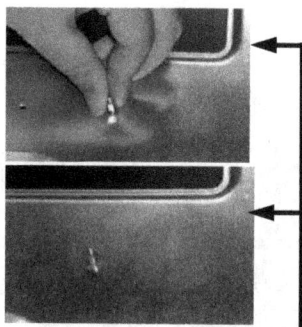

把铜螺丝钉拧到对应的
安装孔上

图 3.19　安装铜柱螺丝

Step 02　安装主板。安装主板时，首先将机箱水平放置，然后将主板放入机箱，并用螺丝固定。具体安装方法如图 3.20 所示。

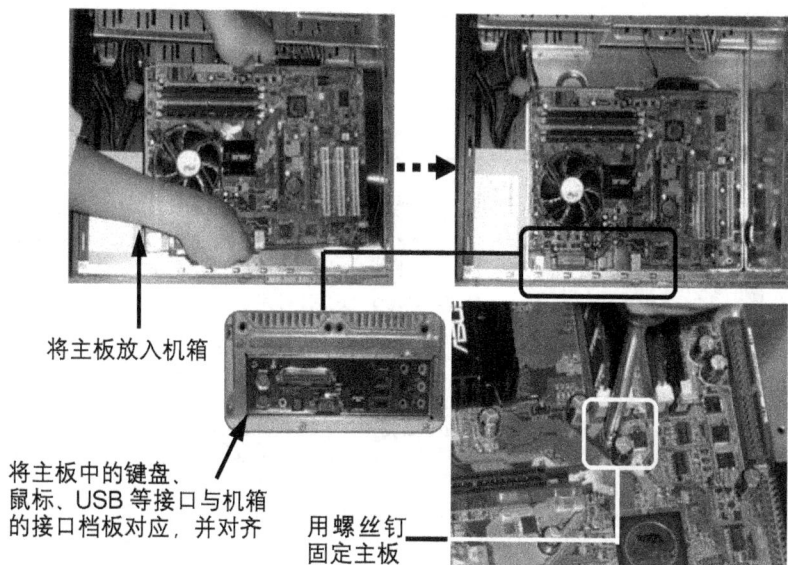

将主板放入机箱

将主板中的键盘、
鼠标、USB 等接口与机箱
的接口档板对应，并对齐

用螺丝钉
固定主板

图 3.20　安装主板

> **注意**
>
> 　　要让主板的键盘、鼠标口、串并口和 USB 口和机箱背面挡片的孔对齐，主板要与底板平行，决不能搭在一起，否则容易造成短路。另外，主机板上的螺丝孔附近有信号线的印制电路，在与机箱底板相连接时应注意主板不要与机箱短路。

Step 03 连接主板电源线。将主板电源线连接到主板的电源插座中，连接方法参考 3.2.5 小节内容。

3.2.9　连接机箱信号线

　　在机箱面板内还有许多线头，它们是机箱面板的"电源开关"按钮、"重启键"按钮、"硬盘"指示灯和"电源"指示灯的连线。这些连线都有标记，主板说明书中也有详细的标注，可以参考进行连接。其中，POWER SW 用于连接电源开关，POWER LED 用于连接电源工作指示灯，RESET 用于连接重启按钮，HDD LED 用于连接硬盘工作指示灯，SPEAKER 用于连接主机箱扬声器。

　　同样在主板上的插针旁有对应的文字，连接时将连接线上的文字与主板插针上的文字相对应地插入即可，如图 3.21 所示。

机箱引出线

主板插针

根据主板上的文字插或按照说明书上的说明插

图 3.21　连接机箱引出线

> **提示**
>
> 　　在连接电源指示灯（POWER LED）和硬盘指示灯（HDD LED）时，有正负极之分，一般白色的为负极，有颜色的为正极，如接反指示灯将不亮。

3.2.10　安装显卡

　　向机箱中安装显卡的方法与 3.2.4 小节的安装方法类似，同样是找到显卡接口对应的显卡插槽，然后将显卡插到插槽中并在机箱上固定即可。下面以 AGP 显卡为例来讲解安装显卡的方法，如图 3.22 所示。

Step 01 用尖嘴钳将机箱后部 AGP 插槽对应的挡板取下，如图 3.22（a）所示。
Step 02 将主板 AGP 插槽一边的白色卡簧向下或水平按，如图 3.22（b）所示。
Step 03 将显卡插入主板的 AGP 插槽中，同时显卡的固定钢片也会和机箱上的螺丝固定孔相对应，如图 3.22（c）~图 3.22（d）所示。
Step 04 用螺丝钉固定显卡，如图 3.22（e）所示。

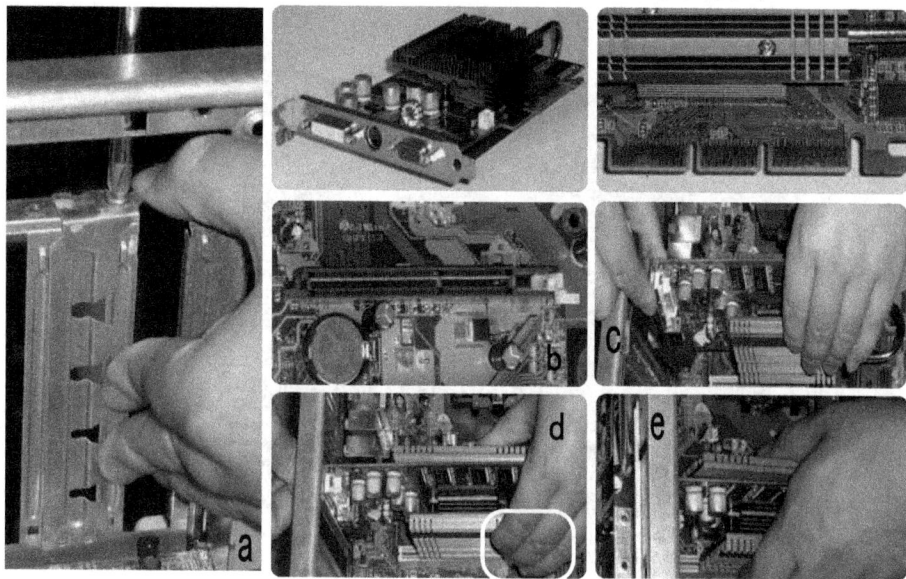

图 3.22　安装显卡

3.2.11　安装声卡

目前一般的主板都集成 2.1 声道、5.1 声道或 7.1 声道的声卡，因此普通用户不需要单独配声卡。主板集成的声卡只能提供一般的声音效果，对专业用户来说，这时就需要配独立声卡。

一般独立声卡都采用 PCI 接口，安装时将声卡插在任意一个 PCI 插槽中即可。声卡的安装方法与显卡相同。如图 3.23 所示为主板 PCI 插槽和安装声卡。

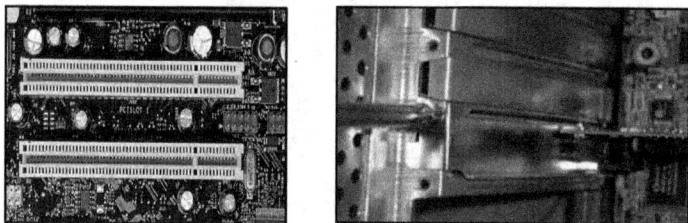

　（a）主板 PCI 插槽　　　　　　　　　（b）安装声卡

图 3.23　主板 PCI 插槽和安装声卡

注 意

声卡安装好后，要检查声卡是否完全插入 PCI 槽内，声卡的尾部是否有上翘的情况。

3.2.12　安装硬盘

目前硬盘的接口主要包括 IDE 接口、SATA 接口、USB 接口和 SCSI 接口等，在电脑中安装的硬盘一般为 IDE 接口和 SATA 接口，其中 SATA 接口为主流硬盘接口，如图 3.24 所示为 IDE 接口硬盘、主板 IDE 接口、SATA 接口硬盘及主板 SATA 接口。

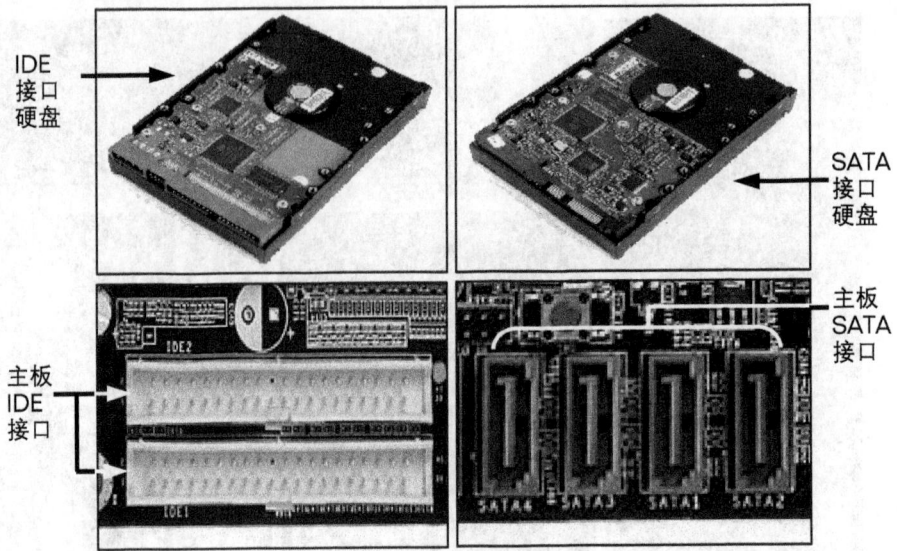

图 3.24　硬盘及接口

1．安装 SATA 接口硬盘

安装 SATA 接口硬盘的操作步骤如下。

Step 01　安装固定硬盘。将 SATA 硬盘的接口面向机箱内部，放入托架的 3.5in 固定架中，用较粗的螺丝将硬盘固定，如图 3.25 所示。

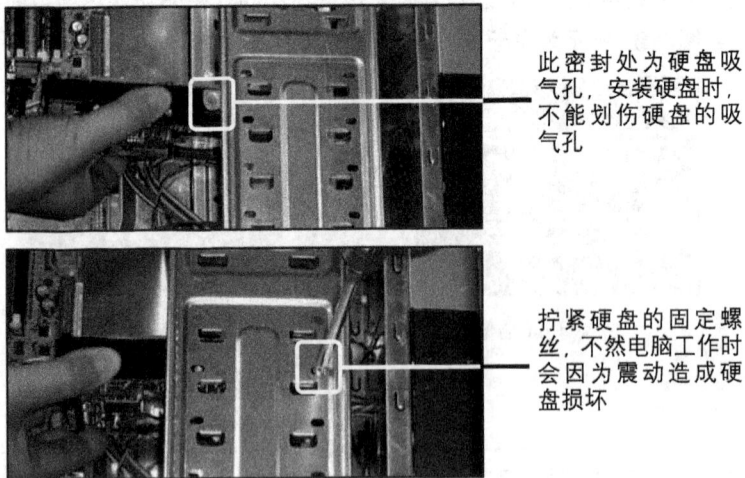

此密封处为硬盘吸气孔，安装硬盘时，不能划伤硬盘的吸气孔

拧紧硬盘的固定螺丝，不然电脑工作时会因为震动造成硬盘损坏

图 3.25　安装固定硬盘

Step 02　连接硬盘数据线。将硬盘串口数据线的一端与硬盘的数据线接口相连（数据线的接口有防接反设计），另一端插在主板的 SATA 接口上，连接方法如图 3.26 所示。

Step 03　安装硬盘电源线。串口硬盘有专用的电源接头，如果电源中没有，则需要接一个转接线。硬盘的电源接口有防接反设计，如图 3.27 所示。

安装硬盘串口线

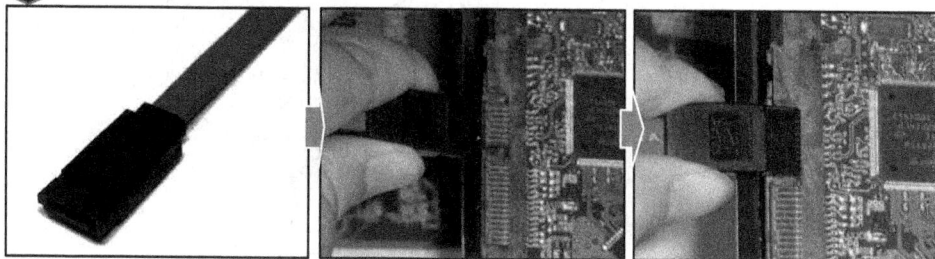

安装主板串口线

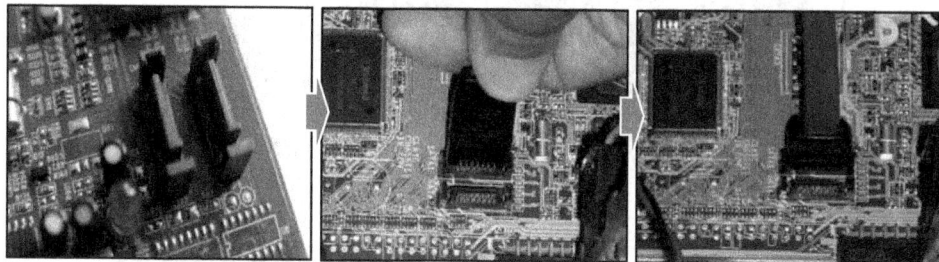

图 3.26　连接硬盘数据线

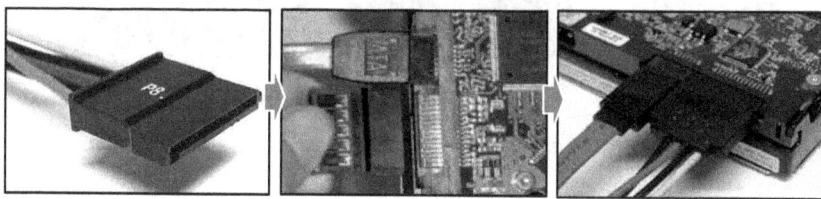

图 3.27　连接主板硬盘电源线

2．安装 IDE 接口硬盘

IDE 接口硬盘通过主板的 IDE 接口与主板相连，主板上的 IDE 接口有两个，标为 IDE1 和 IDE2（有的主板为 Primary IDE 和 Secondary IDE），分别表示连接硬盘和光驱，一般硬盘连接在 IDE1 接口上。

IDE 硬盘的安装方法如下。

Step 01 安装固定硬盘。安装固定 IDE 硬盘的方法与安装固定 SATA 硬盘的方法相同，这里不再赘述。

Step 02 连接硬盘数据线。将 80 线 IDE 硬盘数据线的一端与硬盘的 IDE 接口相连，注意硬盘 IDE 接口定位槽（缺口）和数据线接口的定位卡（凸起）相连。接好后，再用同样的方法，将数据线另一头接在主板上，如图 3.28 所示。

Step 03 连接硬盘电源线。IDE 接口硬盘的电源线为大 D 型接头，该接头同样有防接反设计，不用担心会接反，如图 3.29 所示。

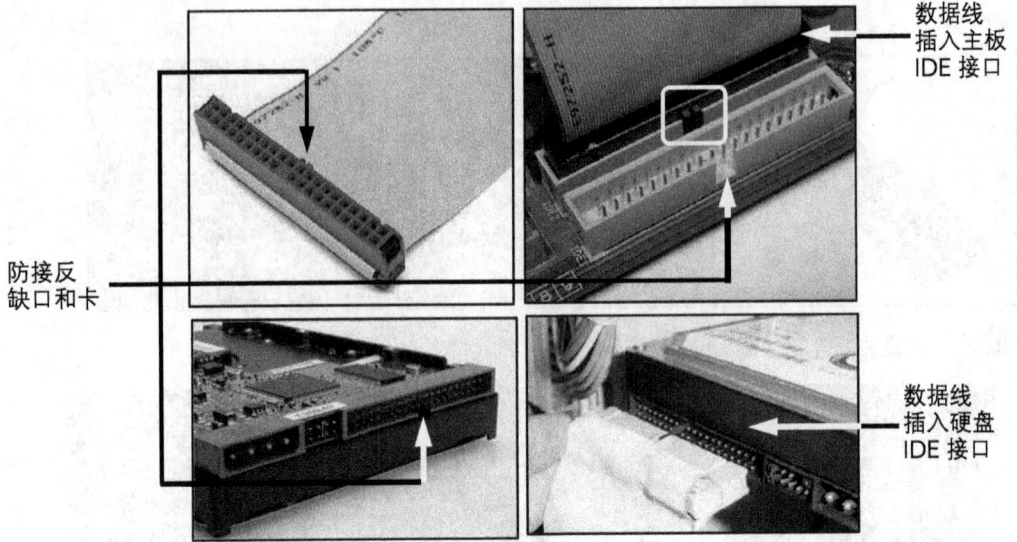

数据线
插入主板
IDE 接口

防接反
缺口和卡

数据线
插入硬盘
IDE 接口

图 3.28　连接硬盘数据线

大 D 型电源接头　　　连接硬盘 D 型电源接头　　　完成连接硬盘电源线

图 3.29　连接硬盘电源线

3.2.13　安装光驱/刻录机

　　光驱主要包括 CD-ROM、DVD-ROM、康宝和刻录机等，光驱和刻录机的外形相同，尺寸为 5.25 英寸，一般安装在机箱的最上面。目前主流的光驱是 DVD 光驱或 DVD 刻录机。光驱的接口主要有 IDE 接口、电源接口、跳线和音频线接口等，如图 3.30 所示。

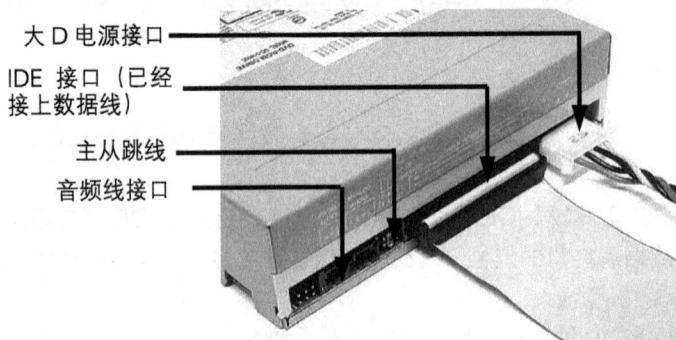

大 D 电源接口

IDE 接口（已经
接上数据线）

主从跳线

音频线接口

图 3.30　光驱的接口

　　光驱和刻录机也安装在主板的 IDE 接口上，下面以刻录机为例讲解安装刻录机的方法。

1. 安装固定刻录机

将机箱上部的面板拆下，再将刻录机的接口面向机箱内部，放入托架的 5.25in 固定架中，接着用螺丝将刻录机固定，如图 3.31 所示。

Step 01 将机箱上部面板取下，将光驱插入，如图 3.31（a）所示。

Step 02 将光驱前面板与机箱面板对齐，然后拧紧光驱的固定螺丝，如图 3.31（b）所示。

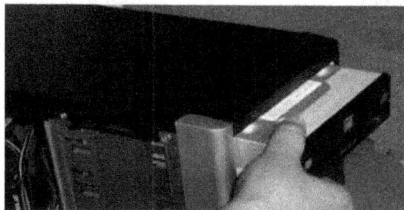

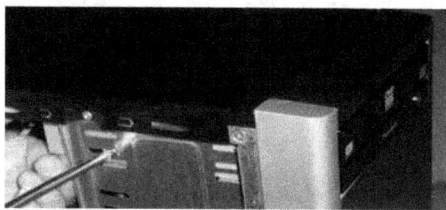

(a) 插入光驱　　　　　　　　(b) 固定光驱螺丝

图 3.31　安装固定刻录机

2. 连接刻录机的数据线

将 80 线 IDE 数据线的一端与刻录机的 IDE 接口相连，连接方法与 IDE 硬盘数据线连接方法相同。注意定位槽（缺口）和数据线接口的定位卡（凸起）。接好后，再用同样的方法，将数据线另一头接在主板上，如图 3.32 所示。

■ 安装刻录机数据线

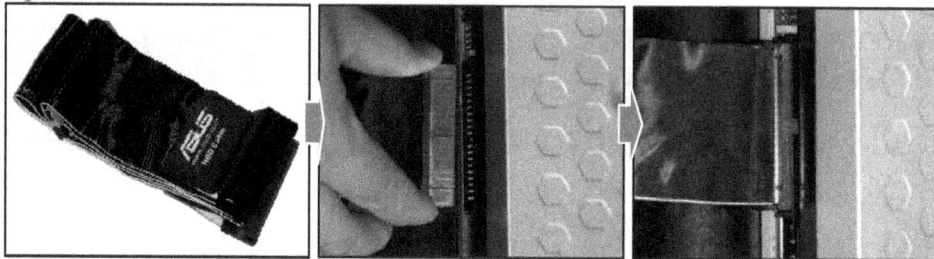

■ 安装主板数据线

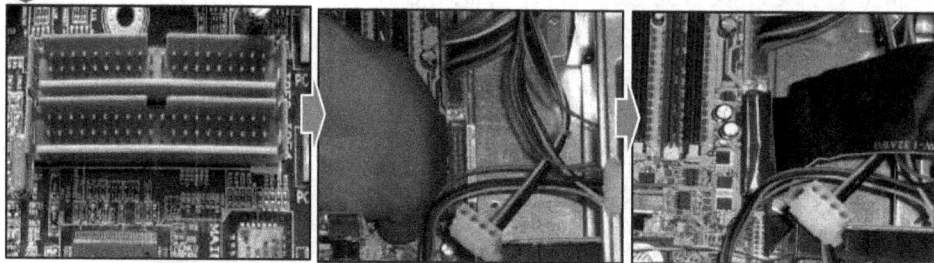

图 3.32　连接刻录机的数据线

3. 连接刻录机的电源线

刻录机的电源线为大 D 型接头，安装方法与 IDE 硬盘电源线的安装方法相同，如图 3.33 所示为安装刻录机的电源线。

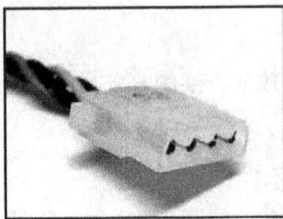

| 大 D 型电源接头 | 连接刻录机的电源线 | 完成连接 |

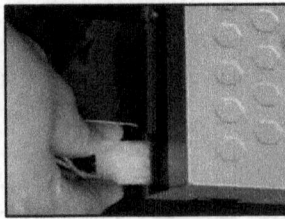

图 3.33　连接刻录机的电源线

3.2.14　安装机箱盖

在完成电脑主机的安装后，应仔细检查各部分的连接情况。在确保无误后，将机箱盖盖上，并拧上粗纹螺丝，如图 3.34 所示。

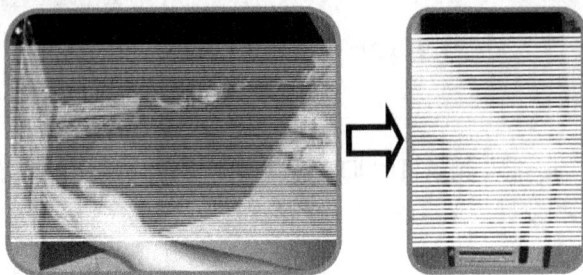

图 3.34　固定机箱盖

3.3　外设的连接

装完主机后还需将显示器、键盘、鼠标和音箱等外设连接到主机上。这些设备主要连接到机箱的后面板上。

1．连接键盘

目前常用的键盘为 PS/2 接口或 USB 接口。在机箱后面的插口中，可以看到两个有颜色的圆形接口，这就是键盘、鼠标连接端口，这两个接口形状上一模一样，只是颜色不同（蓝色的为键盘接口，绿色为鼠标接口），如图 3.35 所示。

鼠标接口
（绿色）
键盘接口
（蓝色）

鼠标、
键盘
端口

图 3.35　PS/2 接口

键盘、鼠标的安装方法如图 3.36 所示。

连接键盘线

连接鼠标线

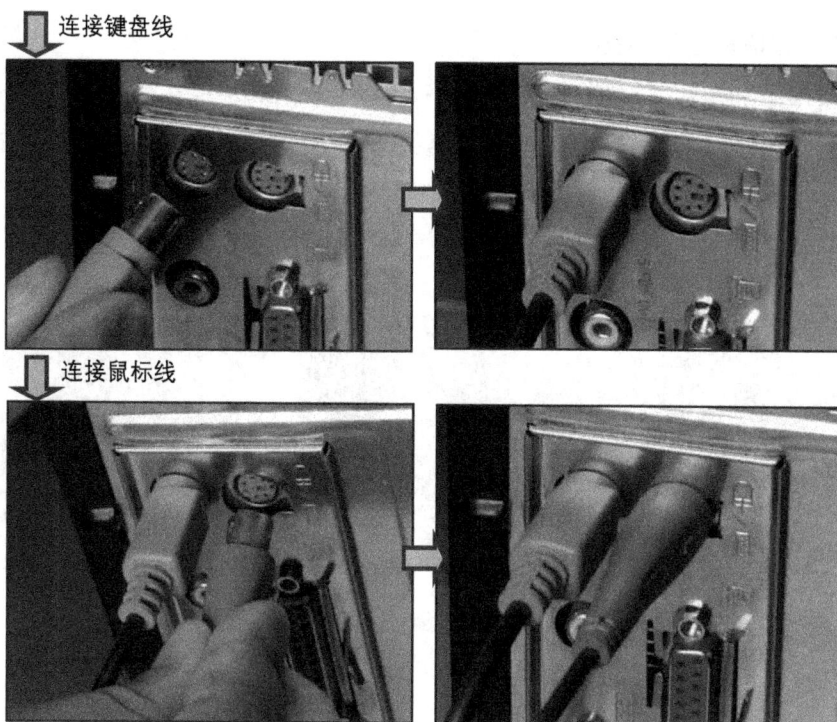

图 3.36　连接键盘、鼠标线

2. 连接显示器的电源线与信号线

电源线的一端应插在显示器尾部的电源插座孔上；另一端插在电源插板上。接着将显示器的信号线接头插在显卡对应的接口上。一般 LCD 的接头有两种，一种为 VGA 接口，一种为 DVI 接口，在连接时注意连接方向，不要用力过猛，以免弄坏接头中的针脚，如图 3.37 所示为 LCD 的插座面板与信号线接头。

信号线 VGA 插头

信号线的 DVI 插头

显示器的 VGA 插座

显示器的 DVI 插座

图 3.37　LCD 的插座面板与信号线接头

3. 将显示器信号线连接到显卡

目前显卡的输出接口主要有 VGA 接口和 DVI 接口，一般 LCD 使用 DVI 接口或 VGA 接口，CRT 显示器只能使用 VGA 接口，连接显示器的信号线时不要用力过猛，以免弄坏插头中的针脚，只要把信号线插头轻轻插入显卡的插座中，然后拧紧插头上的两颗固定螺栓即可，如图 3.38 所示。

■ 安装显示器信号线

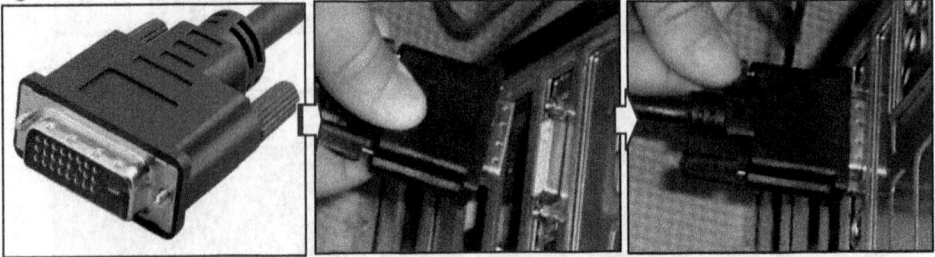

图 3.38　将显示器信号线连接到显卡

4. 连接音箱信号线

将音箱的信号线插入声卡中的 Line Out 孔中，再将音箱电源线插入插座中，如图 3.39 所示。

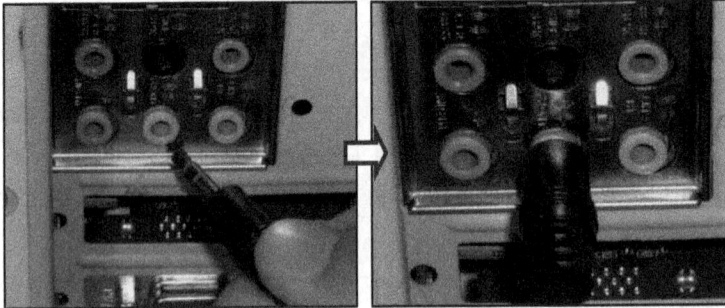

图 3.39　连接音箱信号线

5. 连接主机电源线

机箱后的电源接口有两个，一个为 3 孔的显示器电源插座，一个为 3 针的电源插座。将一根电源线一端插入机箱后的电源插口中，一端接插线板，如图 3.40 所示。

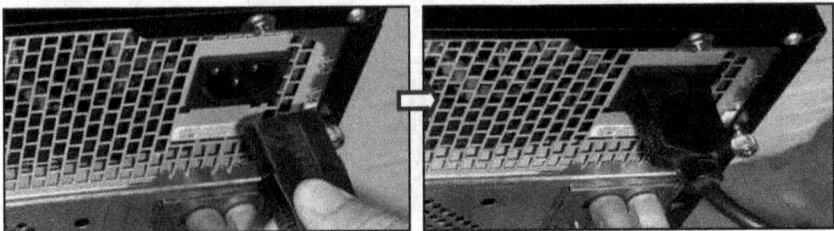

图 3.40　连接主机电源线

3.4　设置 BIOS

经过前面的步骤后，PC 系统应能正常自检，接着就要对系统 BIOS 进行初步设置，主要涉及引导顺序、防病毒等。

Step 01 按机箱电源开关启动计算机，出现自检界面后，按 Del 键，就进入 BIOS 设置菜单，如图 3.41 所示。

Step 02 按↓键移动光标到 Advanced BIOS Features 选项上，再按 Enter 键，进入 Advanced BIOS Features 设置界面，如图 3.41 所示。

Step 03 按 Page Down 键将 Anti-Virus Protection（病毒保护）设置为 Disabled（关闭），否则在安装操作系统时会发出警告，如图 3.42 所示。

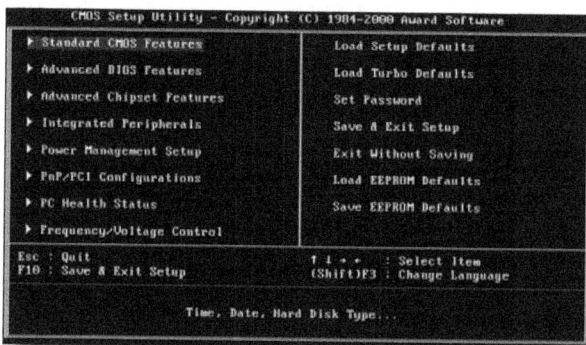

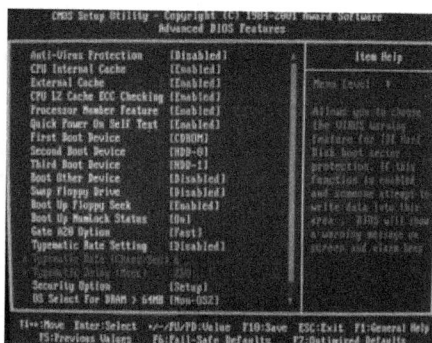

图 3.41　BIOS 设置菜单　　　　　图 3.42　Advanced BIOS Features 设置界面

Step 04 按向下箭头键移动光标到 First Boot Device 选项上，再按 Page Down 键设置启动盘为 Floppy（软盘）或者 CD-ROM，如图 3.43 所示

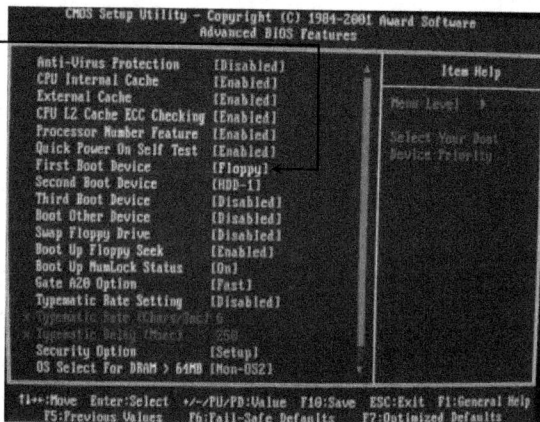

图 3.43　设置启动顺序

引导顺序关系到先用哪个设备引导系统，因为这时硬盘还没有安装任何系统，所以要用软盘或光盘启动。当然，有的可以通过 USB 接口从优盘启动。

3.5　分区和格式化

硬盘必须经过低级、分区和高级格式化等 3 个初始化处理后，才能存储数据。硬盘的低级格式化通常由生产厂家完成，用户只需使用操作系统所提供的磁盘工具（如 fdisk.exe、format.com 等程序）对硬盘进行"分区"和"格式化"处理即可。

硬盘分区有基本分区和扩展分区两种基本类型：基本分区包含操作系统启动所必需的文件和数据，在使用前一定要激活；扩展分区是除基本分区之外的硬盘空间区域，只有在分成逻辑分区后才能使用。

建立分区和逻辑盘是对硬盘进行格式化处理的前提条件，用户可以根据物理硬盘容量和自己的需要建立基本分区、扩展分区和逻辑盘符，再通过格式化处理来为硬盘分别建立引导区（BOOT）、文件分配表（FAT）和数据存储区（DATA），只有经过以上处理后，硬盘才能存储数据。

当启动操作系统时，操作系统将给每个分区按顺序分配一个驱动器号（C:～Z:），也称为盘符。

3.5.1　启动系统

在分区和格式化硬盘前，首先要启动系统。启动系统的方式有很多种，可以用 DOS 启动盘、Windows 启动盘或光盘。

用 Windows 启动盘启动系统后，会出现一个有 3 个选项的菜单，可选择 Start Computer with CD-ROM 选项，以便于通过光驱安装操作系统和应用软件。在启动系统的同时，会自动装载光驱驱动程序，用户不必再做任何设置就可以直接使用光驱。

Windows 启动盘将内存中 2 048KB 容量的空间设置为虚拟盘。如果 PC 中的硬盘还没有被分区和格式化，虚拟盘的盘符将被命名为 C:；如果系统中已有硬盘，虚拟盘的盘符将接着硬盘最后一个盘符继续命名。Windows 启动盘还会自动将一些必要的工具软件装入到虚拟盘中，供用户使用，如 FDISK、FORMAT 等 DOS 工具软件，非常方便。

3.5.2　硬盘分区

硬盘分区的实质是将一个物理硬盘分成一个或几个逻辑硬盘，以便于管理和提高硬盘上数据的安全性。

如果在建立分区前硬盘上已经有分区，需要将原分区删除后再重新划分。删除分区会使硬盘上的全部信息被完全删除，因此要谨慎行事。

硬盘分区的方法：首先启动系统，再执行 FDISK 命令（主界面如图 3.44 所示），然后进行如下几步操作。

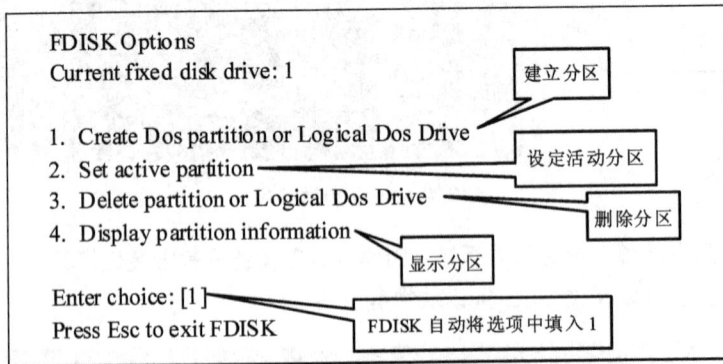

图 3.44　FDISK 主界面

1. 建立基本 DOS 分区

在 FDISK 主界面输入"1"，进入如图 3.45 所示的建立分区界面。

```
Choose one of the following                   建立基本 DOS 分区

   1. Create Primary DOS Partition
   2. Create Extended DOS Partition            建立扩展分区
   3. Create Logical DOS Drive in the Extended DOS Partition

Enter choice: [1]        系统自动将该选项设定为 1    在扩展分区上
Press Esc to return to FDISK Options                建立逻辑分区
```

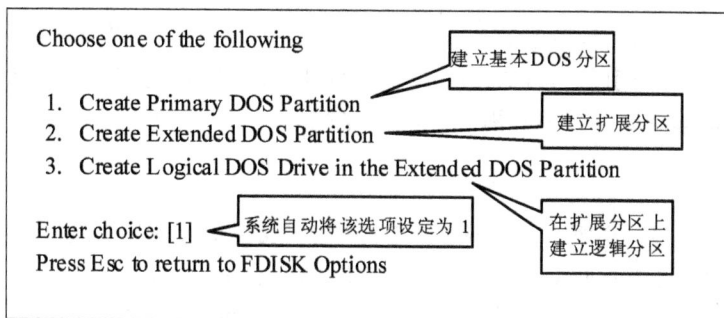

图 3.45　FDISK 建立分区界面

再输入 "1"，选择 Create Primary DOS Partition 选项，这时屏幕显示：

```
Do you wish to use the maximum available size for a Primary DOS Partition and
make the Partition active (Y/N) …[Y]
```

系统提问是否将硬盘的全部容量划分为基本分区，即 C 区。如果整个硬盘只设 1 个区，即将所有空间全部给基本 DOS 分区（C 盘），则输入 Y；否则，若要将硬盘分为几个区，即将部分硬盘分给基本 DOS 分区，输入 N。输入 N 后，屏幕显示：

```
Totally disk space is X Mbytes  (1Mbytes=1048576 bytes)
Maximum space available for Partition is X Mbytes  (X%)
Enter Partition size in Mbytes or percent of disk space  (%)  to create a Primary
DOS Partition…:[ ]
No Partition defined
```

系统显示硬盘总容量，同时提问基本 DOS 分区分成多大。输入给 C 区的容量数值或占用总容量的百分比，[ ]中的数字就会自动改为输入数字，按 Enter 键，屏幕显示重新分区后的 C 区信息：

```
Partition Status Type Volume Label Mbytes System Usage
C：1 PRI DOS XXX UNKNOWN XXX%
Primary DOS Partition created
```

这表示基本 DOS 分区已经建立好，按 Esc 键返回到 FDISK 命令主菜单。

2．建立扩展 DOS 分区

硬盘上只能有一个基本 DOS 分区和一个扩展 DOS 分区，硬盘总容量减去基本 DOS 分区容量后，剩下的容量将全部是扩展 DOS 分区的。

在 FDISK 建立分区界面上输入 "2"，建立扩展 DOS 分区。

3．在扩展分区中建立逻辑盘

建立扩展 DOS 分区后，还要建立逻辑盘，这样才能有效地使用扩展 DOS 分区。建立扩展 DOS 分区后，屏幕会显示一些信息来询问如何建立逻辑盘，直接按 Enter 键，进入逻辑盘的设置。也可以在 FDISK 分区界面上选择 "3"，进入逻辑盘的设置。

如果只建立一个逻辑盘，直接按 Enter 键即可；否则，依次输入各逻辑盘的容量。

屏幕显示在扩展 DOS 分区中建立逻辑盘的提示如下：

```
Totally Extended DOS Partition size is XXX Mbytes
Maximum space available for Logical drives is XXX Mbytes (100%)
Enter Logical drives size in Mbytes or percent of disk space (%) …: [  ]
```

这些提示指出了扩展 DOS 分区的大小，逻辑盘最大的可用空间，提示并等待用户输入逻辑盘的大小或其占扩展 DOS 分区的百分比。用户可以根据提示依次输入各逻辑盘的大小，待全部硬盘容量分配完毕后，屏幕显示扩展分区中所有逻辑盘的信息。

4. 激活主分区

要使硬盘能引导系统，必须有一个分区是活动分区，通常将基本 DOS 分区设为活动分区。在 FDISK 主界面中，按"2"进入激活分区设置，选择要激活的分区即可。

至此，分区工作就全部完成了，按 Esc 键退出 FDISK 程序，重新启动机器。

3.5.3　格式化硬盘

启动系统后，在提示符下输入 FORMAT C:/S。其中，参数/S 表示格式化后，将启动盘上的系统传到 C 盘上，使 C 盘成为启动盘能用来启动计算机。

格式化 D 盘和 E 盘。在提示符下分别输入 FORMAT D:、FORMAT E:，对 D 盘和 E 盘进行格式化。在安装 Windows 成功后，也可以用 Windows 磁盘格式化工具格式化 D 盘和 E 盘。在 Windows 环境下格式化速度要快得多，所以建议使用后者。

对硬盘分区格式化后，重新启动计算机，再按 Del 键进入 BIOS 设置程序，设置启动盘为 C 盘。

3.6　安装 Windows XP 操作系统

操作系统是管理计算机软硬件资源，提高系统运行效率的一组软件，是 PC 最重要的系统软件，没有操作系统 PC 将不能完成任何工作。

现在流行的 PC 操作系统有 Windows 和 Linux 两大系列，但大多数的个人用户还是使用 Windows 系列操作系统。在 PC 上使用的 Windows 操作系统有 Windows XP/Vista/7 等几种，这几种操作系统基本可以看成是一个家族的产品，后面的版本是前面的升级版本，总的来说是功能越来越强，对硬件系统要求越来越高。读者应根据自己硬件设备的情况以及 PC 的用途来选择一款 Windows 操作系统。

下面给出两款最典型、最常用的 Windows 操作系统安装过程。

3.6.1　启动电脑

首先设置 BIOS 程序中的启动顺序为光盘启动，病毒警告设为无效，保存退出（设置方法参考 BIOS 设置部分内容）；接着将 Windows XP 的安装盘放入光驱，启动电脑。电脑开始启动后，出现如图 3.46 所示界面，按 Enter 键即可开始安装。

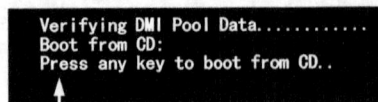

```
Verifying DMI Pool Data...........
Boot from CD:
Press any key to boot from CD..
```

此项表示按任意键
从光驱启动

图 3.46　从光驱启动

3.6.2 准备安装

从光盘启动后，进入 Windows XP 检测界面，首先开始检测计算机的各个硬件以确认该计算机的硬件配置是否满足 Windows XP 系统的需求，如图 3.47 所示。

Step 01 检测界面检测各个硬件是否满足安装要求，如图 3.47（a）所示。

Step 02 按 Enter 键开始安装，如图 3.47（b）所示。

Step 03 按 F8 键接受协议，如图 3.47（c）所示。

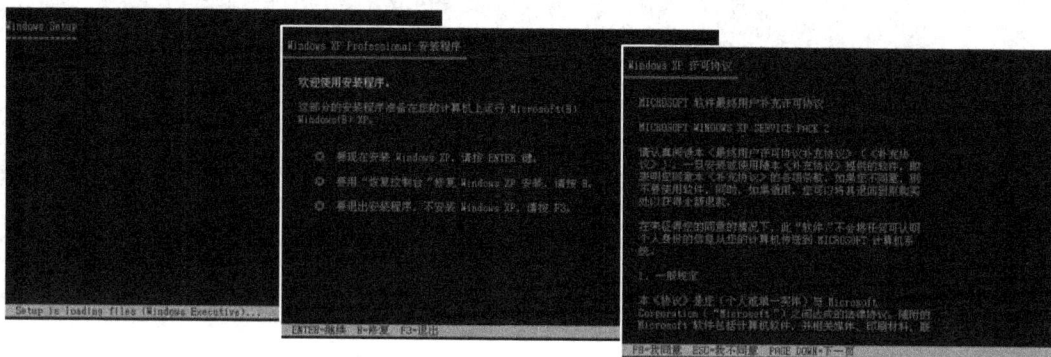

(a) 检测界面　　　　　(b) 开始安装　　　　　(c) 接受协议

图 3.47　准备安装

3.6.3 分区、格式化硬盘

一般对于没有分区的新硬盘来说，安装系统时需要先创建一个分区安装系统，其他分区系统安装完后再创建也可。如图 3-48 所示为硬盘创建一个 20GB 的分区并进行格式化。

1. 创建 C 区

Step 01 用方向键选择"未划分的空间"，然后按 C 键开始分区，如图 3.48（a）所示。

Step 02 用退格键删除显示的数字，然后输入 C 区的大小为 20000MB，按 Enter 键，如图 3.48（b）所示。

Step 03 划分的第一个分区盘符为 C，状态为"新的（未使用）"，如图 3.48（c）所示。

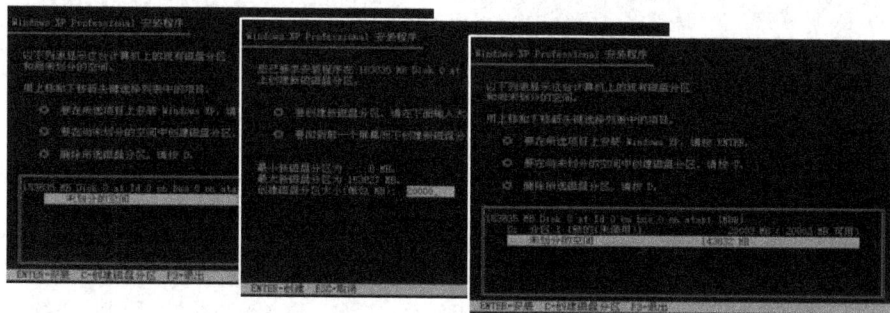

(a) 开始分区　　　(b) 输入 C 区的大小　　　(c) 划分的第一个分区盘符为 C

图 3.48　创建 C 区

2. 格式化分区

Step 01 用方向键选择 C 区，然后按 Enter 键，如图 3.49 （a）所示。

Step 02 用方向键选择"用 NTFS 文件系统格式化磁盘分区"选项，然后按 Enter 键即可开始格式化，如图 3.49 （b）所示。

Step 03 黄色进度条，表示格式化的进度，如图 3.49 （c）所示。

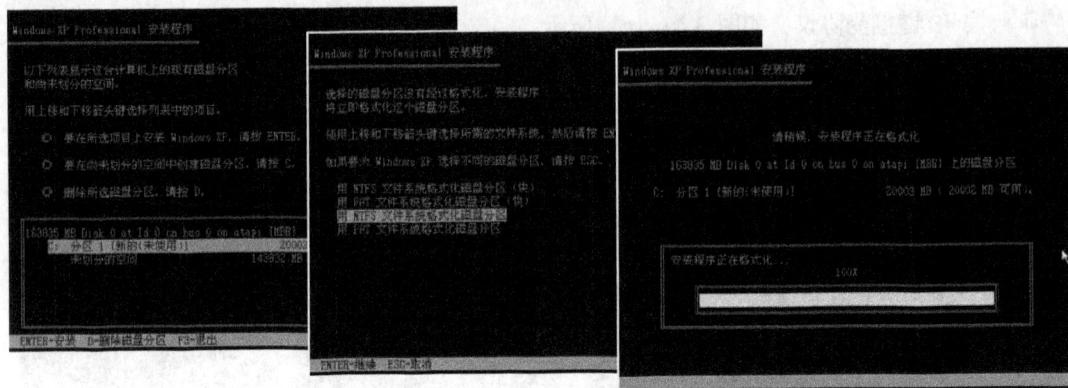

| (a) 选择 C 区 | (b) 开始格式化 | (c) 格式化的进度 |

图 3.49　格式化分区

3.6.4　复制系统文件

分区格式化完后，自动开始复制系统文件，然后进行初始化配置，并重启计算机，如图 3.50 所示。

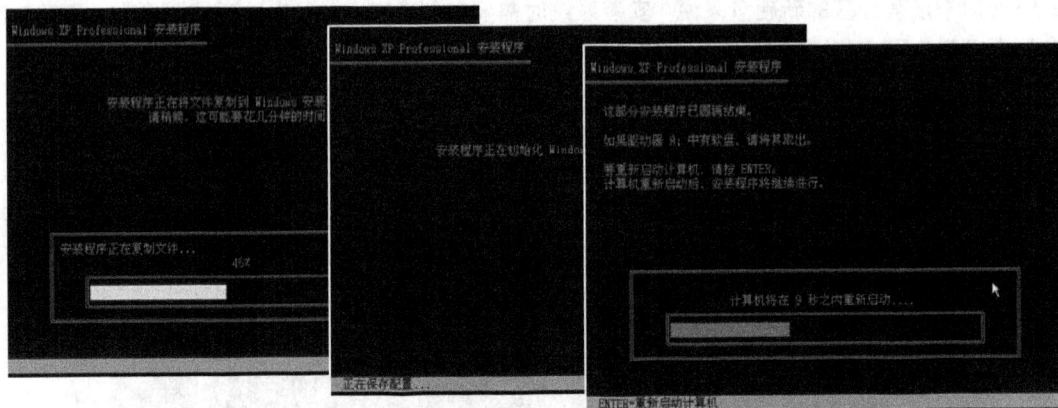

| (a) 复制系统文件 | (b) 初始化配置 | (c) 重新启动计算机 |

图 3.50　复制系统文件

注意

初始化结束后自动重启时，由于 Windows XP 的系统安装盘还在光驱中，所以又出现如图 3.50 所示的界面。在出现此界面时不能按任何键，系统在十几秒后，会自动进入安装界面；否则，系统又重新开始安装。即在第 1 次出现从光盘启动的界面时，按 Enter 键，以后再出现从光盘启动的界面时，不能按任何键。

3.6.5　开始安装

重新启动后安装程序进入安装向导，这时可以用鼠标进行操作。在安装过程中，有一些设置需要用户手动完成，如图 3.51 所示。

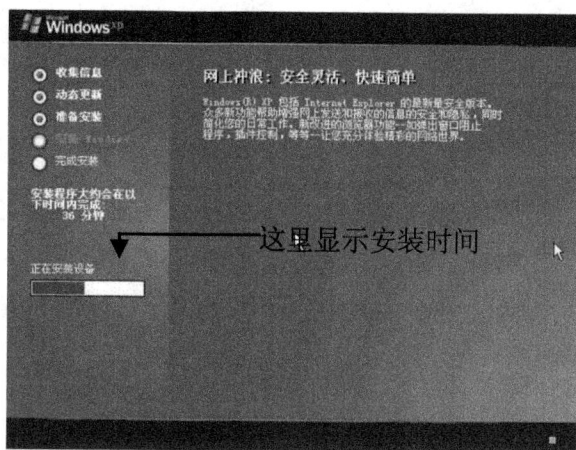

图 3.51　安装向导界面

Step 01　在"区域和语言选项"界面中，单击"下一步"按钮，如图 3.52 所示。

Step 02　在"自定义软件"界面中的"姓名"、"单位"文本框中，输入用户名称和单击名称，然后单击"下一步"按钮，如图 3.53 所示。

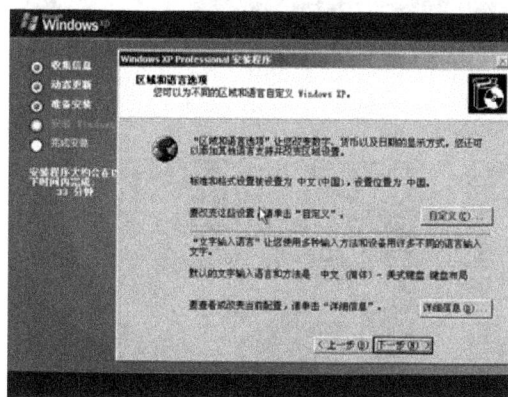

图 3.52　"区域和语言选项"界面

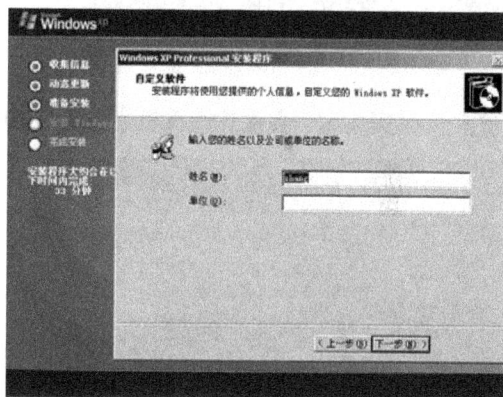

图 3.53　"自定义软件"界面

Step 03　在"您的产品密钥"界面中输入产品密码，然后单击"下一步"按钮。密码一般在光盘上，没有密码无法继续安装，如图 3.54 所示。

Step 04　在"计算机名和系统管理员密码"界面中输入管理员密码，然后单击"下一步按钮。密码可以不输，如图 3.55 所示。

Step 05　在"日期和时间设置"界面中单击"下一步"按钮。安装完成后，在系统中还可以设置，如图 3.56 所示。

Step 06　在"网络设置"界面中单击"下一步"按钮。保持默认的"典型设置即可，如图 3.57 所示。

Step 07　在"工作组或计算机域"界面中单击"下一步"按钮，如图 3.58 所示。

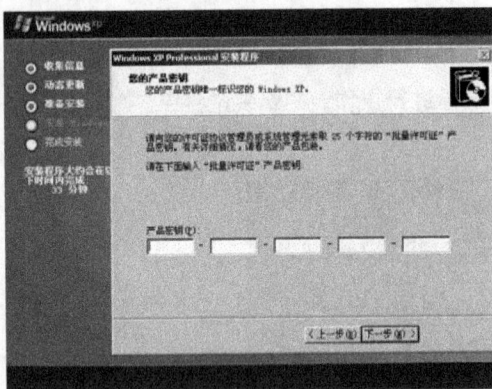

图 3.54　"您的产品密钥"界面

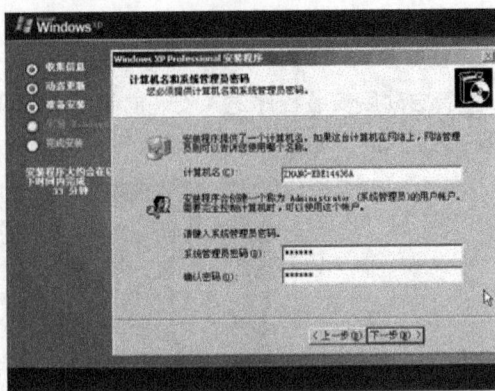

图 3.55　"计算机名和系统管理员密码"界面

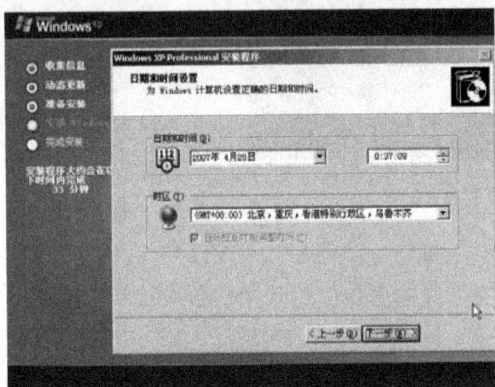

图 3.56　"日期和时间设置"界面

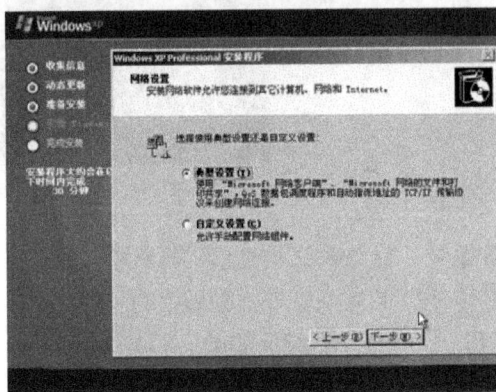

图 3.57　"网络设置"界面

Step 08 安装完成后，会重启计算机，如图 3.59 所示。

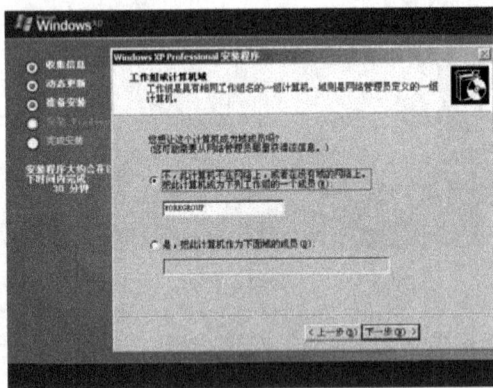

图 3.58　"工作组或计算机域"界面

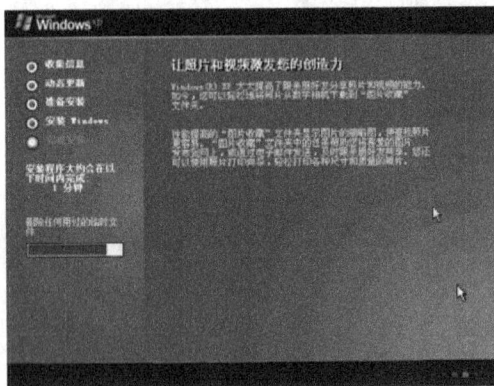

图 3.59　安装完成

3.6.6　最后阶段的设置

在电脑重启后，系统将会提示设置屏幕分辨率、电脑保护、连接 Internet 和设置用户等。

Step 01 在"显示设置"对话框中，单击"确定"按钮，如图 3.60 所示。

Step 02 在"欢迎使用 Microsoft Windows"界面中，单击"下一步"按钮，如图 3.61 所示。

图 3.60　"显示设置"对话框

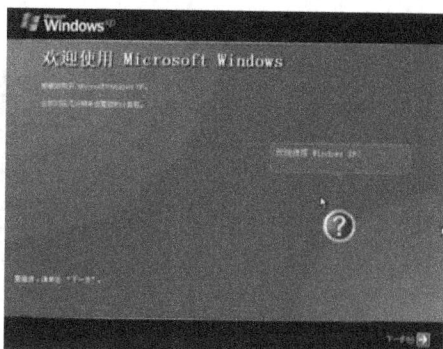

图 3.61　"欢迎使用 Microsoft Windows"界面

Step 03　在"帮助保护您的电脑"界面中，选中"现在通过启动自动更新帮助保护我的电脑"单选按钮，再单击"下一步"按钮，如图 3.62 所示。

Step 04　在"正在检查您的 Internet 连接"界面中，单击"跳过"按钮。安装完成后，可以再设置，如图 3.63 所示。

图 3.62　"帮助保护您的电脑"界面

图 3.63　"正在检查您的 Internet 连接"界面

Step 05　在"现在与 Microsoft 注册吗"界面中，选中"否，现在不注册"单选按钮，然后单击"下一步"按钮，如图 3.64 所示。

Step 06　在"谁会使用这台计算机"界面中的用户文本框中输入使用此计算机的用户的名称。用 Ctrl＋空格键可以选择中文输入，然后单击"下一步"按钮，如图 3.65 所示。

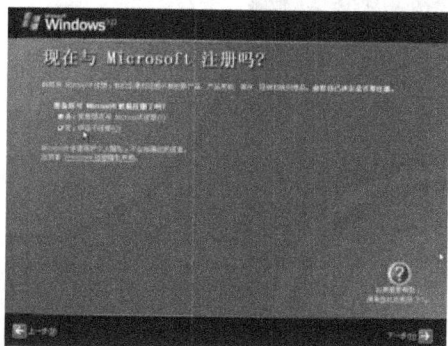

图 3.64　"现在与 Microsoft 注册吗"界面

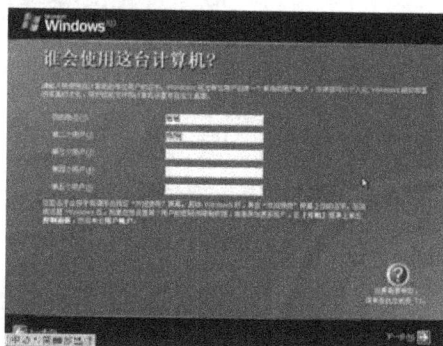

图 3.65　"谁会使用这台计算机"界面

Step 07 在"谢谢"界面中单击"完成"按钮，完成最后阶段的设置，如图 3.66 所示。

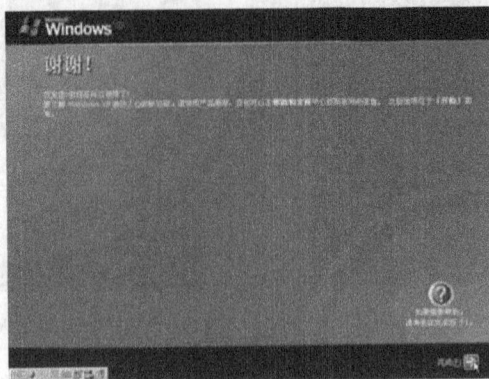

图 3.66　最后阶段的设置

3.6.7　启动 Windows XP 系统

在单击"完成"按钮后，电脑进入"登录"界面，单击"用户"按钮，即可进入 Windows XP 的桌面。至此，Windows XP 安装完成，如图 3.67 所示。

(a) 单击"用户"按钮登录

(b) 正在启动

(c) Windows XP 系统的桌面

图 3.67　登录 Windows XP 系统

3.7　安装和使用 Windows 7 操作系统

Windows 7 是由微软公司开发的，具有革命性变化的操作系统。该系统旨在让人们的日常电脑操作更加简单和快捷，为人们提供高效易行的工作环境。作为 Windows Vista 产品的继任，微软公司期望通过该产品来扭转 Windows Vista 在市场中的"败局"。

Windows 7 仍然以家庭用户为主，同时兼顾企业用户。在产品中突出了家庭网络、家庭娱乐等功能，由此也看出微软正逐步将传统意义上的计算机操作系统打造成家庭基础综合应用平台的决心。该系统带有许多新的特性和技术。

3.7.1　Windows 7 的新特性

Windows 7 作为 Windows Vista 的升级版，更新了大约 50 万行代码，约占 Windows Vista 代码总量的 10%，这些代码极大地改善了 Windows 7 的性能。下面简单列举一些新特性。

1．安装和设置

现在为一台全新的计算机安装 Windows 7 系统只需花费 30 分钟左右的时间，而从老版本的 Windows 系统升级至 Windows 7 系统所花费的时间将更少，并且在安装过程中减少了重启次数，以及用户交互。

2．新的任务栏

在 Windows 7 系统中任务栏的功能更加强大，包括"开始"菜单、Internet Explorer 8、Windows 资源管理器和 Windows Media Player 等。

3．任务缩略图

当用户将鼠标停留在任务栏的某个运行程序上时，将显示一个预览对话框，以便于用户了解最小化程序的当前运行状态。

4．跳转列表

如果右击任务栏图标，将弹出一个窗口，即所谓的跳转列表。它列出用户经常使用的文件或位置等信息。用户可通过"将此程序锁定到任务栏"命令将常用的程序放置到任务栏中。

5．库

库是 Windows 7 中提供的一种全新式文件容器。它可将分散在不同位置的照片、视频或文件集中存储，方便用户查找或使用。一般有 4 个默认的库，即"文档"、"音乐"、"图片"和"视频"。

6．家庭网络

家庭网络是一个本地网络共享工具，当用户在某台计算机上创建家庭网络时，Windows 7 会自动为该网络建立一个密码，当其他 Windows 7 机器要加入家庭网络时只需提供正确的密码便可访问或共享其内容。

7. Aero 行为

Aero 行为是指用户可将窗口拖动到屏幕的不同边界而改变它们的布局，例如将窗口拖动到屏幕左侧边界，则窗口自动占用左侧的一半屏幕。同样将窗口拖动到屏幕右侧边界，窗口会自动放大至右侧的一半屏幕；如果用户拖动窗口至屏幕顶部边界，则可将该窗口最大化。当窗口最大化后，用户还可直接拖动该窗口使其返回原始大小状态。

8. 桌面增强

Windows 7 提供了更多的桌面主题，包括建筑、人物、风景、自然和场景等。

9. 系统安全增强

Windows 7 对系统的安全性做了如下增强。

- **改进的用户账户控制（UAC）**。Windows 7 系统分配给每个账户较低的权限，以防止恶意软件自动安装或运行。在 Windows 7 中用户的账户控制被设计为 4 种不同的级别，可根据需要调整至相应的级别。
- **多个防火墙配置文件**。在 Windows 7 环境下，Windows 防火墙设置取决于所处的网络位置。当用户处在不同的网络位置，系统会自动应用相应的防火墙配置文件，从而保护计算机不受外部的攻击。

10. 改进的 Web 浏览与 IE 8

- **功能强大的 IE 8**。通过浏览器访问互连网已是最常用的桌面应用之一，Windows 7 系统提供了最新的网页浏览器 IE 8。
- **IE 8 加速器**。IE 8 中提供了一个内置的网页附加和增强功能——加速器。用户可在网页中选择任何一个词或短语，选择后将出现 🔳 按钮，单击后将弹出加速器。
- **InPrivate 浏览**。一种新的浏览模式，让用户在网上冲浪而不留下任何痕迹，没有历史记录、没有 Cookie、没有网址，什么都没有。
- **崩溃恢复**。当用户打开多个标签浏览时，如果退出 IE 8，系统将弹出对话框询问所有标签和打开的网页在下次启动时是否仍显示。此外，如果程序崩溃，IE 8 将自动还原所有已打开的网页。

11. 数据备份和系统修复

- **备份到网络驱动器**。在以前的 Windows 版本中，只允许用户将备份数据存储到电脑的硬盘或移动硬盘中。而 Windows 7 则允许将备份存储到任何可访问的网络驱动器中。
- **创建系统修复光盘**。用户可通过创建一个可启动的光盘修复系统。
- **包含/排除指定的备份文件夹**。当用户在备份 Windows 7 时，可选择或排除某些特定文件夹，这样能更方便地控制备份内容。

12. 性能改进

- **整体表现改进**。与 Windows Vista 相比，Windows 7 需要较少的内存和比较低的 CPU 在上网笔记本电脑中工作很好，并且启动快，运行速度也更快。
- **对固态磁盘（SSD）的支持**。固态磁盘是一种使用记忆芯片存储数据的存储设备，而不是普通的硬盘驱动器。Windows 7 可以直接识别并使用固态硬盘。

13．电源管理

由于环保意识的增强，用户也希望计算机更加节能，借此降低计算机的使用成本。Windows 7 在原有电源管理的基础上做出了一些不错的补充以增强电源管理功能。

14．降低功耗

通过对系统活动状态的监测，Windows 7 可以实现睡眠或休眠状态，甚至在没人使用时自动关闭系统组件，以达到降低功耗的目的。

15．增强无线网络

只要单击通知区域中的网络图标，用户就会得到附近可访问的无线网络列表，再选择相应的网络连接即可。

16．娱乐

- **媒体中心**。在家庭高级版、专业版以及旗舰版中均包含媒体中心。在符合媒体中心规范的计算机中用户可通过遥控器看电视、播放 CD、MP3 等，媒体中心还支持高清电视和蓝光影碟的播放功能。
- **复制远程内容**。当用户浏览库中媒体（如音乐、视频、图片等）时，可选择将其复制至本地硬盘或磁盘，方便以后查看。
- **Windows Media Player 12**。Windows 7 中集成了 Windows 媒体播放器最新版。它提供许多新功能，包括对库的支持，同时也支持更多的流媒体选项。

17．其他改进

- **多点触摸支持**。Windows 7 为运行家庭高级版、专业版和企业版的 Tablet PC 增加多点触摸功能，用户可方便地通过手指触摸指示 Windows 7 做相应的工作。
- **PowerShell 2.0**。PowerShell 是一种脚本语言，用户可通过编写脚本管理或设置系统中任何需要自动化完成的工作。在 Windows 7 中，已捆绑 PowerShell 2.0 作为系统的一部分。

3.7.2　Windows 7 不同版本的差异

微软在发布 Windows 7 操作系统时，根据用户的需求侧重点不同提供以下 5 个版本。

1．Windows 7 Home Basic（家庭普通版）

主要新特性有无限应用程序、增强视觉体验（仍无 Aero）、高级网络支持（ad-hoc 无线网络和互连网连接支持 ICS）、移动中心（Mobility Center）。

缺少功能：玻璃特效功能；实时缩略图预览、Internet 连接共享，不支持应用主题。

可用范围：仅在新兴市场投放（不包括发达国家）。大部分在笔记本电脑或品牌电脑上预装此版本。

2．Windows 7 Home Premium（家庭高级版）

有 Aero Glass 高级界面、高级窗口导航、改进的媒体格式支持、媒体中心和媒体流增强（包括 Play To）、多点触摸及更好的手写识别等。

包含功能：玻璃特效功能；多点触控功能；多媒体功能；组建家庭网络组。

可用范围：全球。

3. Windows 7 Professional（专业版）

替代 Windows Vista 下的商业版，支持加入管理网络（Domain Join）、高级网络备份等数据保护功能、位置感知打印技术（可在家庭或办公网络上自动选择合适的打印机）等。

包含功能：加强网络的功能，如域加入；高级备份功能；位置感知打印；脱机文件夹；移动中心；演示模式（Presentation Mode）。

可用范围：全球。

4. Windows 7 Enterprise（企业版）

提供一系列企业级增强功能：BitLocker，内置和外置驱动器数据保护；AppLocker，锁定非授权软件运行；DirectAccess，无缝连接基于 Windows Server 2008 R2 的企业网络；BranchCache，Windows Server 2008 R2 网络缓存等。

包含功能：Branch 缓存；DirectAccess；BitLocker；AppLocker；Virtualization Enhancements（增强虚拟化）；Management （管理）；Compatibility and Deployment（兼容性和部署）；VHD 引导支持。

可用范围：仅批量许可。

5. Windows 7 Ultimate（旗舰版）

拥有 Windows 7 Home Premium 和 Windows 7 Professional 的全部功能，当然硬件要求也是最高的。

包含功能：以上版本的所有功能。

可用范围：全球。

3.7.3 安装 Windows 7

本节将介绍如何在计算机中安装 Windows 7 系统。

1. 安装 Windows 7 所需的硬件配置

如同其他软件一样，微软在发布 Windows 7 系统时，由官方公布了两种运行 Windows 7 系统的配置需求，这两种配置需求见表 3.1。

表3.1 安装Windows 7系统的硬件需求

硬件设备	最低需求	推荐需求
中央处理器	至少 800MHz 的 32 位或 64 位处理器	1GHz 或更快的 32 位或 64 位处理器
内存	512MB	最少 1GB
显示卡	至少拥有 32MB 显示缓存并兼容 Directx 9 的显示卡	至少拥有 128MB 显示缓存并兼容 Directx 9 与 WDDM 标准的显示卡
硬盘	硬盘容量至少 40GB，同时可用空间不少于 16GB	硬盘容量至少 80GB，同时可用空间不少于 40GB
光驱	DVD 光驱	
其他	微软兼容的键盘及鼠标	

2．安装 Windows 7

一般来说，安装 Windows 7 系统有以下 3 种方法。

- 用安装光盘引导系统安装。
- 从现有系统中全新安装。
- 从现有系统中升级安装。

本小节将以第一种方法，即用"安装光盘引导系统安装"为例，讲述如何安装 Windows 7 系统。

目前绝大部分的计算机都支持利用 CD-ROM 启动的功能，因此可以直接利用 Windows 7 DVD 启动系统并执行安装程序。

Step 01 将计算机的 BIOS 设置为从 CD-ROM 启动，以 Award BIOS 为例，其所需要采取的步骤是在打开计算机的电源后，按住 Delete 键，然后根据 BIOS 版本的不同选择不同的方法，例如：

- 较新版本的 BIOS，选择 Advanced BIOS Features，然后在 First Boot Device 选项中选择 CD-ROM。
- 稍旧版本的 BIOS，选择 BIOS Features Setup，然后在 Boot Sequence 选项中选择 CDROM，C、A。

Step 02 将 Windows 7 DVD 放到 DVD 光驱内，然后重新启动：

- 如果用户的硬盘内没有安装任何操作系统，则计算机会直接从光盘启动。
- 如果硬盘内已经安装了其他的操作系统，则计算机会显示 Press any key to boot from CD or DVD...，此时立即按键盘上的任意一个键，以便从安装光盘启动；否则，将会从硬盘查找操作系统。如果硬盘内安装有操作系统，则会启动该系统。

Step 03 此时屏幕最下方会出现 Windows is loading files...文字和一个进度条，如图 3.68 所示，由于在 Windows 7 中初始安装界面会由以前的文字方式升级为图形方式，因此安装程序此时需要加载一些与界面相关的文件以及其他安装文件。

Step 04 会显示 Starting Windows 字符以及进度条，然后出现如图 3.69 所示的"安装 Windows"界面，在此界面需要选择"要安装的语言"、"时间和货币格式"以及"键盘和输入方法"3 个选项，选择好后按"下一步"按钮继续安装。

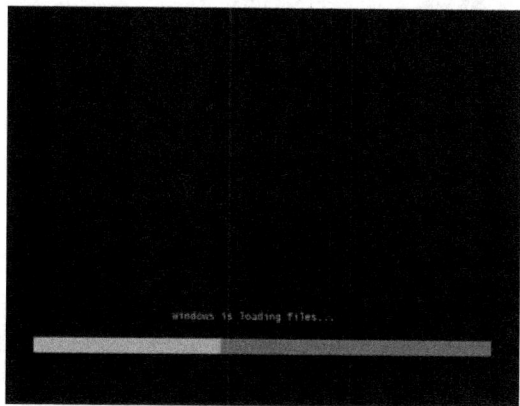

图 3.68　Windows 7 安装光盘启动界面

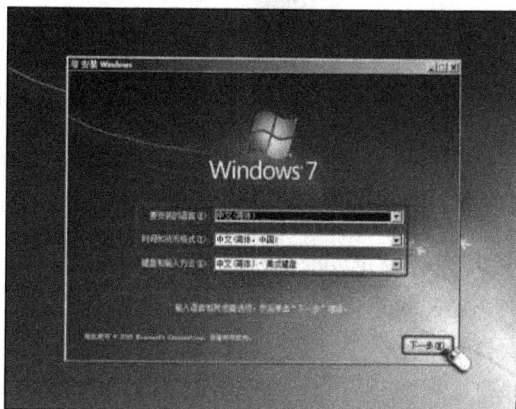

图 3.69　选择语言、时间和货币格式及输入法

Step **05** 出现如图 3.70 所示界面, 如果想在安装前了解帮助信息, 可选择屏幕左下方"安装 Windows 须知"选项; 如果需要手工修复未成功的安装、测试内存或从备份映像中还原系统, 则可选择"修复计算机"选项, 在此用鼠标单击"现在安装"按钮继续安装。

Step **06** 在屏幕显示"安装程序正在启动..."之后会显示软件许可条款, 如图 3.71 所示。该条款规定了使用 Windows 7 时的权利及义务, 用户必须同意该条款后才可继续安装, 同意该条款的方法是勾选屏幕下方"我接受许可条款", 然后单击"下一步"按钮继续安装。

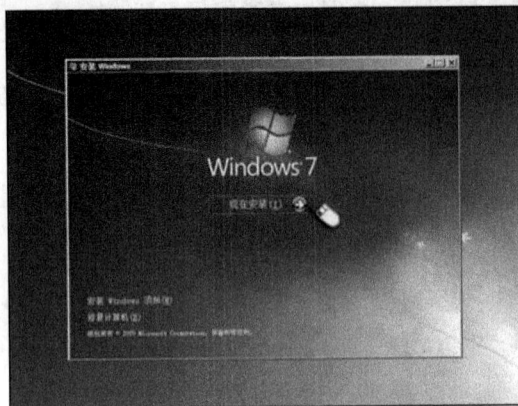

图 3.70 单击"现在安装"按钮

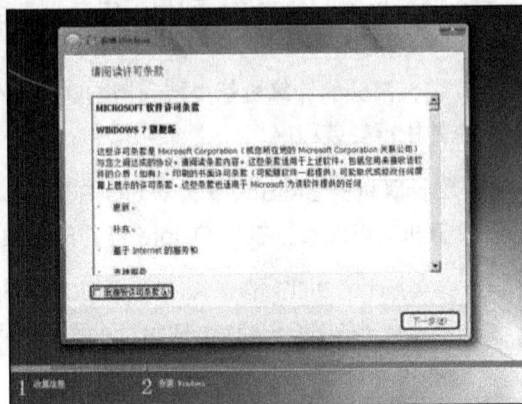

图 3.71 软件许可条款

Step **07** 显示安装类型界面, 如图 3.72 所示。从图中可以看到用户可以选择"升级"安装或"自定义 (高级)"方式安装。在此单击"自定义 (高级)"类型继续安装。

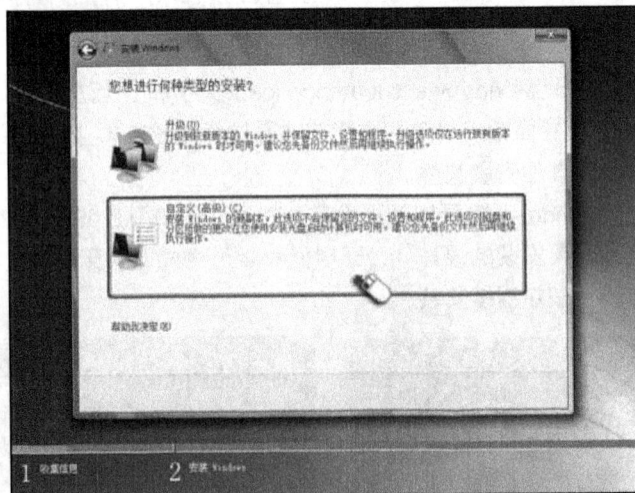

图 3.72 选择自定义安装

Step **08** 显示将 Windows 安装在何处界面, 如图 3.73 所示。在图中可以看到这台机器拥有一块容量为 40GB 的硬盘, 并且上面没有任何分区, 此时如果单击磁盘后再单击"下一步"按钮, 安装程序会自动建立一个大小为 40GB、格式为 NTFS 的分区, 即所有硬盘空间都会被用做系统空间; 当然也可以根据需要自行划分分区大小, 方法是先单击未分配空间的磁盘, 然后单击屏幕右下方"驱动器选项 (高级)", 屏幕如图 3.74 所示, 此时再单击"新建"按钮, 会在"新建"下方显示硬盘空间大小, 此处的硬盘空间是按 MB 为单位标识的, 用户可根据需要设置分区大小, 如输入 30000

（即大约 30GB），输入后单击"应用"按钮，如图 3.75 所示。单击后会显示如图 3.76 所示的对话框，提示用户系统会自动建立额外分区，单击"确定"按钮继续；接下来会显示如图 3.77 所示界面，从图中可以看到系统自动创建了大小为 100MB 的"分区 1"作为系统保留分区，用户建立的为"分区 2"。此时可用鼠标选择未分配空间，然后单击"新建"按钮对未分配空间进行分区，或者选择新建分区后单击"格式化"按钮对新建分区进行格式化操作，在此选择"分区 2"后单击"下一步"按钮，系统会自动对所选分区进行格式化并将系统安装在此分区上。

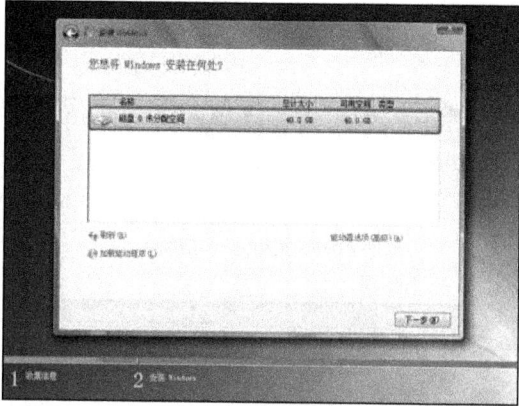

图 3.73　未分区磁盘

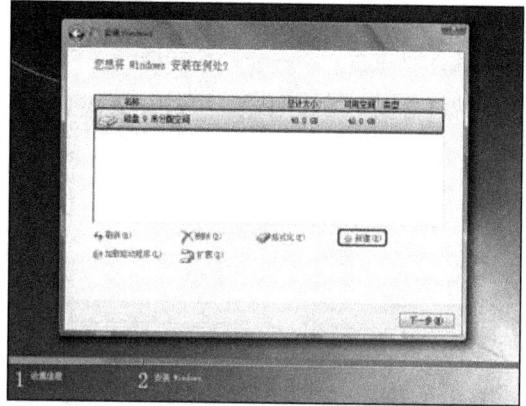

图 3.74　创建新分区

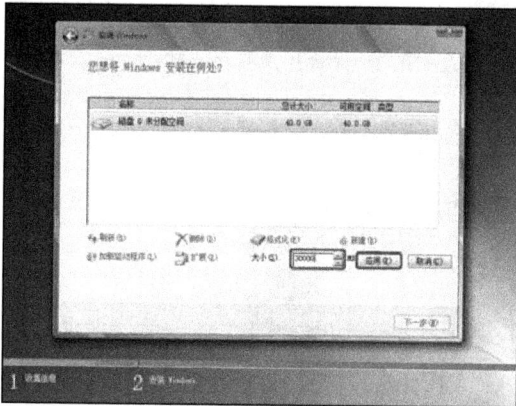

图 3.75　设置分区大小

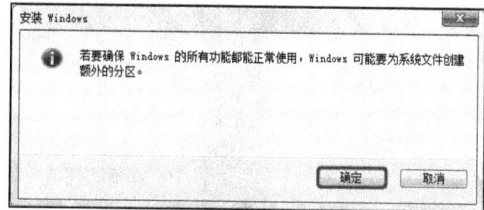

图 3.76　分区提示对话框

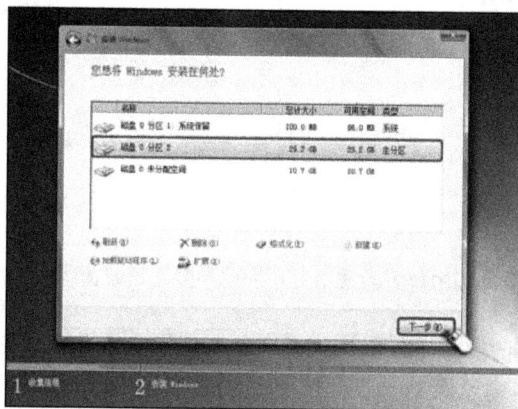

图 3.77　将 Windows Server 2008 安装至所选分区

从 Windows 7 开始，系统分区必须是 NTFS 格式。如果选择将 Windows 7 安装到一个现有的磁盘分区内，则格式化后该磁盘分区内的现有数据将丢失。

Step 09 显示如图 3.78 所示的界面，此时安装程序将系统所需要的文件复制并解压缩到目标分区中，在安装过程中计算机可能会重新启动一次或数次。

Step 10 在安装完成后，系统进入时会显示如图 3.79 所示的界面，提示用户输入用户名以及计算机名称，输入后单击"下一步"按钮继续。

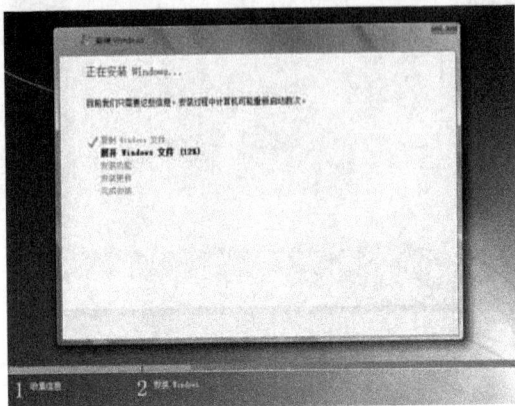

图 3.78　复制系统所需要的文件

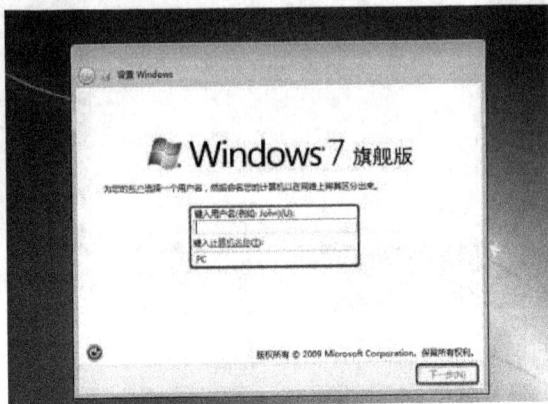

图 3.79　设置用户名及计算机名称

Step 11 显示如图 3.80 所示的界面，在"键入密码"栏及"再次键入密码"栏输入相同的密码。在"键入密码提示"栏中输入可记起密码的提示信息，输入后单击"下一步"按钮继续。

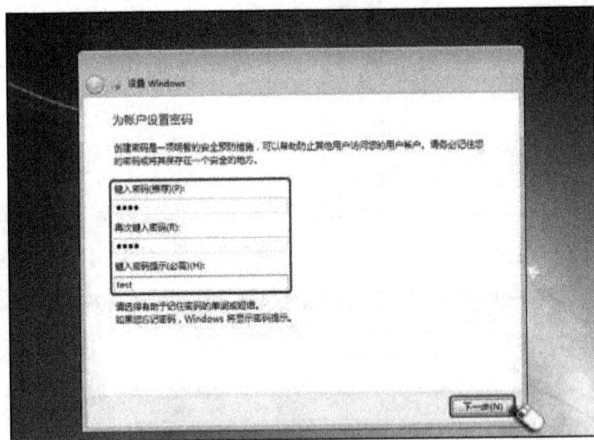

图 3.80　输入用户密码及密码提示

密码提示会显示给所有已知用户名的使用者，因此不要在密码提示中输入正确的密码。

Step 12 在此界面中的产品密钥栏中需要输入"产品密钥"，如果打算在计算机联上互连网后自动激活，则将"当我联机时自动激活 Windows"复选框勾选，如图 3.81 所示。在此也可以不输入产品密钥直接单击"下一步"按钮继续安装，如果不输入密钥，用户可以有 30 天的试用期。

Step 13 此时显示的"设置 Windows"界面，如图 3.82 所示。用户可单击"使用推荐设置"选项，开启 Windows 7 的自动更新、自动升级设备驱动以及增强间谍软件保护等功能。

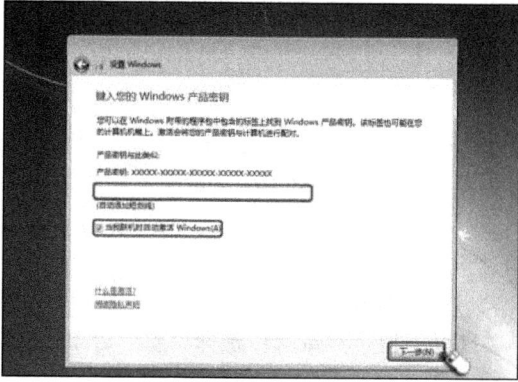

图 3.81　输入产品密钥

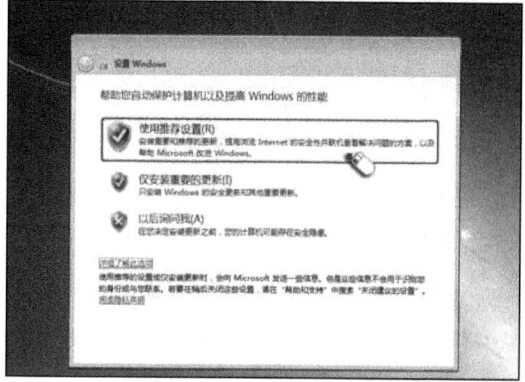

图 3.82　设置 Windows

Step 14 此时显示"查看时间和日期设置"界面，如图 3.83 所示。用户可在此设置日期及时间，设置后单击"下一步"按钮。

Step 15 如果 Windows 7 系统自动检测到网络连接，将显示如图 3.84 所示的界面。用户可根据自己所处网络位置选择相应的选项，此时单击"公用网络"选项继续。

图 3.83　设置日期及时间

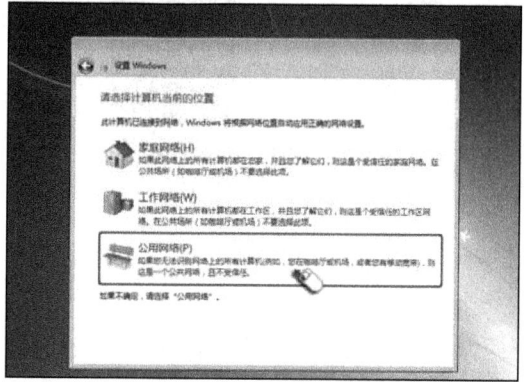

图 3.84　设置网络位置

Step 16 当显示如图 3.85 所示的界面时，说明用户已成功安装并登录到 Windows 7 系统。

图 3.85　成功安装并登录 Windows 7 系统

3.7.4 Windows 7 退出操作

Windows 7 系统的退出操作可分为 3 种，它们是"关机"、"休眠"和"重新启动"。本小节将分别介绍这 3 种操作。

1. 关机

当不再使用 Windows 7 系统时，用户可选择关机操作以节约电能。关机的具体操作：单击"开始"按钮，在展开的菜单中直接单击"关机"按钮，如图 3.86 所示，即可关闭计算机。

2. 重新启动

如果用户对系统进行设置或给系统安装软件后，此时必须重新启动 Windows 7。具体操作：单击"开始"按钮，直接单击"关机"按钮旁的图标，并在弹出的下拉菜单中选择"重新启动"，如图 3.87 所示。

图 3.86　单击"关机"按钮

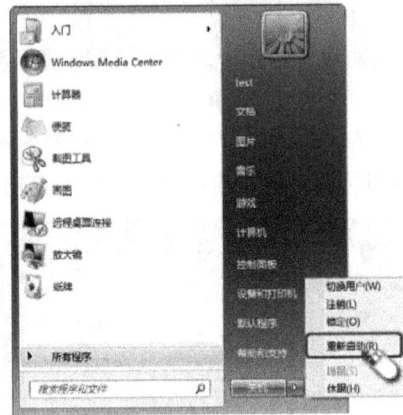

图 3.87　选择"重新启动"命令

3. 休眠

如果用户希望关闭计算机的同时保存打开的文件或其他工作，并在重新开机后恢复这些打开的文件或工作，则可以使用休眠功能。方法是单击"开始"按钮，直接单击"关机"按钮旁的图标，并在弹出的下拉菜单中选择"休眠"，如图 3.88 所示。

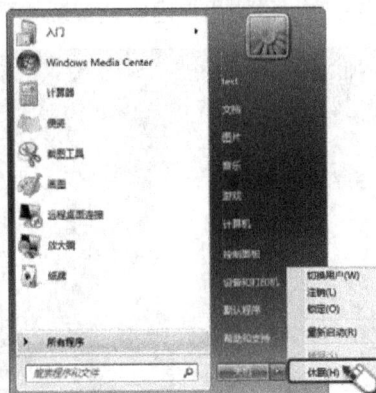

图 3.88　选择"休眠"命令

3.8 安装驱动程序和设置 Windows

3.8.1 安装驱动程序的顺序

在安装驱动程序时，应该特别留意驱动程序的安装顺序。如果不能按顺序安装，可能会造成频繁的非法操作，部分硬件不能被 Windows 识别或出现资源冲突，甚至会有黑屏、死机等现象出现。

Step 01 在安装驱动程序时应先安装主板的驱动程序，其中最需要安装的是主板识别和管理硬盘的 IDE 驱动程序。

Step 02 依次安装显卡、声卡、MODEM、打印机和鼠标等驱动程序，这样就能让各硬件发挥最优的效果。

3.8.2 驱动程序安装方式

1．可执行驱动程序安装法

可执行的驱动程序一般有两种：一种是单独一个驱动程序文件，只需要双击它就会自动安装相应的硬件驱动；另一种则是一个现成目录中有很多文件，其中有一个 Setup.exe 或 Install.exe 可执行程序，双击这类可执行文件，程序也会自动将驱动装入电脑中。

以安装"网卡驱动"为例，双击 Setup.exe 可执行文件就开始安装，整个安装过程相当自动化，只要根据安装向导的提示操作即可。即使安装过程中有可选择项目，一般也不必改动，直接单击"下一步"按钮，如图 3.89 所示。单击"完成"按钮即可，如图 3.90 所示。

图 3.89　开始安装驱动程序

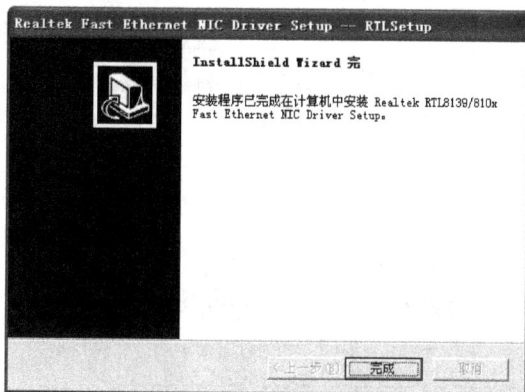

图 3.90　完成安装

2．手动安装驱动法

由于可执行文件往往有相当复杂的执行指令，容量较大，因此有些硬件的驱动程序并非有一个可执行文件，而是采用了 inf 格式手动安装驱动的方式。

以"AC'97 声卡"安装为例，其他系统中安装方法相同。具体步骤如下：

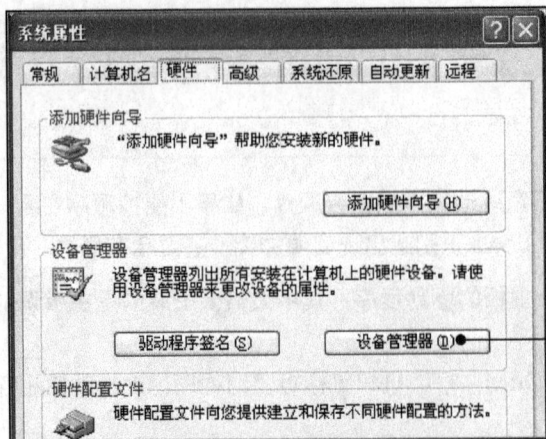

图 3.91　"系统属性"对话框

Step 01 打开"控制面板"窗口,双击"系统"图标,在打开的对话框中单击"硬件"标签,再单击"设备管理器"按钮,如图 3.91 所示。

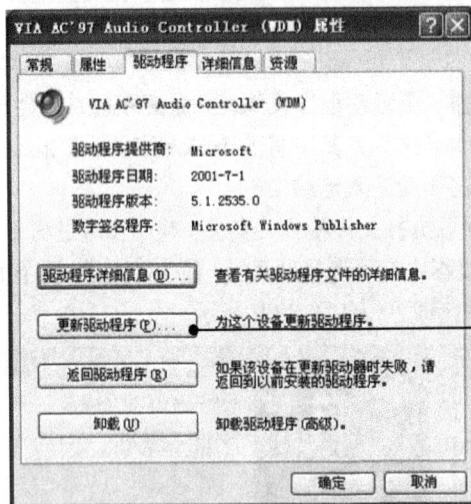

图 3.92　更新驱动程序

Step 02 在打开的"设备管理器"窗口中,双击带黄色"？"的声卡选项(声卡选项中有 Audio 或 Sound 关键词),在打开的对话框中单击"驱动程序"选项卡中的"更新驱动程序"按钮,如图 3.92 所示。

Step 03 在打开的对话框中选中"从列表或指定位置安装(高级)"单选按钮,再单击"下一步"按钮,如图 3.93 所示。

Step 04 进入指定系统搜索位置的对话框,如图 3.94 所示,选中"在搜索中包括这个位置"复选框,然后单击"浏览"按钮。

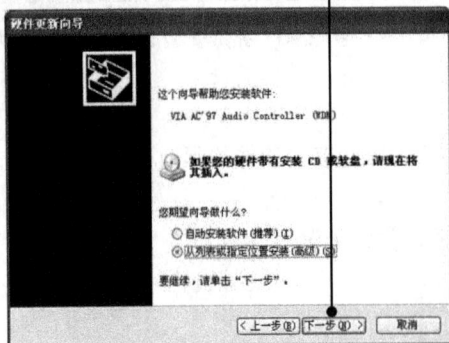

图 3.93　指定位置安装

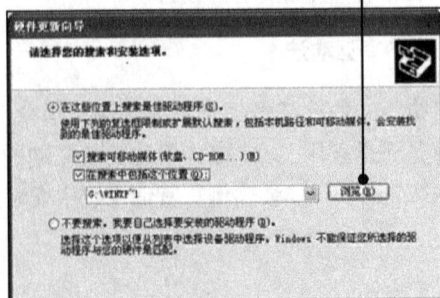

图 3.94　指定搜索位置

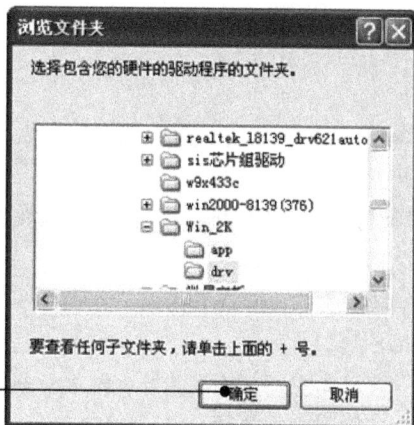

Step 05 放入声卡驱动程序光盘，在打开的"浏览文件夹"对话框中选择对应的驱动程序，然后单击"确定"按钮，如图 3.95 所示。

图 3.95　选择驱动

Step 06 开始复制驱动程序文件。复制完文件后，弹出安装完成对话框，单击"完成"按钮。声卡的驱动程序安装完成后，在系统任务栏的右下角将有一个小喇叭图标，如图 3.96 所示。

图 3.96　任务栏上的小喇叭图标

3.8.3　设置 Windows

Windows 安装结束后，通常用户还需要根据自己的习惯对 Windows 进行一些设置，如开始菜单、任务栏，显示器显示模式和刷新率、桌面风格及屏幕保护方式等。当然，不设置也不会影响 Windows 使用。如果是在局域网环境下工作，还需配置 Windows 对等网。如果要通过 MODEM 拨号上网，还需要配置拨号网络。

3.9　课后练习

一、填空题

1．在安装、调试硬件前，操作者要放掉身上的_____，比较简单的办法是用手摸一摸_____设备。

2．硬盘分区有_____和_____两种基本类型：基本分区包含_____所必需的文件和数据，在使用前一定要_____；扩展分区是除_____之外的硬盘空间区域，只有在分成_____后才能使用。

二、选择题

1．以下除哪项外，说法都是正确的？（　　　　）

　A．在装机前要注意释放人体上的静电，以防损坏电脑部件

　B．在安装电脑部件的过程中，注意不要用力过大，有些部件不要一开始就将所有的螺丝都上紧，如硬盘，可以等所有螺钉都上好后，再逐一上紧

　C．在装配电脑的过程中，最好不要使用带有磁性的改锥，以防将元件磁化

　D．由于电脑部件支持热插拔，所以在装配好电脑试运行过程中，如发现某部件运行不适当，可以在不停电的情况下拆卸

2．现有两块硬盘和两个光驱需要接在一台电脑上，以下除哪项外，其他方案都是正确的？
（　　　）

A. 两块硬盘均设为主，分别用一根数据线接一块硬盘和一个光驱连接在主板的两个 IDE 接口上

B. 两块硬盘都设为从，分别用一根数据线接一块硬盘和一个光驱连接在主板的两个 IDE 接口上

C. 两块硬盘一块设为主，一块设为从，分别用一根数据线接一块硬盘和一个光驱连接在主板的两个 IDE 接口上

D. 两块硬盘一块设为主，一块设为从，然后分别用一根数据线接两块硬盘，另一根数据线接两个光驱连接到主板的两个 IDE 接口上

3．在电脑硬盘组装完成后，使用光盘引导系统开始给硬盘分区，应注意设置以下哪项从光盘引导？（　　　）

A. First Boot Device   B. Anti-Virus Protection

C. Second Boot Device   D.Third Boot Device

4．一块硬盘可以分成几个基本分区和扩展分区？（　　　）

A. 一个基本分区和一个扩展分区   B. 一个基本分区和两个扩展分区

C. 一个基本分区和三个扩展分区   D. 一个基本分区和四个扩展分区

5．以下除哪项外，说法不正确？（　　　）

A. 可以使用 FDISK 命令对硬盘进行分区

B. 分区完成后，需要对硬盘进行格式化，可以使用 FORMAT 命令来进行

C. 一块硬盘只能有一个基本分区，并且需要将该分区激活才能使用

D. 一块硬盘可以划分成任意数量的逻辑分区

6．以下设备除哪项外，都需要安装驱动程序才能更好的工作？（　　　）

A. 主板芯片组   B. 显卡   C. 打印机   D. 硬盘

第4章

常见外设的使用

本章导读

本章主要讲解了计算机常见外设，如打印机、扫描仪、摄像头的安装和使用，通过安装外设可以使计算机发挥更大的作用。

知识要点

- ✪ 打印机、扫描仪与摄像头的基本知识
- ✪ 扫描仪的扫描效果
- ✪ 打印机与扫描仪的基本知识与选购
- ✪ 摄像头的性能指标

4.1 打印机

打印机是计算机的输出设备之一，主要用于将计算机处理结果打印在相关介质上，以便使用或保存。

4.1.1 打印机的分类

打印机的种类很多，常见的有针式打印机、喷墨打印机和激光打印机等，主要用于日常办公以及家用。另外还有一些特种打印机，如热升华打印机、热蜡打印机等，主要用于高级印刷、广告招贴等专业领域。

1. 针式打印机

针式打印机几乎和计算机的历史一样长，它是利用打印头内的打印针击打色带，将色带上的油墨打印到打印纸上，通常有 9 针、18 针和 24 针等几种。针式打印机不但价格低廉，而且打印成本极低，易用性也很好。由于打印质量不佳以及工作噪声大等原因，通用针式打印机已经越来越没有市场，但在一些专业应用领域，如银行、超市等仍可找到它的踪迹，如图 4.1 所示。

针式打印机的耗材主要是打印纸和色带，价格比较便宜。

2. 喷墨打印机

喷墨打印机（见图 4.2）是利用喷头将极其微小的墨滴喷在打印介质上而完成打印的。这类打印机具有灵活的纸张处理能力，既可以打印信封、信纸等普通介质，也可以打印各种胶片、照片纸、卷纸、T 恤转印纸等特殊介质。

图 4.1　针式打印机

图 4.2　彩色喷墨打印机

　　喷墨打印机价格比较便宜，但它的耗材——打印纸和墨盒比较贵，打印成本非常高，尤其是彩色喷墨打印机。总的来说，喷墨打印机不适合在有大量打印需求的办公室使用，它适合在打印量很小的家庭或特别需要彩色打印的场合使用。

　　现在，由于数码相机和摄像机的逐渐普及，很多彩色喷墨打印机都可以直接连接数码相机和摄像机，从而不需要计算机就可以直接打印拍摄的照片。

　　3．激光打印机

　　激光打印机的工作原理和静电复印机相似，它是通过硒鼓将墨粉转印到打印纸上而形成图像的。激光打印机按打印颜色分为黑白和彩色两种，与喷墨打印机相比，它能提供更高质量、更快速、成本更低的打印方式。目前，部分普通黑白激光打印机的价格比较便宜，如图 4.3 所示，而彩色激光打印机和宽幅黑白激光打印机的价格依然十分昂贵，主要用于商用办公领域。现在有的激光打印机还具有传真、复印等功能，称为激光多功能一体机，如图 4.4 所示。

图 4.3　普通激光打印机

图 4.4　激光多功能一体机

　　综上所述，在打印效果方面，激光打印机效果最好，喷墨打印机其次，针式打印机最差；在耗材成本方面，针式打印机最低，激光打印机其次，喷墨打印机最高；激光打印机和喷墨打印机的噪声都很小，而针式打印机的噪声相对较大。

　　市场上还有热转印打印机和大幅面打印机等应用于专业领域的打印机。热转印打印机是利用透明染料进行打印的，它的优势在于高质量的图像打印，可以打印出接近照片质量的连续色调图片来，一般用于印前及专业图形输出；而大幅面打印机的打印原理与喷墨打印机基本相同，但打印幅宽一般都能达到 24in 以上，主要用于广告制作、大幅摄影和室内装潢等装饰宣传领域。

4.1.2　打印机的安装

安装打印机包括连接打印机硬件设备和安装打印机驱动程序两个部分。硬件设备的连接可参照生产商提供的产品说明书进行操作，这里只介绍安装打印机驱动程序的具体操作。

> **提 示**
>
> 如果在安装 Windows XP 时选择的是升级安装，而且此前的操作系统已经安装了打印机，那么 Windows XP 会自动识别并安装该打印机的驱动程序。

手动安装打印机驱动程序的操作步骤如下。

Step 01　选择"开始"｜"控制面板"命令，打开"控制面板"窗口。

Step 02　在"文件夹"窗格中单击"打印机和传真"图标，打开如图 4.5 所示的"打印机和传真"窗口。

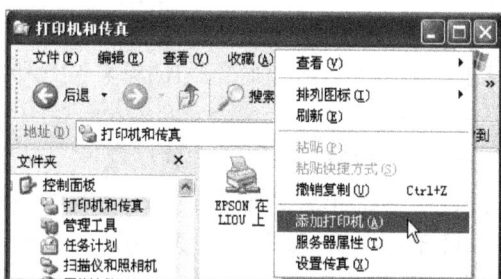

图 4.5　"打印机和传真"窗口

Step 03　在窗口的空白处单击鼠标右键，在弹出的快捷菜单中选择"添加打印机"命令，启动添加打印机向导，打开"添加打印机向导"对话框—1。

Step 04　单击"下一步"按钮，打开"添加打印机向导"对话框—2，选择打印机的连接方式，这里以选择"连接到此计算机的本地打印机"单选按钮，并选中"自动检测并安装即插即用打印机"复选框为例。

Step 05　单击"下一步"按钮，添加打印机向导将自动检测计算机上是否连接有即插即用打印机，并在检测到之后自动安装其驱动程序。若未能检测到即插即用打印机，则打开"添加打印机向导"对话框—3，准备继续手动安装打印机。

Step 06　单击"下一步"按钮，打开如图 4.6 所示的"添加打印机向导"对话框—4，选择待安装打印机与计算机通信的端口，这里以保持默认设置为例，即选中"使用以下端口"单选按钮，并在其右侧的下拉列表框中选择推荐的打印机端口——LPT1。

Step 07　单击"下一步"按钮，打开如图 4.7 所示的"添加打印机向导"对话框—5。在"厂商"列表框中选取待安装打印机的制造商名称，然后在"打印机"列表框中选择待安装打印机的型号。

> **提 示**
>
> 如果列表框中没有列出待安装的打印机，则需单击"从磁盘安装"按钮，从随同打印机提供的安装光盘中添加打印机驱动程序。

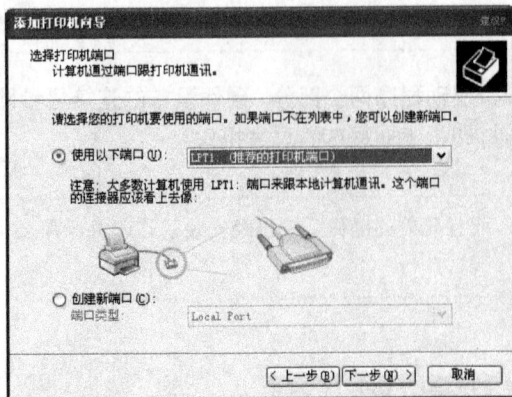

图 4.6 "添加打印机向导"对话框—4

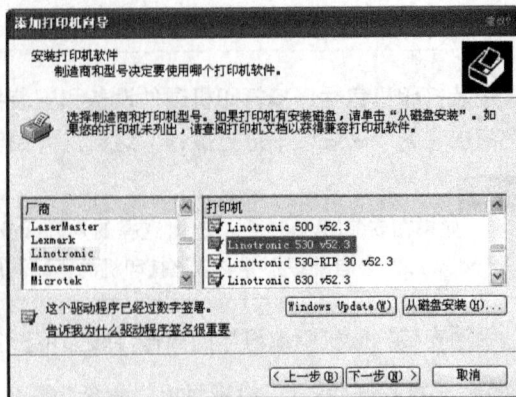

图 4.7 "添加打印机向导"对话框—5

Step 08 单击"下一步"按钮,打开"添加打印机向导"对话框—6。在"打印机名"文本框中,添加打印机向导已自动将步骤 7 中所选的打印机型号列出,也可以重新输入自定义的打印机名称。

Step 09 如果计算机上已经安装有其他打印机,则在"打印机名"文本框下面选择是否将当前安装的打印机设置为默认打印机。

Step 10 单击"下一步"按钮,打开"添加打印机向导"对话框—7,决定是否共享这台待安装的打印机。若选择"共享名"单选按钮,则必须给该打印机指派一个共享名称。

Step 11 单击"下一步"按钮,打开"添加打印机向导"对话框—8,添加打印机向导询问是否要打印测试页,建议选择"是"单选按钮,打印一张测试页,以确认设备及通路工作正常。

Step 12 单击"下一步"按钮,打开"添加打印机向导"对话框—9。单击"完成"按钮,开始安装所需的打印机驱动程序。安装完毕后,将返回"打印机和传真"窗口。

4.2 扫描仪

扫描仪(见图 4.8)是一种典型的图像输入设备。从 20 世纪 80 年代中期至今,扫描仪经历了黑白扫描、彩色三次扫描、彩色一次扫描 3 次技术飞跃。由于其技术的不断完善和价格的不断下降,以及多媒体应用中大量的图像处理需求,现在扫描仪已成为计算机系统最常见的外部设备之一。扫描仪通过捕获扫描的文件将其转换为计算机可识别的电子文件,然后对其进行编辑和输出。照片、文本,甚至纺织品等都可以作为扫描对象。

图 4.8 扫描仪

4.2.1 扫描仪的基本知识

扫描仪通常可分为手持式扫描仪、平板式扫描仪和滚筒式扫描仪。其中，手持式扫描仪、平板式扫描仪以 CCD（电荷耦合器件）技术为核心，而滚筒式扫描仪则以光电倍增管技术为核心。随着科技的不断发展，最近几年相继出现了笔式扫描仪、便携式扫描仪、馈纸式扫描仪、胶片扫描仪、底片扫描仪和名片扫描仪等。

手持式扫描仪体积较小，重量较轻，携带比较方便，但扫描精度较低，扫描质量和扫描幅面与平板式扫描仪相比都有较大的差距，目前仅用来扫描条码。

滚筒式扫描仪一般应用在大幅面扫描领域。因为图稿幅面过大，采用滚筒式走纸装置可以有效减小扫描仪的体积。滚筒式扫描仪为 CAD、测绘、勘探、地理信息系统、工程图纸管理等应用领域提供了新的输入手段，在这些领域得到了广泛应用。

平板式扫描仪主要应用于各类图形图像处理、电子出版、印前处理、广告制作、办公自动化等领域。经过多年来的发展，目前平板式扫描仪的性能已经达到了很高的水平。分辨率通常为600DPI～1200DPI，高的可达 2400DPI。色彩数一般为 30bit，高的可达 36bit。平板式扫描仪扫描图像的幅面以 A4 和 A3 为主。其中，A4 幅面的扫描仪种类最多、功能最强、销量也最大，是扫描仪家族的代表性产品。本节所介绍的扫描仪以平板式扫描仪为主。

4.2.2 扫描仪的选购

选购扫描仪与其他设备一样，关键是根据自己的实际需要进行挑选，过分追求价格或性能都是不可取的。

1. 明确自己的实际需求

根据用户对扫描仪需求的不同，可以将用户群简单分为家用/SOHO 类、商业办公类和专业设计类 3 类。这 3 类用户使用扫描仪的目的不同，要求也各异。表 4.1 列出了这 3 类用户的特点比较，并推荐了相应的扫描仪。

表 4.1　扫描仪推荐

用户类型	主要特点	推荐扫描仪型号
家用/SOHO类	家用/SOHO类的扫描仪使用频率不高，只是用来处理一下文稿或少量的图片、照片，不需要太多专业功能，对图像质量与扫描速度的要求也不是太高，分辨率为300DPI～600DPI就可满足要求。接口可选EPP接口或USB接口	可以选购的扫描仪有紫光小天使A2000、AGFA SnapScan 310P、UMAX Astra 610P、Microtek ScanMaker V310 以及 Microtek SlimScan C3和Microtek Slim Scan C6等
商业办公类	商业办公类的扫描仪对扫描速度、吞吐量、可靠性、易用性等方面要求更高。分辨率至少需要600DPI，接口可选EPP或USB	可以选购AGFA Duo Scan T1200、紫光Uniscan 4C Plus、Microtek ScanMaker X6EL、UMAX Astra 1220系列等
专业设计类	图形图像处理/广告创意设计等专业类的扫描仪，对图像质量和扫描速度要求最高，分辨率通常为1200DPI～2400DPI，接口一般为SCSI	可以选购紫光Uniscan D2000，Microtek的ScanMaker 3、ScanMaker 4、Scan-Maker5，UMAX的PowerLook等

2．扫描仪的结构设计

扫描仪内所有的运动部件都固定在扫描仪的外壳上，壳体的强度和钢度对扫描仪的清晰度影响非常大。设计良好的外壳应当在扫描仪的内壁加上一些加强筋，以保证扫描仪的强度与钢度。而且，扫描仪的底板也不是平整的，有很多凹凸部分，以保证扫描仪能稳固地固定在并不平整的表面上。设计较差的外壳则只有一层薄薄的塑料壳，强度很低，即使有些扫描仪使用金属外壳，但强度往往也达不到要求。

3．扫描效果

测试扫描仪的扫描效果主要从以下 4 个方面着手。

（1）黑白二值300DPI扫描

黑白二值 300DPI 扫描主要是检验扫描仪对纸张的自适应能力。扫描时不对扫描仪进行任何调整，检查在此条件下的扫描结果。如果白色背景上看不到黑色斑点，而且字的笔迹清晰，说明扫描仪对纸张的自适应能力强；如果不进行调整，扫描效果不好，调整后效果很好，说明扫描仪性能不错，但不具备纸张自适应能力。

（2）彩色600DPI扫描

彩色 600DPI 扫描主要是检验扫描仪对色彩细节的还原能力。比较扫描样稿与图像原稿的颜色，如果扫描样稿图像颜色与原稿比较接近，字体边缘无锯齿现象，能清晰地看到纸张表面凹凸不平，说明扫描仪的性能令人满意。

（3）水印扫描

水印扫描是为了检测扫描仪是否是真正的 36bit 扫描仪。照片的背面一般有淡淡的水印，可对照片背面进行扫描，如果扫描仪能够清晰地扫描出这些水印，说明扫描仪的色彩位数达到了 36bit；否则，说明扫描仪没有达到要求。

（4）去网点功能

好的扫描仪还应该具有去网点功能，并且在功能中有针对各种印刷品的选项。为检测扫描仪是使用硬件去网还是软件去网，应以彩色 300DPI 扫描 A4 全幅面图像，硬件去网的扫描仪速度应在 3～5 分钟以内，而软件去网的扫描仪则可能要 20 分钟以上。至于去网效果，可分别用去网和不去网扫描。不去网时，扫描结果应有明显的花纹或斑点（如没有，说明扫描仪精度达不到标称指标）。去网后，以 1:1 的比例观察，图像应光滑平顺，并且没有模糊现象。

（5）其他注意事项

扫描仪的一些特殊功能，如 3D 立体扫描、扫描底片以及直接连接打印机打印，未必有太多的实际意义，关键要看最基本的功能。

扫描仪的驱动程序必须要有明显的色彩校正选项，可以对色彩进行校正。另外，不要过分苛求价格的高低，过低的价格往往是以牺牲性能和服务为代价的。

4.3 摄像头

摄像头是一种常见的计算机外设，现在已经成为计算机的标准配置之一。摄像头不但可以应用于视频会议、远程医疗及实时监控等专业领域，还可以与一些 IP 电话软件结合起来使用，使用户的普通计算机变成一台功能强大的可视电话，也可以当做一台简易的数码相机使用，生活中可以利用摄像头进行网络视频。安上摄像头就如同给计算机增加了一双眼睛，所以摄像头又被称为电眼或网眼。摄像头的外观如图 4.9 所示。

图 4.9　摄像头

4.3.1　摄像头的基本原理

摄像头主要包括数字摄像头和模拟摄像头两种，数字摄像头可以独立地与计算机配合使用，而模拟摄像头必须配合视频捕捉卡一起使用。

数字摄像头实际是将摄像头和视频捕捉单元做在一起，它一般都通过计算机并口或 USB 接口进行连接，安装较为简单，适合笔记本电脑和不能打开机箱的品牌台式电脑。由于既要兼顾性能，又要考虑成本，一些摄像头采用 CMOS 作为感光器件，整体价格往往比分别购买同档次的摄像头和捕捉卡更便宜。

数字摄像头安装简便，通过 USB 接口等与计算机连接，不需捕捉卡，安装时不用打开机箱。其功耗小，不需外接电源。摄像头焦距可调（手动），远近图像均可清晰拍摄。

模拟摄像头一般采用 CCD 成像器件，不同档次的产品，分辨率也各不相同。模拟摄像头需要有视频捕捉卡或外置捕捉器。视频捕捉卡的价格从几百元到上万元的都有，昂贵的视频捕捉卡通常带有实时视频压缩功能，适于专业应用，而一般家庭应用可通过软件完成压缩工作。外置的视频捕捉器最多见的是 KLICK-IT 影像快车，它具有数字摄像头的大部分优点，还可以连接包括电视机、摄像机、录像机等不同的信号源。

摄像头作为一种新型计算机外设，最近几年得到了飞速发展。多数摄像头现在不仅能捕捉动态图像，而且能作为数码相机使用。摄像头的性能越来越强，造型越来越时尚，功能也越来越多。

4.3.2　摄像头的安装与应用

摄像头的安装极为简便。摄像头是最新型的计算机外部设备，几乎所有摄像头都采用 USB 接口，不需要外接电源，只要把摄像头的 USB 接头插入计算机的 USB 接口，即完成了摄像头的硬件安装。然后，安装摄像头的驱动程序，只要按照提示一步一步去做即可，在此不再赘述。

摄像头可与多种 Windows 下的通信软件配合，实现网络实时视频通信，如腾讯公司的 QQ、微软公司的 NetMeeting、VocalTec 通信公司的 Internet Phone 和 NetSpeak 公司的 WebPhone 等。只要有一个 Internet 账号，就可以实现面对面的谈话，且仅需支付网络使用费。

有些摄像头还可作为数码相机使用，只是效果比专业的数码相机要差一些。利用摄像头进行照相，可以实现随时采集、多次采集，而只将其中效果最佳的保存下来。

摄像头还可作数字录像机用，利用摄像头采集存储动画的功能，可实现慢拍快放，以达到特技影像效果。

QQ、NetMeeting、SeeMail、WebPhone、VdoPhone 等具有视频功能的通用通信软件都能自动与摄像头挂接，从而实现因特网或局域网上的远程视频通信。

4.3.3 摄像头的性能指标

数字摄像头具有小巧的外形和较好的图像效果。由于不必像模拟摄像头那样必须与视频捕捉卡一起使用，就能达到捕捉流畅动态画面的效果，数字摄像头已经成为市场的主流。

随着技术的发展和 USB 接口的普及，多数数字摄像头可以通过内部电路直接把图像转换成数字信号传送到电脑上，只要 CPU 处理能力足够快，CCD 捕捉到的图像信号基本可以达到实时的动态效果。表 4.2 列出了摄像头的一些基本性能指标。

表 4.2　摄像头的性能指标及其说明

性能指标	说明
镜头	镜头是摄像头的重要组成部分，根据感光元件的不同可分为 CCD 和 CMOS 两种。CCD 是应用在摄影摄像方面的高端技术元件，CMOS（Complementary Metal-Oxide Semiconductor，互补金属氧化物半导体）则应用于较低影像品质的产品中。CMOS 摄像头对光源的要求较高，其主要优点是制造成本低、功耗低，采用 USB 接口的产品无须外接电源，而且价格便宜。目前，CCD 元件的尺寸多为 1/3in 或者 1/4in，在相同的分辨率下，宜选择元件尺寸较大的。一些廉价的模拟摄像头需要附带有视频捕捉卡，而且模拟摄像头的视频流效果与 CCD 的数字摄像头相比存在较大的差距，尽量不要贪图便宜选择模拟摄像头
像素	像素是衡量摄像头的一个重要指标。一般来说，像素越高的产品，其图像的品质越好，但需记录的数据量也必然大得多，对存储设备的要求也就高得多
接口方式	数字摄像头的连接基本通过 3 种方式实现：接口卡、并口和 USB 口。接口卡式的一般是通过摄像头专用卡来实现，厂商多会针对摄像头优化或添加视频捕获功能，图像画质和视频流的捕获方面具有较大的优势，但由于各厂商接口卡的设计不相同，产品之间兼容性差；并口方式的优点在于适应性较强，每台机器都有并口，不过数据传输率较慢，实用性大为下降；USB 接口方式是目前的主流，现有的主板都支持 USB 连接方式，方便和强大的扩充能力是 USB 接口的最大优点
视频捕获速度	数字摄像头的视频捕获能力也是摄像头的主要指标之一。目前数字摄像头的视频捕获都是通过软件来实现的，因而对电脑的要求非常高。现在数字摄像头捕获画面的最大分辨率为 640×480，在这种分辨率下没有任何数字摄像头能达到每秒 30 帧的捕获效果，因而画面会产生跳动现象。比较现实的是在 320×240 分辨率下依靠硬件与软件的结合有可能达到标准速率的捕获指标，用户应该根据自己的切实需要，选择合适的产品

4.4　案例实训 1——打印文档

虽然电子邮件和电子文档极大地促进着无纸化办公的发展，并且渐渐成为了办公方式的主流，但打印文档在生活和工作中依然十分常用。只需要一台电脑和一台打印机，人们就可以通过办公软件将材料打印出来。下面以 Word 文档为例来进行打印。在 Word 文档中，可只打印文档内容，也可以连同文档的相关信息（如文档属性、标注、批注等）一起打印。之前的章节中已经讲了如何安装打印机，现在只需要设置好文档直接进行打印即可。

Step 01 打开 Word 2010，然后打开需要打印的文档"北京简介"，选择"文件"选项卡，单击"打印"按钮，在窗口右侧显示出了打印预览图，通过打印预览可以查看文档的大体样式。在中间列表中，可以设置打印份数、打印方向、纸张和正常边距等参数，如图 4.10 所示。

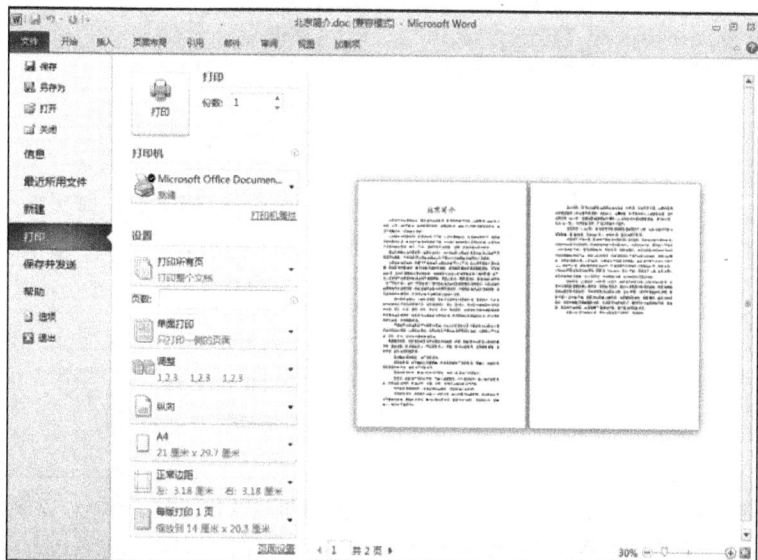

图 4.10　打印预览窗口

Step 02 单击"设置"选项右侧的黑色小三角按钮，在展开的下拉列表中可以进行详细的设置，如图 4.11 所示。

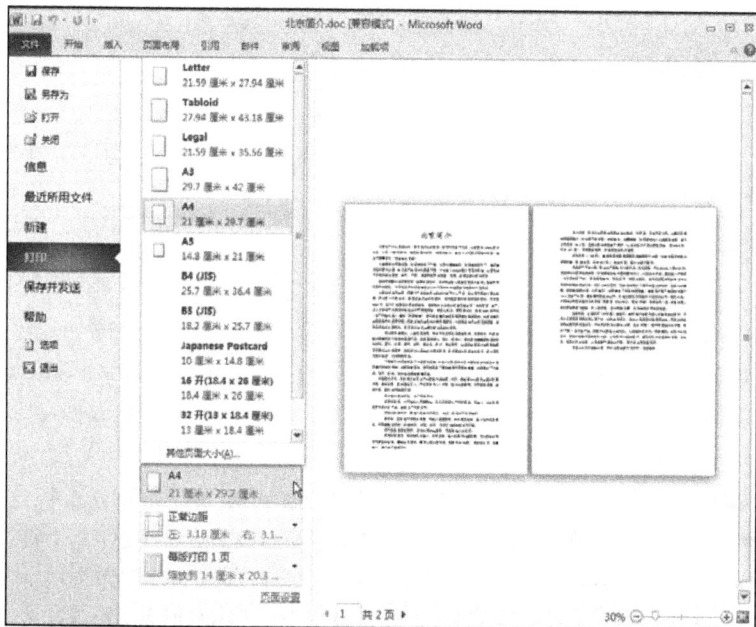

图 4.11　设置详细参数

Step 03 单击"页面设置"链接，在弹出的对话框中设置页边距、纸张版式和文档网格，如图 4.12
所示。

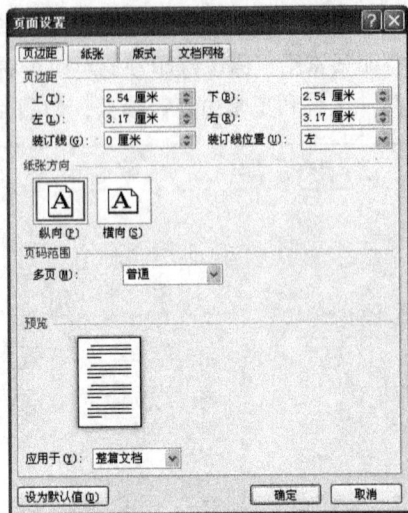

图 4.12 "页面设置"对话框

提 示

默认情况下，Word 创建的文档是"纵向"的，上端和下端各留有 2.54cm，左边和右边各留有
3.17cm 的页边距。用户可以根据需要修改页边距，如果需要装订，还可以在页边距内增加额外的空
间，以留出装订位置。

Step 04 设置完成后，单击"打印"按钮，对文档进行打印输出。

技 巧

除了上面介绍的打印方法外，还有几种不同的打印方法。

（1）人工双面打印文档

在使用送纸盒或手动进纸的打印机上进行双面打印时，利用"手动双面打印"功能可大大提高打
印速度，避免打印过程中的手工翻页操作。如先打印 1、3、5、7 页，然后把打印了单面的纸放回纸盒
再打印 2、4、6、8 页。

（2）打印多份文档

如果要将一个文档打印多份，在"打印"对话框"副本"选项组的"份数"文本框中输入要打印的份数。

（3）打印多篇文档

如果要打印多篇文档，可在"打开"对话框中选中要打印的多个文档（配合 Shift 键和 Ctrl 键），
单击右键，从快捷菜单中选择"打印"命令即可一次连续地打印出多篇文档。

（4）可缩放的文件打印

在 Word 早期的版本中，用户不能调整打印文件与纸张的比例；在 Word 2010 中，文档可以按照缩
小或放大的比例打印。在"缩放"区，从"每页的版数"下拉列表中设置每页纸上将打印的版数，可
在每张纸上打印多页文件内容。如果文件页面大于或小于打印纸张，从"缩放至纸张大小"下拉列表
中选择打印文件的纸型，可使文件按照纸张大小缩放后打印。这项功能对于需要预览多页文档输出结
果，或经常要调整文档输出格式的用户来说，可以大大提高打印的效率。

4.5 案例实训 2——扫描旧照片

随着科技的发展，数码相机和数码摄像机进入了普通家庭。外出游玩拍照，人们都会使用方便、小巧的数码相机，拍照后可以直接在电脑上查看照片，但是之前用胶卷相机拍摄的照片却无法在电脑上查看。要在电脑上查看用胶卷相机拍摄的旧照片可以先通过扫描仪将其转换为电脑可识别的文件。下面介绍如何使用扫描仪扫描旧照片。

Step 01 打开扫描仪，在桌面上双击扫描仪图标，弹出扫描仪控制面板窗口，如图 4.13 所示。

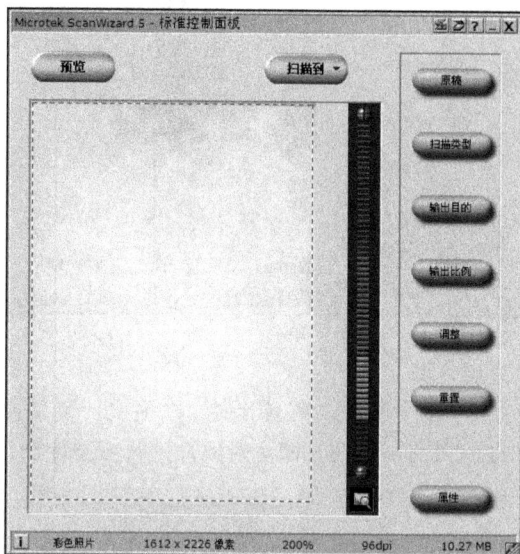

图 4.13　扫描仪控制面板窗口

Step 02 将需要扫描的照片正面向下放入扫描仪中，并将其铺平，单击"预览"按钮，这样照片就会出现在扫描窗内，如图 4.14 所示。

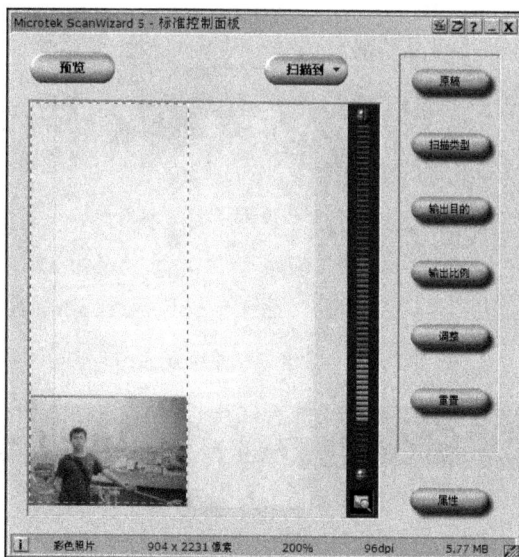

图 4.14　预览照片

Step 03 预览完成后，将边框拖动到照片大小位置处，这样扫描时只需要扫描边框范围内的内容，可以节省扫描时间，如图 4.15 所示。

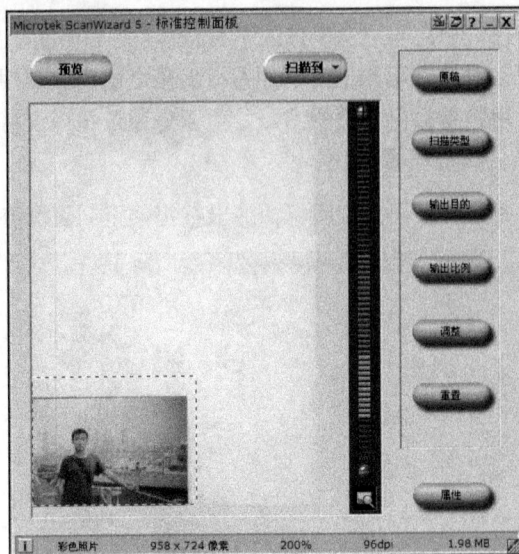

图 4.15　设置边框位置

Step 04 设置完成后，单击"扫描到"按钮，在弹出的"另存为"对话框中设置保存路径和格式，并为其命名，设置完成后单击"保存"按钮，即可对照片进行扫描输出，如图 4.16 所示。

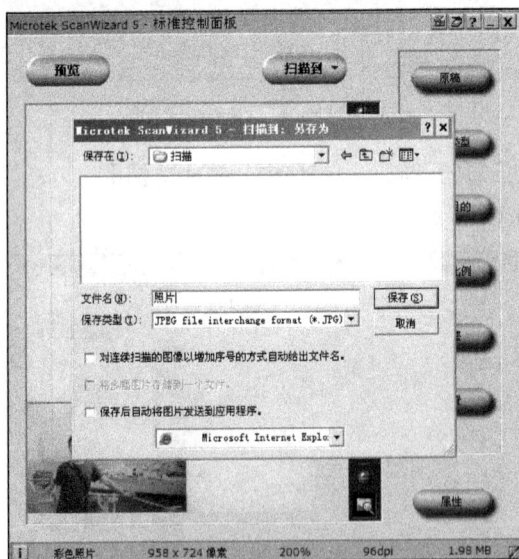

图 4.16　设置存储路径及名称

4.6　课后练习

一、填空题

1．打印机的种类很多，常见的有_____打印机、_____打印机和_____打印机等。

2. 在针式、喷墨、激光三类打印机中,在打印效果方面,_____打印机效果最好,_____打印机其次,_____打印机最差;在耗材成本方面,_____打印机最低,_____打印机其次,_____打印机最高;在噪声方面,_____打印机和_____打印机的噪声都很小,而_____打印机的噪声相对较大。

3. 目前,市场上扫描仪所使用的感光器件主要有 4 种:_____、_____、_____和_____。

4. 摄像头主要包括_____和_____两种,_____可以独立地与计算机配合使用,而_____必须配合视频捕捉卡一起使用。

二、选择题

1. 以下关于扫描仪的说法中,除哪一项外都是正确的? (   )

   A. 扫描仪是图像信号输入设备

   B. 扫描仪对原稿进行光学扫描,然后将光学图像传送到光电转换器中变为模拟电信号

   C. 扫描仪将模拟电信号转换为数字电信号,通过计算机接口送至计算机中

   D. 扫描仪不仅可以作为输入设备,也可以作为输出设备使用

2. 以下哪种打印机,最节省耗材? (   )

   A. 激光打印机   B. 喷墨打印机   C. 针式打印机

3. 摄像头一般通过以下哪种接口与计算机相连? (   )

   A. 并口或 USB 口   B. 串口或 USB 口

   C. IDE 或 ISA 接口   D. 只能通过 USB 口

第5章

组建局域网

本章导读

本章将介绍局域网的有关知识，熟知局域网和网络传输介质的相关概念。通过对本章的学习，我们可以自己创建一个小型的局域网。

知识要点

- ☯ 局域网的概念
- ☯ 网络传输介质和网络设备
- ☯ 组建小型局域网

- ☯ TCP/IP 协议
- ☯ 组建对等网络

5.1 网络基本知识

计算机网络是分布在一定的地理区域内，并建立在计算机和通信技术基础之上，以实现计算机数据的实时传输和资源共享为目的，功能独立的计算机集合。其中比较重要的是计算机有独立处理数据的能力，能够通过通信技术进行互连，从而达到对资源的共享。

5.1.1 局域网的概念

局域网（Local Area Network, LAN）通常是指覆盖在有限区域的计算机网络，通常其范围在 1km～2km；而广域网的覆盖范围要大得多，如 Internet 就是一个典型的广域网，其覆盖范围是全球。

以太网是现在应用最广泛的局域网。随着网络体系结构、协议标准研究的发展，局域网技术发展迅速，其应用范围也越来越广。局域网技术已经成为计算机技术发展的一个热点。

和广域网相比，局域网有如下特点。

- 局域网覆盖有限的地理范围，适用于机关、公司、校园、军营、工厂等有限范围内的计算机、终端与各类信息处理设备联网的需求。
- 局域网具有较高的数据传输速率（10Mbps～1000Mbps），低误码率，适用于高质量数据传输环境。
- 局域网一般属于一个单位所有，易于建立、维护、扩展和管理。

5.1.2　TCP/IP 协议

计算机系统要进行通信必须遵守某些规则或约定，这些规则或约定的集合就称为协议。协议可以看成是网络通信时所使用的一种语言。

TCP/IP 是互连网使用的基本通信协议，由于 Internet 的广泛应用，它已成为事实上的标准。从名称上看，TCP/IP 包括两个协议，但实际上是一组包含许多功能的协议，如表 5.1 所示。

表 5.1　TCP/IP 所包含的重要协议名称

协议名称	英文全称	中文名称
TCP	Transmission Control Protocol	传输控制协议
IP	Internet Protocol	网际协议
UDP	User Datagram Protocol	用户数据报协议
ICMP	Internet Control Message Protocol	网际控制报文协议
SMTP	Simple Mail Transfer Protocol	简单邮件传送协议
SNMP	Simple Network Management Protocol	简单网络管理协议
FTP	File Transfer Protocol	文件传输协议
ARP	Address Resolution Protocol	地址解析协议

5.1.3　以太网技术

以太网技术指的是由 Xerox 公司创建并由 Xerox、Intel 和 DEC 公司联合开发的基带局域网规范。以太网（Ethernet）在速率快、价格低廉和便于安装之间取得了较好的平衡，该网支持几乎所有流行的网络协议，遵循 IEEE 802.3 标准，是目前使用最广泛的 LAN 技术。

1975 年，美国 Xerox 公司研制出第一个总线争用结构的实验性 Ethernet。到现在，Ethernet 技术有了长足的发展，技术性能已有极大的提高，它的代表是传输速率达到 100Mbps 的 Fast Ethernet 和千兆以太网。

Fast Ethernet 和千兆以太网是在以太网的基础上发展起来的高速网络技术。其网络结构和基本原理与传统以太网相同，数据包格式也与以太网相同，在数据链路层仍然沿用 CSMA/CD 协议。不同之处在于，Fast Ethernet 和千兆以太网把传统以太网的传输速率从 10Mbps 提高到 100Mbps、1000Mbps，甚至 10Gbps。

5.2　网络传输介质

网络的传输介质主要有同轴电缆、双绞线和光纤 3 种。在广域网和局域网中使用的介质稍有不同，但基本上属于这 3 个类别。现在局域网中最常用的是双绞线，双绞线具有价格便宜，传输率高，可靠性好，安装简单方便等优点。在广域网中主要使用光纤作为传输介质。

除了有线的网络传输介质外，无线传输的方式也是目前网络中一种主要的数据通信手段。微波传输和卫星传输在广域网中也有广泛应用。

5.2.1 同轴电缆

同轴电缆（Coaxial Cable）以单根铜导线为内芯，外裹一层绝缘材料，再覆盖密集的网状导体作为屏蔽层，最外面是一层保护性塑料。金属屏蔽层能将磁场反射回中心导体，同时也使中心导体免受外界干扰，故同轴电缆比双绞线具有更高的带宽和更好的噪声抑制功能。同轴电缆的组装如图5.1所示。

| (a) 同轴电缆 | (b) 终结器和T形头 | (c) 完成的同轴电缆 |

图 5.1 同轴电缆的组装

广泛使用的同轴电缆有两种，50Ω同轴电缆和 75Ω同轴电缆。50Ω同轴电缆用于数字信号的传输，也称基带同轴电缆；75Ω同轴电缆用于宽带模拟信号的传输，也称宽带同轴电缆。通常 50Ω同轴电缆用于网络，75Ω同轴电缆用于广播电视。

同轴电缆可以分为粗缆和细缆。粗缆也称 RG-11，它采用凿孔接头接法，要求符合 10-Base-5介质标准。粗缆在使用时需要一个外接收发器和收发器电缆。一段粗缆的最大长度为 500m，最多可以接 100 台计算机，两台计算机的最小间距为 2.5m。

细缆也称 RG-58，它采用 T 形头接法，要求符合 10-Base-2 介质标准。细缆可以直接连到网卡的 T 形头上，一段细缆最大长度为 185m，最多可以接 30 个工作站，最小站间距为 0.5m。

5.2.2 双绞线

双绞线（Twisted Pair）是目前使用最普遍的传输介质，它由两条相互绝缘的铜线组成，典型的双绞线直径为 1mm，如图 5.2 所示。两根线按一定角度绞接在一起是为了防止其电磁感应在邻近线对中产生干扰信号。

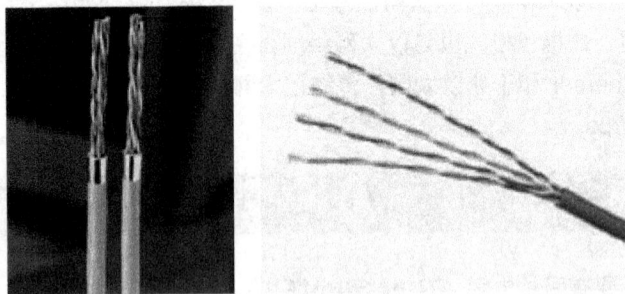

图 5.2 双绞线

双绞线分为屏蔽双绞线和非屏蔽双绞线两种。屏蔽（Shielded）双绞线也称 STP，它具有一个金属屏蔽层，对电磁干扰具有较强的抵抗能力，适用于流量较大的高速网络；非屏蔽（Unshielded）双绞线也称 UTP，它用线缆外皮作为屏蔽层，适用于网络流量不大的情况。

双绞线大多应用在基于 CSMA/CD（Carrier Sense Multiple Access with Collision Detection,

载波侦听多路访问/冲突检测）技术的网络中，并且要遵循 10Mbps、100Mbps 以太网的技术规范，即 10-Base-T、100-Base-T。一段双绞线的最大长度为 100m，只能连接一台计算机，双绞线的每端需要一个 RJ-45 插头，各段双绞线通过集线器互连。

5.2.3 光纤

光纤（Fiber Optic）是软而细的、利用内部全反射原理来传导光束的传输介质。如图 5.3 所示，光纤为圆柱状，由纤芯、包层和护套 3 个同心部分组成。每一路光纤有两根：一根接收，一根发送。光纤有单模和多模之分。单模光纤多用于通信业，多模光纤多用于计算机网络。

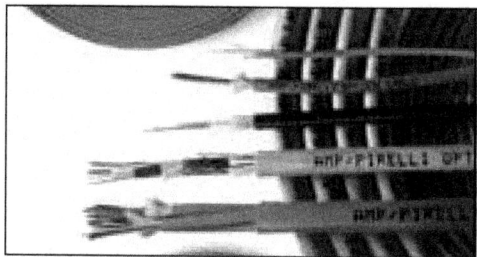

图 5.3　光纤

5.3　组建对等网

所谓对等网络（Peer-to-peer）是指局域网络中没有专用的服务器（Server），网络上的每台计算机（也称为节点）都运行一个支持网络连接的、允许其他用户共享文件和外设的操作系统，各计算机在网络中的地位完全相同，每一台计算机都能够平等地享有其他用户资源的权利。计算机只要加入到网络之中，就自动成为对等网络中的一员。

对等网适用于一些用户较少、应用网络较多的地方，主要包括以下几种场所。

- **SOHO 办公**。随着 Internet 的普及和办公自动化的发展，越来越多的人选择在家办公，这种方式称为 SOHO（Small Office & Home Office），即小型办公和家庭办公。当拥有两台或两台以上计算机时，SOHO 组网就非常有必要了。

- **家庭**。在一些家庭中，拥有两台计算机，并且需要将这两台计算机进行互连。

- **小型办公室**。在一些政府、企业和事业单位的办公室，往往只有几台到十几台计算机，组建成一个网络可大大提高效率，也使数据的共享变得更加简单。

- **学生宿舍**。如今越来越多的学生在学校购买了计算机，往往一个宿舍会有两台或以上，借助于对等网可轻松实现资源共享和联机游戏。

另外，一些网吧、网络机房也可以通过对等网来实现。

5.3.1 对等网的设备

目前对等网络需要的设备主要有网线、网卡和交换机。

1．网线

对等网使用的网线主要是双绞线，这也是目前应用最广泛的传输介质；尤其在中小规模的以太网上，可以说是唯一使用的传输介质。双绞线中常用的大多是超 5 类和 6 类非屏蔽双绞线。使用双绞线要和

RJ-45 头配合，RJ-45 头也称水晶头，如图 5.4 所示；RJ-45/RJ-11 两用压线钳，如图 5.5 所示。

图 5.4　RJ-45 头

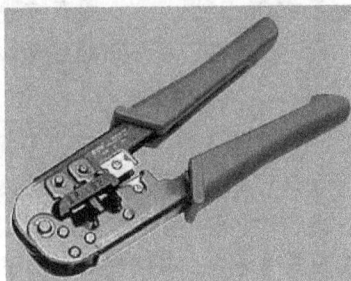

图 5.5　RJ-45/RJ-11 两用压线钳

　　制作双绞线的过程：首先按照实际需要抽出一段双绞线，用压线钳把外皮剥除一段，再将双绞线反向绕开，根据 T568B 或 T568A 标准将线排好，剪齐线头后插入 RJ-45 水晶头，使用压线钳夹住 RJ-45 水晶头用力一压即可。

　　5 类双绞线的线序，如图 5.6 所示。

1	2	3	4	5	6	7	8
白橙	橙	白蓝	蓝	白绿	绿	白棕	棕

图 5.6　双绞线线序

（1）T568B 标准

按 T568B 标准做的双绞线也称直连线，其线序如图 5.7 所示。

1 白橙	2 橙	5 白绿	4 蓝	3 白蓝	6 绿	7 白棕	8 棕	RJ-45
								双绞线
1 白橙	2 橙	5 白绿	4 蓝	3 白蓝	6 绿	7 白棕	8 棕	RJ-45

图 5.7　T568B 标准接线方式

（2）T568A 标准

　　按 T568A 标准做的双绞线也称交叉线或反线，和标准线序相比只要将 1、3 交换、2、6 交换即可，如图 5.8 所示。如果网络中只有两台 PC，那么只需将两台 PC 用反线直接连起来即可，无须使用 Hub；如果有两个级联的 Hub，也可以用反线方式连接。

1 白橙	2 橙	5 白绿	4 蓝	3 白蓝	6 绿	7 白棕	8 棕	RJ-45
								双绞线
3 白蓝	6 绿	1 白橙	4 蓝	5 白绿	2 橙	7 白棕	8 棕	RJ-45

图 5.8　T568A 标准接线方式

在对等网中，要将各计算机连接起来，也必须使用传输介质和连接设备。传输介质主要使用超 5 类或 6 类非屏蔽双绞线，连接设备则主要是网卡和交换机等。

2．网卡

对等网络中通常采用 10/100Mbps 自适应网卡（见图 5.9），适用于双绞线网络，具有非常高的性价比，并且满足普通计算机的数据和多媒体传输。

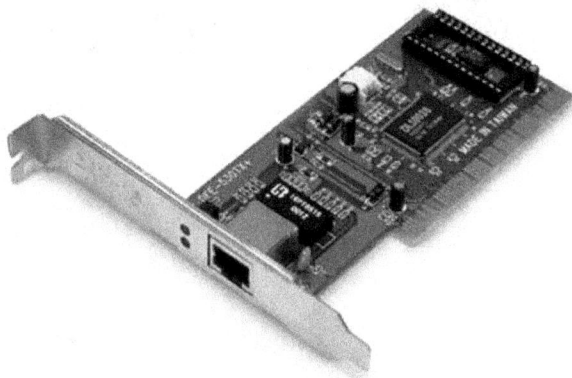

图 5.9　10/100Mbps 自适应网卡

随着网络接入需求的增加，几乎所有主板都提供了以太网接口。因此，无论是兼容机还是品牌机，都拥有内置 10/100Mbps 以太网卡（见图 5.10）。

图 5.10　内置 10/100Mbps 以太网卡

3．交换机

早期的对等网，一般使用集线器组成星形结构的网络。近年来，集线器已经被交换机取代。对等网络中通常采用固定端口交换机，而且全部为 10/100Mbps 双绞线端口。根据接入计算机数量的不同，交换机又分为桌面式交换机和机架式交换机。

由于机架式交换机可以固定于机柜中，因此更易于管理、更少占用空间，也更适用于规模较大的对等网络。如图 5.11 所示为 Cisco Catalyst 2950 交换机。

桌面式交换机只提供少量端口且不能安装于机柜内，一般用于家庭、小型公司、学生宿舍等小型网络环境。如图 5.12 所示为 Cisco Catalyst 500 桌面式交换机。

交换机的端口数量一般有 5 口、8 口、16 口或 24 口，这需要根据对等网中计算机的数量来选择。通常情况下，交换机的端口应当略多于欲接入计算机的数量。

图 5.11　Cisco Catalyst 2950 交换机

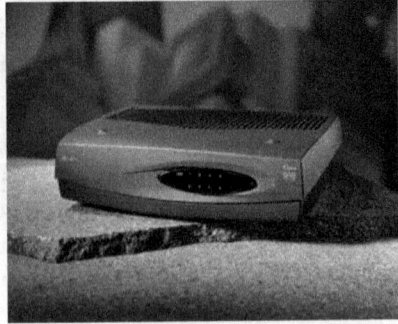

图 5.12　Cisco Catalyst 500 桌面式交换机

5.3.2　对等网的连接

虽然对等网结构比较简单，但根据具体的应用环境和需求，对等网也因其规模和传输介质类型的不同，有多种实现方式。

1．两台计算机的对等网

这种对等网又称双机互连，使用得比较多，就是不使用交换机等集线设备，而是使用双绞线直接连接两台计算机的网卡，从而将两台计算机连接起来（见图 5.13）。需要注意的是，连接两个网卡的双绞线要使用交叉线而不能使用直通线；也就是说，双绞线的一端使用 T568A 标准，一端使用 T568B 标准。

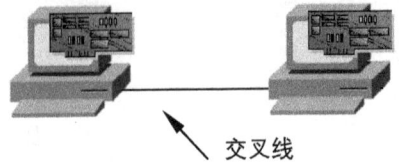

图 5.13　双机直连

> **提 示**
>
> 　　如果两台计算机都拥有火线口（1394），也可以使用火线将两台计算机连接在一起，功能和作用与使用普通网卡完全相同。

2．三台机器的对等网

如果要连接的计算机不是两台，而是 3 台，可以使用两种连接方式：一种方式仍是采用双网卡互连，不过是在其中一台计算机上安装两块网卡另外两台计算机上各安装一块网卡，然后使用交叉线分别与这两台计算机连接，如图 5.14 所示。

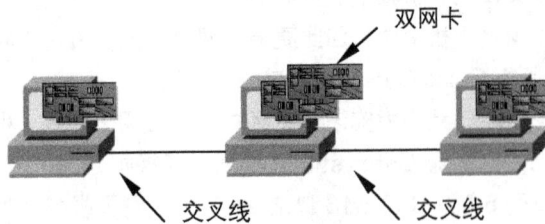

图 5.14　3 台机直连

另一种方式是使用宽带路由器或桌面式交换机，组建一个星形对等网，3 台计算机都使用直通线直接与集线设备相连，如图 5.15 所示。这种方式虽然可以省下一块网卡，但需要购买一个集线设备，网络成本较高一些，不过性能要提高很多。

3. 多于 4 台机器的对等网

如果对等网中的计算机数量多于 4 台，就只能采用交换机组成星形网络，组建一个小型局域网，如图 5.16 所示。每台计算机配置一块网卡，然后借助双绞线跳线连接至交换机，即可实现彼此之间的通信。

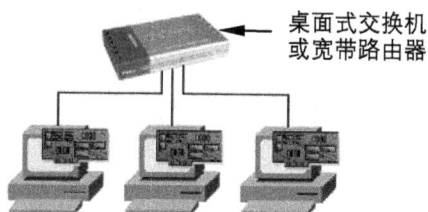

桌面式交换机
或宽带路由器

交换机

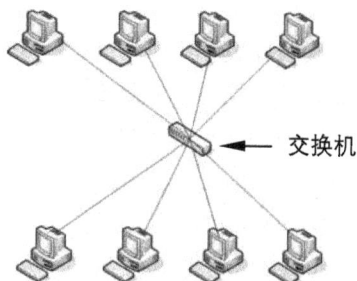

图 5.15　三机互连　　　　　　　图 5.16　多机对等互连

5.4　对等网络的实现

对等网的硬件连接完成以后，还需要经过简单的网络配置后各计算机才能进行通信，实现文件和资源的共享。对于小型网络而言，往往不必手工设置 IP 地址，可以采用 APIPA 方式由计算机自动分配，或者由 Internet 共享设备（如代理服务器、宽带路由器等）实现 IP 地址的动态分配。

5.4.1　Windows XP 对等网络

目前广泛使用的 Windows 2000/XP 操作系统都可以用来组建对等网络。其中，Windows XP 系统的易用性及友好的使用界面，使其正成为越来越多用户的首选。这里以 Windows XP 为例，介绍其配置过程。

在 Windows XP 系统中，只要正确安装了网络适配器（网卡或 MODEM），默认就会自动安装 TCP/IP 协议，并可设置 IP 地址信息。

Step 01 在"控制面板"窗口中打开"网络和 Internet 连接"，打开要设置的"本地连接 属性"对话框，设置 Windows XP 的网络协议。默认情况下，Windows XP 已安装了 TCP/IP 协议。

Step 02 Windows 的默认设置为"自动获得 IP 地址"，自动从网络中可以分配 IP 地址的设备中获得 IP 地址，如 DHCP 服务器等。也可以手动设置 IP 地址信息，在"本地连接 属性"对话框中双击"Internet 协议（TCP/IP）"，打开"Internet 协议（TCP/IP）属性"对话框，选中"使用下面的 IP 地址"单选按钮，然后设置 IP 地址、子网掩码、默认网关以及 DNS 服务器等信息，如图 5.17 和图 5.18 所示。

Step 03 Windows XP 支持在一块网卡上绑定多个 IP 地址。也就是说，可以为一块网卡指定两个以上的 IP 地址，从而可以使一台计算机与多个网段中的计算机分别进行通信。单击"高级"按钮，显示"高级 TCP/IP 设置"对话框，可添加多个 IP 地址。

Step 04 如果计算机中安装有多块网卡，会依次显示"本地连接"、"本地连接 2"等，需要逐一进行设置。

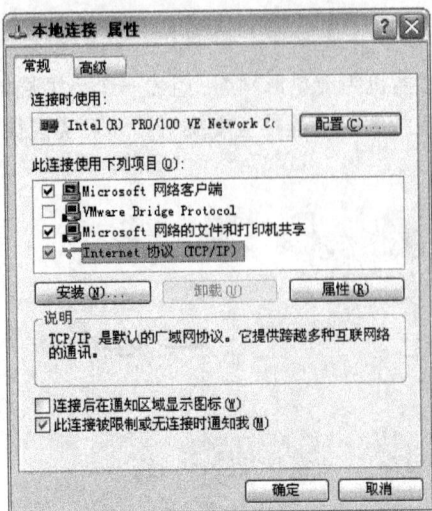

图 5.17　"本地连接 属性"对话框　　　　图 5.18　设置 IP 地址信息

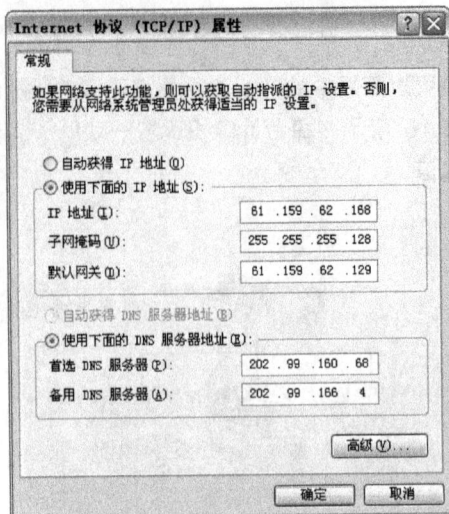

5.4.2　设置文件共享

1．网络安装向导

在 Windows XP 中设置文件夹的网络共享前，必须先运行网络安装向导。

Step 01　打开"控制面板"窗口中的"网络和 Internet 连接"并单击"设置或更改您的家庭或小型办公网络"链接，即可运行"网络安装向导"设置网络。

Step 02　连续单击"下一步"按钮，在"选择连接方法"对话框内选中"其他"单选按钮，单击"下一步"按钮。

Step 03　进入"其他 Internet 连接方法"对话框，选中"这台计算机属于一个没有 Internet 连接的网络"单选按钮。单击"下一步"按钮，从而完成后面的设置。

2．设置共享文件夹

设置文件夹共享的同时，可以设置用户权限。若赋予用户完全权限，应选中"允许网络用户更改我的文件"复选框，如图 5.19 所示；否则，只赋予用户只读权限。

由于 Windows XP 拥有较高的安全性，因此当我们需要共享资源时，有时须启用 Windows XP 的来宾（Guest）账户。在 Windows XP 操作系统中打开"计算机管理"窗口，从"用户"中选择 Guest 账户，在其属性中取消选中"账户已停用"复选框，即可启用来宾账户，如图 5.20 所示。

需要注意的是，当启用来宾账户后，Windows XP 计算机的安全性也将随之而降低。

为了保证共享文件夹的访问安全，还可以为来宾账户设置密码。右击 Guest 账户，在快捷菜单中选择"设置密码"，即可为 Guest 账户设置访问口令。

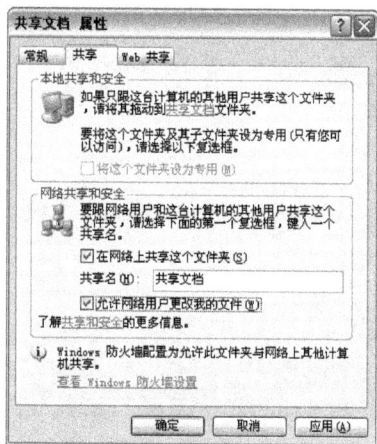

图 5.19　设置共享文件夹

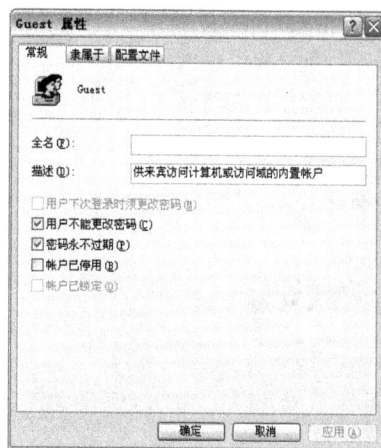

图 5.20　启用来宾账户

3．访问共享资源

文件夹共享以后，就可以供网络中的用户访问。在 Windows XP 中访问共享文件夹时，可以使用"网上邻居"、"搜索"和"映射网络驱动器"3 种方式分别实现。

（1）网上邻居

Windows XP 会自动搜索网络中的共享文件夹和打印机，并显示在"网上邻居"窗口中，用户只需双击要访问的共享文件夹即可打开并浏览其中的内容。若拥有完全控制权限，还可以创建、写入、修改或删除文件夹及其中的文件。

（2）搜索

采用"搜索计算机"的方式，单击"开始" | "搜索" | "文件或文件夹"命令，即可查找到所共享的文件夹。

（3）映射网络驱动器

当使用"搜索"方式找到计算机后，可将该共享文件夹映射为网络驱动器，并为其分配一个盘符，即可像访问本地驱动器一样来访问共享文件夹。

5.4.3　打印机共享

在 Windows XP 中设置共享打印机时，将驱动程序安装至打印服务器中。这样，当客户端在安装该共享打印机时，将无须再为该打印机提供驱动程序光盘，而是直接从打印服务器自动下载并安装。需要注意的是，在 Windows XP 中设置打印机共享前，也必须先运行"网络安装向导"。

1．设置打印机共享

共享打印机前，需在"控制面板"窗口中打开"打印机和传真"窗口，选择要共享的打印机，在其共享属性对话框中选择"共享这台打印机"单选按钮即可，如图 5.21 所示。

如果网络中有非 Windows XP 系统的用户共享该打印机，可单击"其他驱动程序"按钮，为其安装打印机驱动程序，如图 5.22 所示。这样，其他系统的计算机也能实现对该打印机的共享。

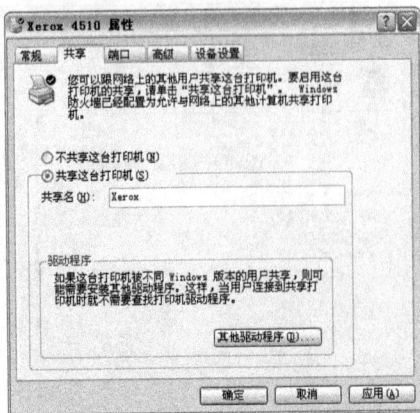

图 5.21　设置打印机共享

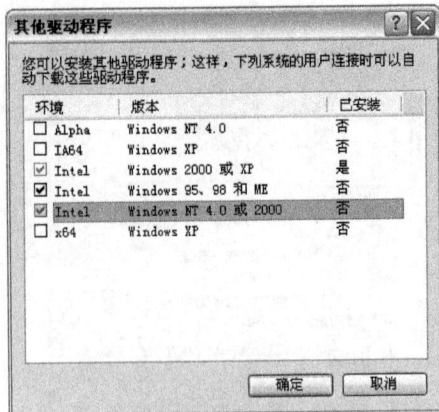

图 5.22　安装其他驱动程序

2．访问共享打印机

打印机共享以后，便可供网络中的其他用户访问了，但还需要设置打印机客户端。虽然设置客户计算机的任务随客户计算机运行的操作系统变化而变化，但是所有客户端计算机都需要安装一个打印机驱动程序。

在"控制面板"窗口中打开"打印机和传真"窗口，运行"添加打印机向导"，添加网络打印机。共享打印机名称的输入格式为"\\打印服务器名称\打印机共享名"，如图 5.23 所示。

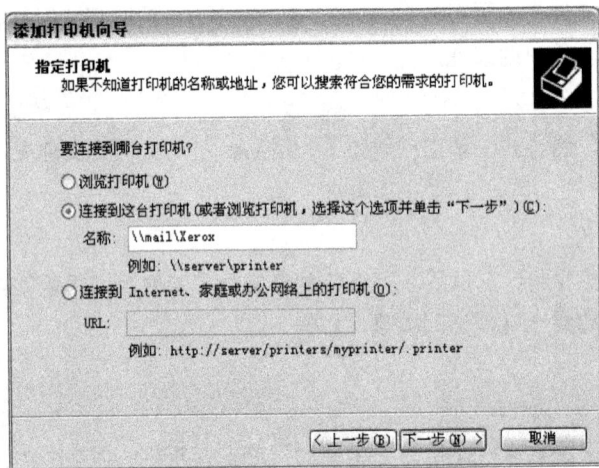

图 5.23　指定打印机

网络打印机安装完毕之后，会自动显示在"打印机和传真"窗口中，用户像使用本地打印机一样方便。

5.5　组建小型局域网

Windows 对等网也是局域网的一种，由于对等网中所有 PC 地位相等，不便于管理，安全性差，因此仅适用于网络规模非常小、网络服务非常简单的场合。而一般的局域网如果没有特指为对等网，通常是指有服务器的网络。目前广泛使用的中小型局域网大都采用以太网，根据数据传输的需要一般采用 10Mbps 以太网或 100Mbps 快速以太网。

下面是一个局域网组建的示例供读者参考。

5.5.1 分析用户需要

一家公司有员工 50 人，公司内部希望建立一套无纸化办公系统。作为一家高科技企业，公司希望内部网络管理有序，外部通信畅通。公司特别提出希望拥有自己的 WWW 和 Mail 服务器，以便在 Internet 上发布信息、收集用户反馈、支持公司的主要业务、展示公司形象。

根据以上客户的需求，我们结合网络的简单原理来讨论网络设计的思想和方法。

5.5.2 确定网络设计的目标

在网络设计的具体过程中，要考虑以下几个方面的因素，这也是必须遵循的原则和最终的目标。

- 网络的可用性。
- 网络的可扩展性。
- 网络的适应性。
- 网络的可管理性。
- 网络的性价比。

5.5.3 网络设计的步骤

网络设计可以分为以下 7 步。

Step 01 收集用户信息。
Step 02 分析用户需求。
Step 03 设计网络结构。
Step 04 估计网络性能。
Step 05 评估成本与风险。
Step 06 方案实施。
Step 07 网络监控。

5.5.4 案例分析

依照网络设计的目标和具体的步骤来分析实例。

1. 收集用户信息

在网络设计中，收集用户信息事实上是一个最为重要、也最容易让成熟的工程师忽视的问题。在具体的网络设计工作中，一定要不厌其烦地与用户进行交流，充分了解用户的需求和实际情况，切忌根据以往的工作经验想当然地理解用户的需求。

2. 分析用户需求

根据用户需要，该用户大概有 50 个信息点，需要将这 50 个信息点互连起来。用户的无纸化办公系统必然需要建设服务器和网络打印机。用户的财务系统必然也需要和公司的网络连接起来，但有一定的安全需求。用户希望与外部保持畅通的信息通道，则需要将用户的网络连接到 Internet 上。作为一家高科技公司，用户的 WWW 服务器和 Mail 服务器是必不可少的。

随着网络应用的不断扩展，越来越多的带宽需求和不断降低的网络设备价格，可以考虑设计一个使用 100Mbps 的网络。采用高效和便于实施的快速以太网 100-Base-TX。使用交换机作为数据交换和互连的设备。

用户的内部办公系统、财务系统需要网络打印机和服务器。为了保证财务系统数据的安全，可以将财务部门的计算机和服务器单独划分到一个 VLAN 里。

用户与 Internet 的连接可以采用目前最为流行的 ADSL 线路，提供高达 8Mbps 的下行访问速率。

用户希望拥有自己的 WWW 和 E-mail 服务器，就用户目前的网络规模而言，将服务器放到公司的内部，不但需要负担昂贵的专线费用，还需要专门的人员和场地来维护，付出的代价太大，所以建议用户使用经济而又安全的方式，将 WWW 服务器和 E-mail 服务器托管到 ISP，而不是放到自己的网络中。

3. 设计网络结构

根据以上的分析，可以得到如图 5.24 的网络拓扑结构图。为了满足客户高性能、高带宽、高可靠性的设计目标，这里将客户的网络设计分为两层，分别是核心层和接入层，这种分层设计方式可以保证用户数据流的高速转发。

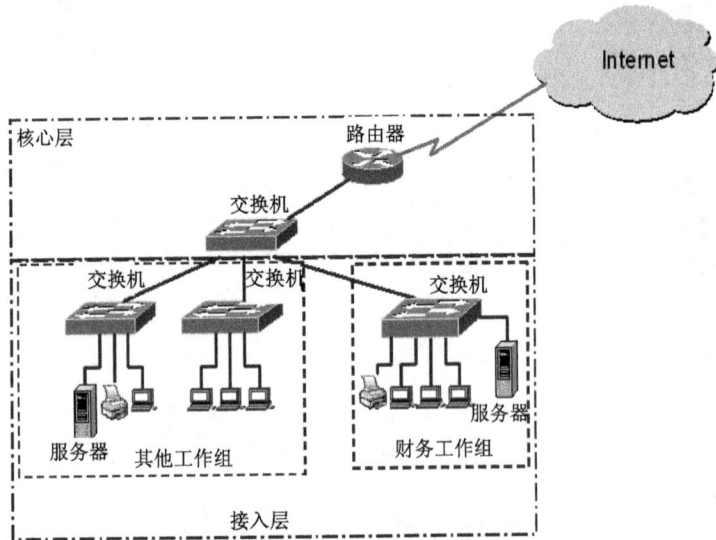

图 5.24　网络拓扑图

4. 估计网络性能

我们在网络里采用能够进行线速率交换的快速以太网交换机，利用分层交换的方法保证工作组内部数据流的有效转发，通过高速 ADSL 接入方式与 Internet 高速互连。在网络设计上通过有效的分层和分组来减少数据转发的时延，这样可以有效地保证高效的访问服务。

用户内部网络的信息点数量只有 50 个，快速以太网的交换架构和 ADSL 的接入方式将为用户的现在与未来提供充分的可用性和可扩展性。

5. 评估成本与风险

在成本和可用性方面存在一个自然的折中点。本实例所设计的网络使用了成熟的快速以太网技术和先进的 ADSL 接入方式，由于快速以太网和 ADSL 是目前小型网络互连最经济的方式，故该方案将是一个成本较低且风险较小的可用方案。

6. 方案实施

在良好的网络方案设计完成后，就需要开始认真的实施方案。在这个方案当中，实施大体分为两个部分，即网络布线和设备调试。

在网络布线的工程中，最重要的是按照标准的布线规范来进行施工，其中做线的规范又尤为重要。

所涉及的网络设备有交换机和 ADSL 路由器。这两个设备的调试都很简单，完全可以参照设备说明来完成，在此就不展开叙述了。

7. 网络监控

良好的网络监控管理制度和监控手段将是未来网络长期稳定运行的保证。

5.6 课后练习

一、填空题

1. 计算机网络是分布在一定的_____内的，建立在_____和_____基础上，以实现计算机_____和_____为目的的，功能独立的计算机集合。

2. 局域网通常是指覆盖在_____的计算机网络，通常其范围在_____之间；而广域网的覆盖范围要大得多，如 Internet 就是一个典型的广域网，其覆盖范围是全球。

3. 网络的传输介质主要有_____、_____和_____3 种。

4. 对等网所用网络设备主要有_____、_____、_____等。

二、选择题

1. 网络设备不包括以下哪项？（　　　　）

    A. 交换机　　　　　　B. 路由器　　　　　　C. 网卡　　　　　　D. 计算机

2. 连接局域网时，双绞线的最大长度是（　　　　）。

    A. 50m　　　　　　　B. 100m　　　　　　C. 125m　　　　　　D. 150m

3. 资源共享不包括以下哪一项？（　　　　）

    A. 打印机共享　　　　B. 文件共享　　　　　C. 硬盘共享　　　　D. 邮箱共享

4. 以下关于对等网的说法，除哪一项外，都是正确的？（　　　　）

    A. 对等网络上的各个计算机地位相等

    B. 各个对等网上的计算机都可以在其机器上设置共享资源，供其他用户访问

    C. 在对等网上可以有一个服务器，所有的计算机都连接到这个服务器上由服务器控制对共享资源的访问

    D. 对等网一般是星形网络，目前最广泛使用的是通过交换机将各计算机连接在一起

第*6*章

接入 Internet

本章导读

　　本章主要介绍因特网的基本知识以及如何连接因特网。学习本章的内容，我们可以使用因特网浏览需要的信息、进行信息资源的共享。

知识要点

- ✪ 接入 Internet 的方式
- ✪ 通过 ADSL 接入 Internet 的方法
- ✪ 共享接入 Internet

6.1 连入 Internet 的方式

　　Internet 是一个在全球范围内将成千上万个网络连接起来形成的互连网，因此又称为计算机网络的网络或网际网，音译为因特网。因特网之所以受到用户的青睐，是因为它能够提供丰富的服务，如电子邮件（E-mail）、万维网（WWW）、文件传输（FTP）、远程登录（Telnet）、电子公告板（BBS）、网络论坛（Net news）、文档检索（Archie）、信息查询服务系统（Gopher）、聊天室（IRC）和网上电话等。其中，应用最广泛的是 WWW 浏览和电子邮件。

　　要使用 Internet 上网获取信息，首先需要将计算机接入 Internet。目前比较常见的接入方式主要有以下几种。

1. 通过 MODEM 拨号上网

　　拨号上网费用较低，比较适合于个人和业务量小的单位使用。用户所需的设备比较简单，只需具备一台 PC、一台 MODEM 和一部可拨打市话的电话、必需的上网软件（如浏览器），再向 ISP 申请一个上网账号，即可使用。这种上网方式的不足是带宽不高（至多也只能达到 56kbps），速度较慢。

2. DDN 专线上网

　　DDN（Digital Data Network，数字数据网）是半永久性连接的数据传输网。相对于普通电话拨号上网，DDN 专线具有速度快，线路稳定，连接通畅等特点。因此，对于网上业务量较大或需要建立自己网站的单位来说，租用 DDN 专线是比较理想的选择。现在电信部门提供的 DDN 专线速度标准很多，从 64kbps～2Mbps，速度越快，收费越高。用户可以根据自己的业务需要及资金承受能力来选择。

3. ADSL 宽带上网

ADSL（Asymmetric Digital Sibscrober Line，非对称数字用户线）技术，是在一根普通电话线上叠加一种高频信号进行传输的技术。该方式实现了上网和打电话两不误，这是目前应用最广泛的 Internet 接入方式之一。它使用了电话线未曾使用过的频率，突破了调制解调器的极限。优点是无须改动现有的电话线路，只需在电话线两端装上 ADSL 专用设备，即可为用户提供带宽服务。

4. LAN 接入

LAN 接入方式主要采用了以太网技术，以信息化小区的形式为用户服务。在中心节点使用高速交换机，交换机到 ISP 的连接多采用光纤，为用户提供快速的宽带接入，基本做到千兆到小区、百兆到居民大楼、十兆到用户。用户只需一台计算机和一张网卡，就可享受网上冲浪、VOD、远程教育、远程医疗和虚拟社区等服务。

LAN 接入方式解决了传统拨号上网的瓶颈问题，让用户完全从 56kbps 传输速率的低速网络中解脱出来。另外，这种接入方式的成本也相对较低，多个用户简单组成局域网，通过一台接入设备即可实现共享接入。因此，通常情况下主要用于小型企业网络和小区宽带的共享接入。

6.2　单机通过 ADSL 接入 Internet

由电信部门提供的 ADSL 宽带上网是目前应用最为广泛的 Interent 接入方式。由于其上网速度快，费用又不高，所以很受用户的青睐。

6.2.1　ADSL 宽带上网所需的设备

ADSL 宽带上网需要准备的设备主要有：计算机、网卡、网线、信号分离器和宽带猫 PPPoE 虚拟拨号软件（由宽带管理单位提供），如图 6.1 所示。

图 6.1　信号分离器（左）和宽带猫（右）

6.2.2　安装硬件

Step 01 打开计算机机箱，在计算机中安装网卡（如果计算机中已经有了网卡，则可省略此步骤）。

Step 02 安装 ADSL MODEM 的信号分离器，信号分离器是用来将电话线路中的高频数字信号和低频语音信号分离的。低频语音信号由分离器连接电话机用来传输普通语音信息；高频数字信号则接入 ADSL MODEM，用来传输上网信息和 VOD 视频点播节目。安装时，先将来自电信局端的电话线接入信号分离器的输入端,然后再用前面准备的那根电话线一端连接信号分离器的语音信号输出口,另一端连接电话机。此时电话机应该已经能够接听和拨打电话了。

Step 03 安装ADSL MODEM。用前面准备的另一根电话线将信号分离器的ADSL高频信号与ADSL MODEM 的 ADSL 插孔连接,再用一根双绞线的一端连接 ADSL MODEM 插孔,另一端连接计算机网卡中的网线插孔。这时打开计算机和 ADSL MODEM 的电源,如果两边连接网线的插孔所对应的 LED 灯亮了,表明硬件连接成功,连接示意图如图 6.2 所示。

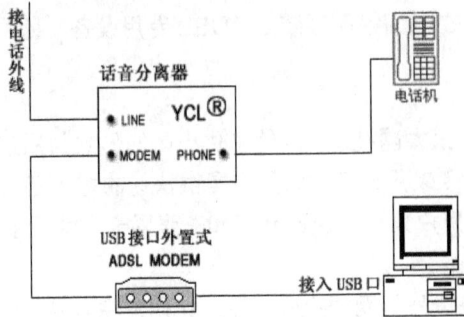

图 6.2 连接示意图

6.2.3 安装软件

ADSL 上网的软件设置可分为以下几个步骤。

Step 01 网卡驱动的安装和设置。由于 ADSL MODEM 是通过网卡和计算机相连的,所以在安装 ADSL MODEM 前要先安装网卡。要注意的是,安装协议里一定要有 TCP/IP,一般使用 TCP/IP 的默认配置,不要设置固定的 IP 地址。

Step 02 下载和安装 PPPoE 虚拟拨号软件。EnterNet 300 是目前最常用的基于 Windows 操作系统的 PPPoE 软件,它具有独立的 PPP 协议,可以不依赖操作系统。如 Windows 中的拨号网络可直接驱动网卡连接 ISP。

在安装向导的指导下可以快速地完成安装工作,它将在系统的网络中添加一块虚拟的 PPPoE 网络适配器,以完成网卡和 ADSL ISP 的连接,如图 6.3 所示。

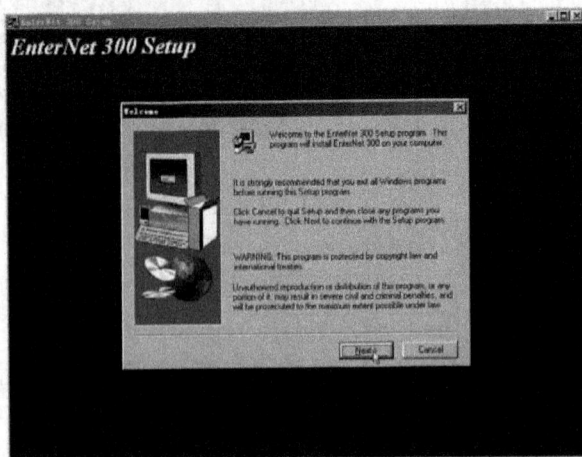

图 6.3 EnterNet 300 安装向导

Step 03 重新启动计算机后，用鼠标双击桌面上的 EnterNet 300 图标，会弹出 EnterNet 300 的主界面，如图 6.4 所示。

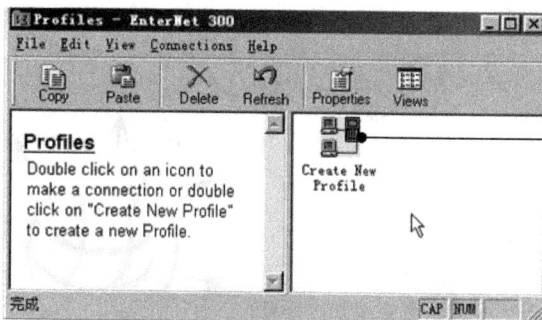

Step 04 双击 Create New Profile 进入建立新的拨号器的向导，向导首先需要你输入拨号器的名称，方便区分所使用的服务项目。

图 6.4　EnterNet 300 的主界面

Step 05 单击"下一步"按钮，在打开的窗口中输入登录账号和密码（电信局提供）。需要注意的是，在输入用户名时，由于 ADSL 技术的特殊性需要指定登录和使用的服务项目，所以用户名格式一般为用户账号@服务项目名称，如图 6.5 所示。

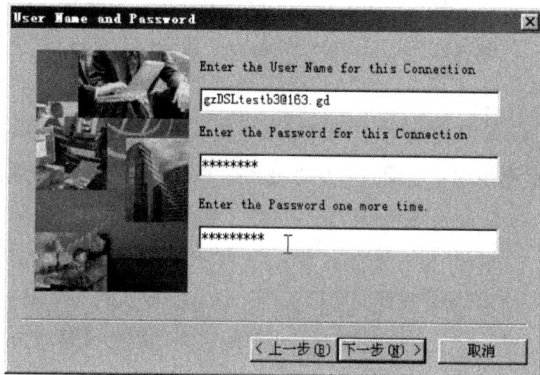

图 6.5　输入账号和密码

Step 06 选择与 ADSL MODEM 相连接的网卡型号，单击"下一步"按钮，再单击"完成"按钮即可。

Step 07 建立完成以后，直接双击运行建立好的上网文件图标即可连接到 Internet 上。在连线状态，EnterNet 会在系统托盘区中显示一个和普通拨号网络连接后类似的小图标，通过右键，可以了解当前 ADSL 在网络中的多种网络参数信息。

6.3　共享接入 Internet

　　Internet 共享接入是计算机网络技术发展的趋势，也是当前建设节约型社会的必然要求。所谓的共享 Internet 接入，就是指多个用户先通过某种方法组成可以互相通信的局域网，然后共同通过一条线路连接到 Internet。如今实现共享接入的方法主要有路由器、宽带路由器和代理服务器等。

6.3.1　ADSL MODEM 路由方案

　　ADSL MODEM 路由方案仅适用于家庭或 SOHO 等小型对等网络，如果 ADSL MODEM 拥有路由功能，即可实现 Internet 连接共享。采用该方案时，需要购置一台 100MBps 桌面式交换机，将所有的计算机和 ADSL MODEM 都连接至该交换机，并启用 ADSL MODEM 的路由功能。如果需要，还可以通过级联交换机的方式，成倍地扩展网络端口。该方案的网络拓扑结构如图 6.6 所示。

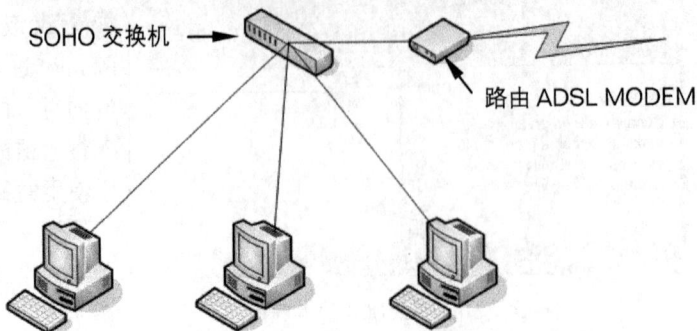

图 6.6　ADSL MODEM 路由方案拓扑

该方案的优点如下。

- 由于现在所有的计算机都内置有网卡，所以只需购置一台 10Mbps/100Mbps SOHO 交换机即可实现计算机之间通信，传输速率可以达到 100Mbps。适用于各种网络，如文件和打印共享、Internet 连接共享等。
- 只需启用 ADSL MODEM 路由功能，即可实现家庭网络中所有计算机的 Internet 连接，而不必依赖其他任何计算机。也就是说，任何计算机在任何时候都可以不受约束地接入 Internet。
- 所有计算机的 Internet 应用程序无须做任何设置，并且无须手工配置 IP 地址信息，管理更加简单、方便。
- 借助 ADSL MODEM 的防火墙功能，可以实现对家庭计算机的简单保护。
- 网络的可扩展性比较好，除了可以直接连接计算机或其他网络设备（如网络打印机、无线接入点等）外，还可以级联其他集线设备。

该方案的缺点如下。

- 要求 ADSL MODEM 拥有路由功能。
- ADSL MODEM 的路由性能有限，对 Internet 访问速度会有一定程度的影响，只能为不多于 5 个的用户提供 Internet 连接共享服务。

6.3.2　宽带路由器方案

宽带路由器方案根据所采用宽带路由器性能的不同，可分别适用于家庭或 SOHO 等小型对等网络，以及网吧和其他中小型网络。

如果采用 ADSL 方式接入 Internet，并且 ADSL MODEM 不具有路由功能，可以采用 SOHO 宽带路由器方案；如果采用 LAN 方式接入 Internet，那么可以采用企业级宽带路由方案，即选择一台 10Mbps/100Mbps 宽带路由器作为集线设备和 Internet 共享设备，构建不依赖代理服务器的交换式网络。如果需要，还可以通过级联交换机的方式，成倍地扩展网络端口。

该方案采用宽带路由器作为 Internet 连接共享设备，既可实现计算机之间的互连，又有效地解决了 Internet 连接共享。在该方案中，无须使用计算机作兼职代理服务器，任何计算机均可随时接入 Internet，而不受其他计算机的影响。因此，宽带路由器是共享宽带连接的最佳解决方案之一。
SOHO 宽带路由器方案的网络拓扑结构如图 6.7 所示。

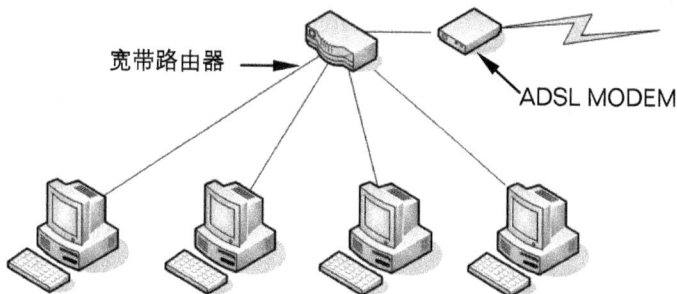

图 6.7　SOHO 宽带路由器方案拓扑

该方案的优点如下。

- **一身二任**。宽带路由器拥有集线设备和路由设备的功能，可同时实现计算机之间的通信和 Internet 连接共享，既无须另行购置集线设备，也无须设置代理服务器。网络内高达 100Mbps 的传输速率，可以实现各种网络应用。
- **按需拨号**。只需对宽带路由器做简单配置，即可实现网络中所有计算机的 Internet 连接，而不必依赖其他任何计算机。同时，可以实现按需拨号和自动挂断，既方便用户的 Internet 接入，又保证 Internet 连接在长期空闲时自动断开。
- **设置简单**。所有 Internet 应用程序均无须做任何设置，并且无须手工配置 IP 地址信息，管理更加简单和方便。
- **内部安全**。利用宽带路由器的内、外防火墙功能，有效地实现对网络内部计算机的保护。
- **扩展性好**。网络的可扩展性比较好，除了可以直接连接计算机或其他网络设备（如网络打印机、无线接入点等）外，还可以级联其他集线设备。
- **功能强大**。实现各种复杂的网络应用，如借助 MAC 地址克隆实现多计算机的 Internet 连接共享，借助虚拟服务器功能实现家庭内部计算机的 Internet 访问。
- **适用广泛**。适用于多种类型的 Internet 接入方式，如 ADSL、光纤 LAN 和小区 LAN。需要注意的是，ADSL MODEM 必须采用 RJ-45 接口，并且采用桥接方式。

该方案的缺点如下。

- **造价较高**。宽带路由器的价格较高，对于只有两台计算机的家庭而言略显奢侈。但是，随着接入的计算机数量增加，分摊成本将变得很低。
- **应用受限**。对于一些复杂的网络应用（如网络游戏），需要进行高级设置，并且要求对网络服务端口有较多了解。如果没有技术人员的指导，普通用户很难上手。
- **性能较差**。由于 SOHO 宽带路由器的性能较差，因此通常情况下，只能为不多于 10~15 个用户提供 Internet 连接共享服务。不过，对于企业级的宽带路由器而言，可以选择可同时连接上千用户的型号。

目前，也有专门为网吧或大中型办公网络提供的专用宽带路由器。由于这类专用宽带路由器价格较便宜，且维护简便，因此得以广泛应用。

6.3.3 无线路由器方案

无线路由器方案仅适用于家庭或 SOHO 等小型对等网络。该方案与宽带路由方案在很多方面都非常相似，拥有以下优点。

- **移动灵活**。当计算机采用无线方式接入家庭网络时，可以在无线信号的覆盖范围内随意移动，实现灵活的网络接入。
- **兼容有线**。无线路由同时拥有 LAN 接口，因此除了可提供无线接入外，还可为台式机提供传统的以太网接入，实现无线与有线的融合与通信。

该方案的网络拓扑结构如图 6.8 所示。

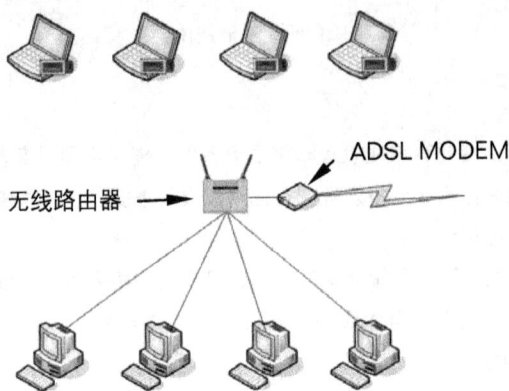

图 6.8　无线路由器方案拓扑

6.3.4 代理服务器方案

代理服务器方案适用于各种规模的网络。由于计算机的扩展性比较好，因此适应的 Internet 连接类型也比较多。对于中小型规模的办公网络而言，可供选择的代理服务器软件有 4 款，即 ICS、SyGate、WinGate 和 Microsoft ISA。一般而言，ICS 适用于 SOHO 和家庭网络，SyGate 和 WinGate 适用于中小型网络，而 Microsoft ISA 则适用于大中型网络。

1．共享 Internet 网络拓扑结构

小型网络的 Internet 共享拓扑结构如图 6.9 所示。代理服务器和普通计算机都连接至同一交换机，使网络中的所有计算机都拥有同等的访问 Internet 的机会。

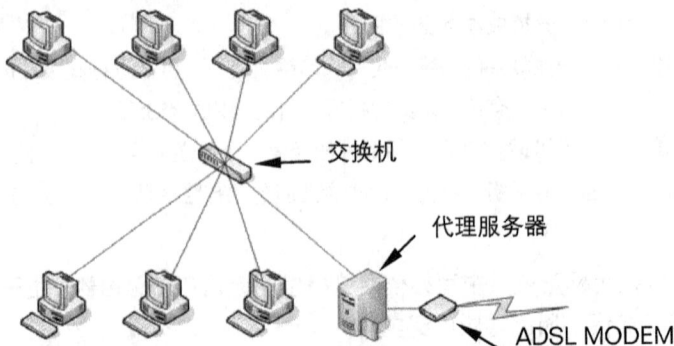

图 6.9　小型网络 Internet 共享拓扑

对于大中型规模网络而言，代理服务器应当直接连接至核心交换机（见图 6.10），以保证网络内所有计算机都能实现高速的 Internet 连接共享。当然，Internet 链路也必须采用光纤 LAN 接入方式，以提供足够的带宽。

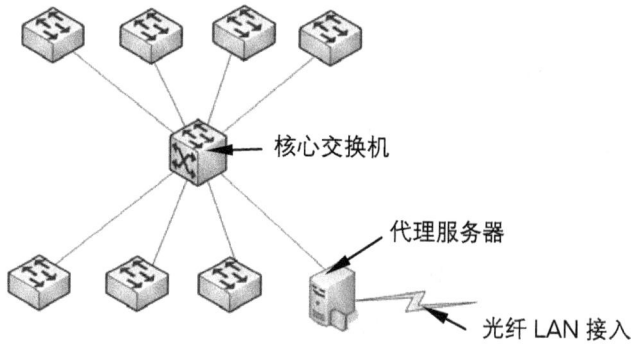

图 6.10　大中型网络 Internet 共享拓扑

如果家庭或 SOHO 网络内只有两台计算机，可以使用一条交叉线实现双机直连（见图 6.11），再借助 Windows 内置的 ICS 功能实现 Internet 连接共享，从而节约集线设备和路由设备的购置费用。

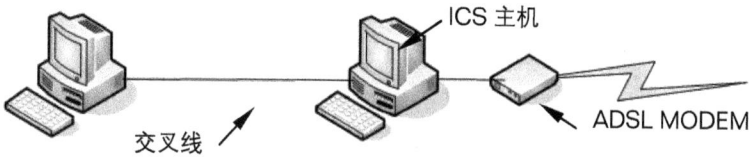

图 6.11　双机直连拓扑

2．代理服务器软件

由于计算机的扩展性比较好，因此代理服务器适应的网络规模、Internet 连接类型也比较多。对于中小型规模的办公网络而言，可供选择的代理服务器软件有 3 款，即 SyGate、WinGate 和 Microsoft ISA。

（1）SyGate

SyGate 是一款优秀的网关型代理服务器软件，可运行于所有流行的 Windows 操作系统，支持多种 Internet 接入方式，如 ISDN、线缆调制解调器（Cable MODEM）、ADSL、小区 LAN、光纤接入以及 DirectPC 等。SyGate 适用于计算机数量不多于 50～100 台的网络规模。

（2）WinGate

WinGate 是一款优秀的代理服务器软件，在任何环境下都能极好地工作，从小型家庭办公室到中等规模办公网络，直到大型复杂的办公网络。WinGate 由服务器端和客户端软件两部分组成，服务器软件安装在拥有 Internet 连接的代理服务器上，而客户端软件安装在网络上的其他计算机上。适用于计算机数量不多于 100～150 台的网络规模。

（3）Microsoft ISA

Microsoft Internet Security and Acceleration（ISA）Server 2000 提供了安全的 Internet 连接、快速的 Web 访问，以及统一的管理功能。适用于计算机数量不多于 300～500 台的网络规模。

6.4 课后练习

一、填空题

1. Internet 提供的服务主要包括＿＿＿＿、＿＿＿＿、＿＿＿＿、＿＿＿＿、＿＿＿＿、＿＿＿＿、＿＿＿＿、＿＿＿＿、＿＿＿＿、＿＿＿＿等。其中，应用最广泛的是＿＿＿＿和＿＿＿＿。

2. 目前比较常见的接入方式主要有＿＿＿＿、＿＿＿＿、＿＿＿＿和＿＿＿＿4 种。

二、选择题

1. 单机通过 ADSL 接入 Internet，除以下哪项外，都是必需的设备？（　　　）

   A. 宽带猫　　　　　B. 网线　　　　　C. 信号分离器　　　　　D. 电话机

2. 以下软件除哪一款外，都是代理服务器软件？（　　　）

   A. ICS　　　　　B. Winzip　　　　　C. WinGate　　　　　D.Microsoft ISA

第7章

设置 BIOS

本章导读

本章主要介绍 BIOS 的基本知识，如何使用 BIOS 设置程序以及通过 BIOS 的自检报警声来判断电脑故障。

知识要点

- ✪ BOIS 的基础知识
- ✪ 进入 BIOS 设置程序
- ✪ 常用 BIOS 设置
- ✪ 升级 BIOS

7.1 BIOS 基础知识

7.1.1 BIOS 简介

BIOS 是英文 Basic Input Output System 的缩写，中文含义是"基本输入/输出系统"，全称是 ROM－BIOS，是只读存储器基本输入/输出系统的简写。实际上，它是一组固化到计算机主板上一个 ROM 芯片上的程序，为计算机提供最低级、最直接的硬件控制程序，BIOS 保存着计算机基本输入/输出的程序、系统设置信息、开机自检程序和系统启动程序。

7.1.2 BIOS 与 CMOS 的区别

CMOS 通常指保存计算机日期、时间、启动设置等信息的芯片，它是计算机主板上一块可读写的 RAM 芯片，其内容可以通过设置程序进行读写。CMOS 由主板上的纽扣电池来供电，即使系统断电或关闭计算机，芯片上的内容和数据也不会丢失。BIOS 是一个设置硬件的程序，保存在主板上的一块 EPROM 或 EEPROM 芯片中，里面装有系统的重要信息和设置系统参数的设置程序。简单地说，是通过 BIOS 设置程序完成对 CMOS 参数的设置。而平常所说的 CMOS 设置与 BIOS 设置是其简化说法，但 BIOS 与 CMOS 却是两个完全不同的概念，这种说法在一定程度上造成两个概念的混淆。

7.1.3 常见 BIOS 分类

目前市面上较流行的主板 BIOS 主要有 Award BIOS、AMI BIOS、Phoenix BIOS 这 3 种类型。通过 Intel 授权的全球一共有 4 家，除了上面说的 3 家之外，还有一家国产 BIOS——Byosoft BIOS。

Award BIOS 是由 Award Software 公司开发的 BIOS 产品，其产品在目前的主板中使用得较为广泛。Award BIOS 功能较为齐全，支持许多新硬件，市面上多数主板都采用了这种 BIOS。但由于 Award BIOS 里面的信息都是基于英文且需要用户有一定的相关专业知识，普通用户设置起来会感到困难比较大。但是如果这些设置不当的话，将会影响到整台电脑的性能甚至不能正常使用。

　　Phoenix BIOS 是 Phoenix 公司的产品，多用于高档的原装品牌机和笔记本电脑上，其优点是界面简洁，便于操作。几乎所有的主板所附 Phoenix-Award BIOS 都包含了 CMOS SETUP 程序，以便用户按照自己的需求设定不同的数据，使计算机正常工作或执行特定的功能。Award 公司和 Phoenix 公司在 1998 年的时候已经合并，只是各自的产口还保留原来公司的名字出现在市场上。

　　AMI BIOS 是 AMI 公司出品的 BIOS 系统软件，开发于 20 世纪 80 年代中期，它的兼容性比较好，但是到 90 年代后，AMI 公司没有能即时推出新产品来适应市场的要求。当然，现在 AMI 公司的产品也有不错的表现，新版本的性能依旧很好。

7.2　进入 BIOS 设置程序

　　不同的 BIOS 有不同的进入方法，通常会在开机界面显示进入方法的提示。例如，采用 Award BIOS 的主板，一般会提示 Press Del to Enter SETUP，那么此时只要按键盘上的 Del 键即可进入 BIOS 设置程序。如果是采用 AMI BIOS 的主板，按键盘上的 Del 或 Esc 键；如果是采用 Phoenix BIOS 的主板，则需要按 F2 键。

7.3　常用 BIOS 设置

　　在进行 BIOS 设置前，首先要了解如何在 BIOS 界面中进行操作。在设置程序中完全是用键盘进行操作的，这对经常使用鼠标操作电脑的用户来说，可能会有些不习惯。下面了解一下 BIOS 设置的操作方法，如表 7.1 所示。

表 7.1　BIOS 设置的操作方法

按键	功能
方向键（↑↓←→）	代替鼠标移动光标的位置，用来选择设置的项目
Enter键	执行确定操作，进入当前项目的子选项
PgUp键	翻页，设置往前翻页
PgDn键	翻页，设置往后翻页
F1键	BIOS设置程序一般帮助
F2键	项目功能帮助
F5键	恢复之前的设置
F6键	载入维持系统稳定的设置值
F7键	载入让系统发挥最大效能的设置值
F10键	存储设置后退出BIOS设置程序
Esc键	不存储设置并退出BIOS设置程序

1. 设置系统日期和时间

进入 BIOS 后，出现的第一个界面就是设置日期/时间的界面，使用方向键移动光标，并配合 PgUp 和 PgDn 键即可；当然也可以直接输入数字。设置好时间后，按 F10 键，再回车，即可保存并退出。

2. 启动设备的顺序

在高级 BIOS 设置中，Boot Seq & Floppy Setup 选项在很多 BIOS 中也显示为 First/Second/Third/Other Boot Device，主要用来设置启动盘的优先顺序。

系统默认的第一启动盘是软盘，然后第二个才是 HDD（硬盘）。为了加快启动速度，可以将第一启动盘设置为硬盘。如果需要"光盘启动"，就要将第一启动盘设置为 CD-ROM。

3. 设置不检测软驱

进入 BIOS 后，如果你是 Award 的 BIOS，进入 Advanced Feather，将 First Sequence 设置为 HDD-0（如果装了多个硬盘就从安装操作系统的硬盘启动，0 表示第一个硬盘，1 表示第二个硬盘），接下来一般将光驱设置为第二启动顺序，即将 Second Sequence 设置为 CD-ROM，现在配置的机子一般都没装软驱，可将下面的几个选项设置为 Disable 禁用，从而加快开机速度；如果是 AMI 的 BIOS，在主菜单上选择进入 BOOT，具体方法跟上面一样。

4. 屏蔽板载声卡

进入 BIOS 后找到 Advanced Chipset Features 选项，可以看到类似 AC'97 Audio 的子项，将光标移到这个选项上，按 Page Down 或者 Page Up 键把 Enabled 改为 Disabled，然后保存退出。

5. 设置 BIOS 密码

Step 01 开机启动电脑，当 BIOS 检测完 CPU 和内存后，在屏幕下方显示 Press DEL to enter SETUP， ESC to Skip Memory test 时按 Del 键。

Step 02 当屏幕显示 BIOS 设置主菜单后，选择 Advanced BIOS Features 后，按回车键，进入 Advanced BIOS Features 菜单。

Step 03 在 Advanced BIOS Features 设置菜单中找到 Security Option 后根据需要用 Page Up 和 Page Down 键设置电脑使用密码情况，设置为 System 时，电脑在启动和进入 BIOS 设置菜单时都需要密码；而设置为 Setup 时，则只有进入 BIOS 设置菜单才需要密码。

Step 04 返回主菜单，用方向键选择 Set Supervisor Password 或 Set User Password 后按回车键，当显示一个密码录入框（其中提示 Enter Password）时，输入需要设置的密码，此时输入的字符会以"*"代替，输入密码并回车后会再次提示重新输入一遍，再次输入密码后提示框消失。

> **注 意**
>
> 密码最好只使用 26 个英文字符和 0~9 的数字，而不要使用其他符号。因为有的 BIOS 在混合使用标点等符号输入密码时并不报错，但当用户存盘退出后再使用所输密码开机或试图重新进入 BIOS 设置菜单时则提示为无效密码，致使我们不得不打开机箱对 CMOS 放电来取消密码。

Step 05 选择主菜单上 Save & Exit Setup 或直接按 F10 键，在屏幕出现"Save to CMOS and EXIT (Y／N) ?N"提示时按 Y 键，退出 BIOS 设置菜单后所输密码生效。

关于 Set Supervisor Password 和 Set User Password 菜单，其含义是"设置超级用户密码"

和"设置用户密码"。顾名思义，前者权限比后者高。一般情况下，单独对其中一个设置时，效果会是一样。但是当同时对两者设置后，会发现用 Set User Password 进入 CMOS 时，只能修改 Set User Password 这一项。如果用 Set Supervisor Password 进入 CMOS，就可以修改所有项。

6. 载入默认 BIOS 设置

进入 BIOS 设置，将光标移动到 Load Optimized Defaults 上，Load Optimized Defaults 是"调入出厂设定值"的意思，即在一般情况下的优化设置。将光标用上下箭头移到这一项，然后回车，屏幕提示"是否载入默认值"，系统默认为 N，我们输入 Y 表示"是"，这样，BIOS 就恢复到默认设置了。最后一步选择 SAVE & EXIT SETUP 保存退出，在弹出的对话框中输入 Y，重新启动后 BIOS 就会按照默认设置工作。

7. 保存与退出 BIOS 设置

在 BIOS 设置结束后，可退到主菜单选择 Save & Exit Setups 退出 BIOS 设置，在弹出的对话框中选择 Y，然后按回车键。也可以在主菜单位置直接按 F10 键存盘退出。如果不需要保存设置并退出 BIOS，则需要在主菜单中选择 Exit Without Saving，在弹出的对话框中选择 Y，然后按回车键。

7.4 BIOS 优化设置

BIOS 设置对系统性能的影响非常大，是最重要的设置。优化的 BIOS 设置，可大大提高 PC 整体性能；而不恰当的设置则会导致系统性能下降，运行不稳定，甚至出现死机等现象。

BIOS 设置比较复杂，需要较多的计算机硬件知识，如果对 BIOS 优化设置没有把握，可选择厂商提供的 Load Optimized Defaults 选项，使用厂商默认的优化设置。

如果你的机器遇到了兼容性问题而经常出错或死机，可以选择 Load BIOS Default 选项。此选项采用厂商提供的 BIOS 默认值，默认值采用的都是最基本设置，是最保守的 BIOS 设置方案，往往能解决许多故障。

下面就 BIOS 显著影响系统性能的选项的设置给出建议值。

- **Quick Power On Self Test**：快速开机自检设置。在每次 PC 开机时，都会通过 POST 自检 PC 各部件，建议将该项设置为 Enabled，可简化 POST 过程，以缩短启动时间。
- **CPU Internal Cache**：默认为 Enabled（开启），它允许系统使用 CPU 内部的第一级 Cache。此项一般不要轻易改动。该项若设置为 Disabled，将会严重影响系统的性能。
- **CPU External Cache**：默认设为 Enabled，用来控制主板上的第二级（L2）Cache。根据主板上是否带有 Cache，选择该项的设置。
- **Virus Warning**：病毒警告。在程序试图改写引导扇区或文件分配表时发出警告，可以防止某些计算机病毒入侵。打开这个功能会影响某些程序的运行，尤其是在进行操作系统安装的时候。通常在安装操作系统时，关闭此功能；在操作系统安装结束后，再将此功能打开。
- **Boot Up Floppy Seek**：开机软驱检测设置。打开该功能后，系统在启动时将检测软驱，这会引起 1s～2s 的延迟；关闭此功能可加快启动速率，延长软驱寿命。建议关闭此功能。
- **First Boot Device**：当计算机开机时，BIOS 尝试从外部存储设备中载入启动程序。可供选择的启动设备一般有：CD-ROM、Floppy（软驱）、HDD-X（硬盘，X 表示具体序号）。
- **Aggressive Mode**：高级模式设定。若想在系统稳定状态下获得较好的效能，可以尝试开启此项功能以增加系统效能，不过必须使用速度较快的 DRAM（60ns 以下）内存。

- **VIDEO BIOS Cacheable**：视频快取功能，默认值为 Disable。其值为 Enable 时，启用快取功能以加快显示速度；为 Disable 时，关闭此功能。
- **Security Option**：此项目共有两个选项可供选择：System（开机验证口令）和 Setup（CMOS 设置验证口令）。
- **Memory Holeat Address**：默认值为 None，一些 ISA 卡会要求使用 14MB～16MB 或 15MB～16MB 的内存地址空间，若选取 14MB～16MB 或 15MB～16MB，则系统将无法使用这部分内存空间。
- **IDE HDD Block Mode**：设置是否使用 IDE 硬盘快速传输模式。
- **Auto Configuration**：自动状态设定。当设定为 Enabled 时，BIOS 依最佳状态设定，此时 BIOS 会自动设定 DRAM Timing，所以会无法修改 DRAM 的细时序。建议选用 Enabled，因为任意改变 DRAM 的时序可能造成系统不稳或不开机。
- **Resources Controlled By**：系统资源控制方式。可以设置为 Auto（自动）或 Manual（手动）。
- **Power Management**：电源管理。设置电源的工作模式，有 4 种设定：Max Saving（最大节电）、Min Saving（最小节电）、Disable（关闭节电功能）、User Defined（用户定义）。
- **口令设置**：为了增强保密性，BIOS 提供了口令设置。选择该选项，在弹出的小对话框中输入口令；在重复输入口令确认后，口令就被设定。现在的 BIOS 程序一般提供普通用户口令（User Password）和超级用户口令（Supervisor Password），后者的级别高于前者。

完成 BIOS 设置后，选择 SAVE to CMOS and EXIT（保存并退出）或者按 F10 键使设置更改生效。如果不想保存当前更改的设置，选择 Quit Without Saving（不保存退出）。

7.5 BIOS 自检报警声的含义

7.5.1 Award BIOS 报警声的含义

- **1 短**：系统正常启动。这是我们每次开机都可以听到的，表明机器没有任何问题。
- **2 短**：CMOS 错误，请进入设置界面内重新设置不正确的选项。
- **1 长 1 短**：内存错误。尝试更换一个新内存条，若还是不行，只好尝试更换主板。
- **1 长 2 短**：显示器或显卡连接错误。
- **1 长 3 短**：键盘控制器错误。检查键盘接口或者更换键盘。
- **1 长 9 短**：主板 Flash RAM 或 EPROM 错误，BIOS 损坏。
- **不断地响（长声）**：内存条未插紧或损坏。此时可以关机并重新插内存条，如果还是不行，只有更换一条内存。
- **不停地响**：电源、显示器未和显卡连接好。检查一下所有的插头。
- **重复短响**：电源问题，需要检查电源。
- **无声音无显示**：电源问题。

7.5.2 AMI BIOS 报警声的含义

- **1 短**：DRAM 更新错误。
- **2 短**：内存奇偶校验失败。在设置界面中将内存关于 ECC 校验的选项设为 Disable。一般来说，内存条有奇偶校验并且在 CMOS 设置中打开奇偶校验，这对计算机系统的稳定性是有好处的。
- **3 短**：系统基本内存检查失败。建议更换内存。
- **4 短**：系统时钟出错。

- **5 短**：CPU 错误。也可能是 CPU 插座或其他什么地方有问题，如果此 CPU 在其他主板上正常，则肯定是主板出错。
- **6 短**：键盘控制器错误。检查一下键盘接口是否连接好，或者换一个新键盘试一下。
- **7 短**：系统实模式错误，不能切换到保护模式。这也属于主板的问题。
- **8 短**：显卡内存错误。显卡上的存储芯片可能有损坏的，如果存储芯片是可插拔的，只要找出坏片并更换就行了；否则，显卡需要维修或更换。
- **9 短**：ROM BIOS 检验和错误。更换一块同类型的好 BIOS。
- **10 短**：寄存器读/写错误。只能是维修或更换主板。
- **1 长 3 短**：内存错误。
- **1 长 8 短**：显卡或显示器连接错误。

7.5.3 BIOS 错误信息和解决方法

（1）CMOS battery failed（CMOS电池失效）

解决方法：说明 CMOS 电池的电力已经不足，请更换新的电池。

（2）CMOS checksum error-Defaults loaded（CMOS执行全部检查时发现错误，因此载入预设的系统设定值）

解决方法：通常发生这种状况都是因为电池电力不足或者 BIOS 设置不正确所造成的，可以先换个电池试试看。如果问题依然存在，那就说明 CMOS RAM 可能有问题，最好送回原厂处理。

（3）BIOS ROM checksum error-System halted （BIOS在信息检查时发现错误无法开机）

解决方法：通常这个错误不常见，可能出现在升级 BIOS 的时候，更换新的 BIOS 芯片即可。

（4）Display switch is set incorrectly（显示开关配置错误）

解决方法：较旧型的主板上有跳线，可设定显示器为单色或彩色，而这个错误提示表示主板上的设定和 BIOS 里的设定不一致，更新错误的设定即可。

（5）Press ESC to skip memory test （内存检查，可按Esc键跳过）

解决方法：如果在 BIOS 内并没有设定快速测试，那么开机就会执行电脑部件的测试；如果你不想等待，可按 Esc 键跳过或到 BIOS 中开启 Quick Power On Self Test 功能。

（6）Secondary Slave hard fail（检测到Secondary Slave硬盘失败）

解决方法：CMOS 设置不当（如没有从盘，但在 CMOS 里设为有从盘）；检查硬盘线、电源线是否安装妥当。如果都不是上述原因，则是硬盘损坏，需要更换。

（7）Override enable-Defaults loaded（当前CMOS设定无法启动系统，载入BIOS预设值以启动系统）

解决方法：可能是 BIOS 内的设定并不适合你的电脑，这时需要进入 BIOS 重新调整。

（8）Hard disk（s）diagnosis fail（执行硬盘诊断时发生错误）

解决方法：当这个信息出现时，绝大多数情况下表示硬盘已经损坏。此时可以将此硬盘连接到其他电脑上试试，如果出现同样的信息，则需要把硬盘送修。

（9）Keyboard error or no keyboard present（键盘错误，无法启动键盘）

解决方法：先将计算机关闭，将键盘连接线重新连接一次，如果重新开机后依然出现同样的信息，就可能是键盘损坏，更换新键盘即可。

（10）Memory test fail（内存测试失败）

解决方法：关闭计算机，确认主板上内存连接无误，重新开机。如果还是出现相同的信息，请以每次开机只保留一条内存的方法进行分批检测，直至出现错误信息时，将有问题的内存更换。

（11）Primary master hard disk fail（检测到Primary master硬盘错误）

解决方法：检查硬盘线、电源线是否连接好；BIOS 设置是否正确。如果都不是上述原因，则是硬盘损坏，需要更换。

（12）Primary slave hard disk fail（检测到Primary slave硬盘错误）

解决方法：检查硬盘线、电源线是否连接好；BIOS 设置是否正确。如果都不是上述原因，则是硬盘损坏，需要更换。

（13）Secondary master hard fail（检测到Secondary master硬盘失败）

解决方法：CMOS 设置不当；检查硬盘线、电源线是否安装妥当。如果都不是上述原因，则是硬盘损坏，需要更换。

7.6　升级 BIOS

目前市面上主板的 BIOS 绝大多数采用的是 Flash EPROM（闪速可擦可编程只读存储器）存储，这样就可以直接用软件来进行改写升级，从而给 BIOS 的升级带来极大的方便和更加容易的操作性。升级主板 BIOS 时，当然不仅仅是为了获得更高级别的 BIOS 版本，更重要的是可以对之前版本中的 BUG 进行修正并可以对新的硬件设备或技术提供支持。

升级主板 BIOS 之前，必须拥有 BIOS 的烧录程序（擦写程序或擦写器）和新版本的 BIOS 程序文件。BIOS 的烧录程序其实就是一个可执行文件，不同的 BIOS 生产商使用的程序是不同的，一定不要混用。比如说，Phoenix 芯片最好用它自身的烧录程序，这是最方便、最安全的方法。所以在升级 BIOS 前，必须要知道自己的主板使用的是哪一种品牌的 BIOS 芯片，然后找到相应的烧录程序。目前主板上使用最多的是 Award 和 AMI 的芯片，其烧录程序分别为 AwardFlash 和 AMIFlash。一定要注意的是，BIOS 文件必须要与主板的型号严格一致。也就是说，即使是同一品牌的主板，只要主板的型号不一致，那么 BIOS 数据也不能通用。

在确定已经具备以上的条件后，你就可以进行 BIOS 的升级操作了，具体步骤如下。

Step 01　准备工作。一般主板上有个 Flash ROM 的跳线开关，用于设置 BIOS 的只读/可读写状态。关机后，在主板上找到它并将其设置为可写（Enable 或 Write）。型号比较新的主板可以在 CMOS 中设置，详情参照主板的使用手册。

Step 02　引导计算机进入安全 DOS 模式。升级 BIOS 绝对不能在 Windows 下进行，如果遇到设备不兼容，主板就可能报废，所以一定要在 DOS 模式下升级，而且不能加载任何驱动程序。

Step 03　开始升级 BIOS（以 Award 的 BIOS 为例）。

直接运行 Awardflash.exe，屏幕显示当前的 BIOS 信息，并要求输入新的 BIOS 数据文件的名称，然后提示你是否要保存旧版本的 BIOS。建议选择 Y，将其保存起来，并起一个容易记忆的名称，然后存放在安全并且容易找到的地方。这样将来如果遇到升级失败或发现升级中存在问题时，还可以把原来的 BIOS 版本恢复，最大程度上减少损失（如果在运行的过程中 Awardflash.exe 给出一个错误提示，那很有可能是选择的升级文件和主板并不匹配；如果确定使用的升级文件与当前主板型号统一，那就继续进行，这也许是升级程序中的一个 BUG。接下来，程序会再次询问是否确定要写入新的 BIOS，选择 Y。这时会有一个进度框来显示升级的进程情况，一般情况下几秒钟之内即可完成升级操作。需要注意的是，在写入的过程中不允许断电或者半途退出。最后根据提示，将计算机重新启动。

Step 04 计算机重新启动后，如果系统能正常引导并运行，就表明升级成功了。由于 BIOS 升级需要一定的专业知识，所以新手或者不具备专业知识的用户尽量不要选择自行升级。现在市面上很多商家可以提供 BIOS 升级服务，这样既安全又快捷，不失为一种好的选择。

7.7 课后练习

一、填空题

1．BIOS 保存着计算机_____、_____、_____和_____4 种程序。

2．目前市面上较流行的主板 BIOS 主要有_____、_____、_____3 种类型。

二、选择题

1．以下哪项 BIOS 错误信息表示 CMOS 电池电力不足？（　　　　）

A. CMOS battery failed
B. CMOS checksum error-Defaults loaded
C. Override enable-Defaults loaded
D. Secondary master hard fail

2．以下哪项警报声的含义是 AMI BIOS DRAM 更新错误？（　　　）

A. 1 长 3 短
B. 8 短
C. 7 短
D. 1 短

3．以下哪项警报声的含义是 Award BIOS 显示器或显卡连接错误？（　　　）

A. 1 长 3 短
B. 重复短响
C. 1 长 9 短
D. 1 长 2 短

第8章

优化电脑性能

本章导读

本章主要介绍了如何使用软件和系统自带功能来优化我们的计算机性能。通过本章的学习，我们可以将计算机一直保持在较佳状态。

知识要点

- ✪ 系统优化的内容
- ✪ Windows 7 操作系统优化设置
- ✪ 设置优化大师
- ✪ 系统个性化设置

8.1 使用"Windows 优化大师"优化操作系统

8.1.1 优化磁盘缓存

Step 01 打开"Windows 优化大师"软件，单击左边的"磁盘缓存优化"按钮，打开如图 8.1 所示的窗口。

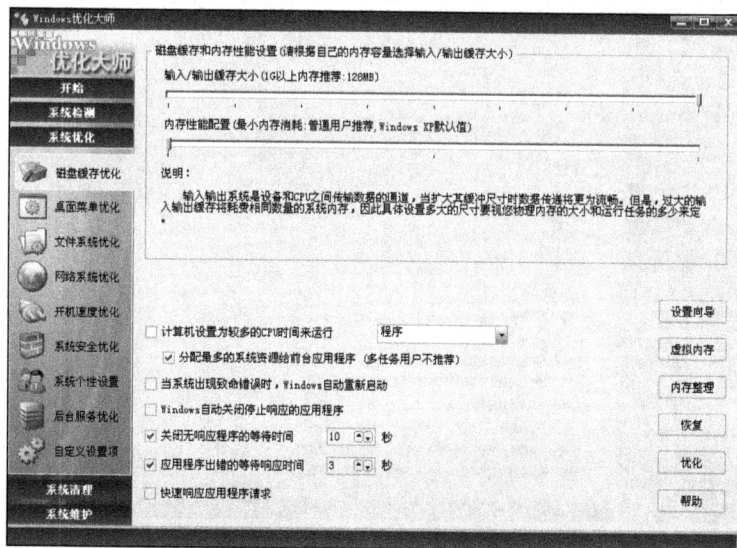

图 8.1 "磁盘缓存优化"窗口

Step 02 在"磁盘缓存优化"窗口中，拖动"输入/输出缓存大小"栏的滑块到适当值（一般 256MB 内存推荐 32MB，256MB 以上内存推荐 64MB）。

Step 03 取消选中"Windows 自动关闭停止响应的应用程序"、"快速响应应用程序请求"复选框等。

Step 04 单击"虚拟内存"按钮，打开如图 8.2 所示的对话框，选择"硬盘"为 D 盘（最好非系统盘），在"最大值"栏中输入内存容量 3 倍的数值，在"最小值"栏中输入内存容量的 1.5 倍，单击"确定"按钮。

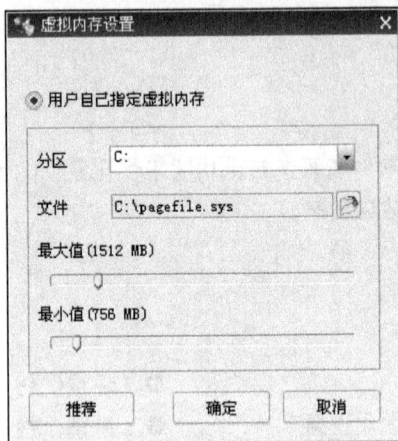

图 8.2 "虚拟内存设置"对话框

Step 05 单击"优化"按钮，退出"Windows 优化大师"，重启计算机。

8.1.2 优化桌面菜单

Step 01 打开"Windows 优化大师"软件，单击左边的"桌面菜单优化"按钮，打开如图 8.3 所示的窗口。

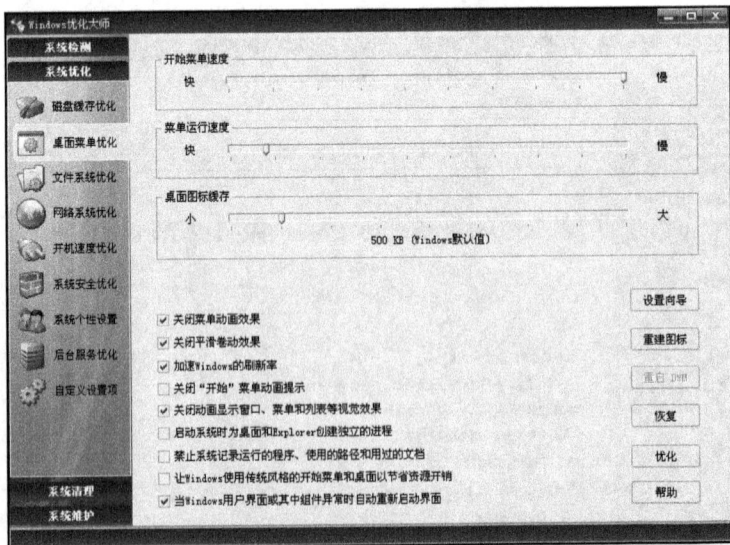

图 8.3 "桌面菜单优化"窗口

Step 02 拖动"开始菜单速度"和"菜单运行速度"栏的滑块到"快"。

Step 03 拖动"桌面图标缓存"栏的滑块到适当值（要比已使用数值大）。

Step 04 选中"关闭菜单动画效果"、"关闭平滑卷动效果"、"加速 Windows 的刷新率"、"关闭'开始'菜单动画提示"、"关闭动画显示窗口、菜单和列表等视觉效果"复选框，如图 8.4 所示，然后单击"优化"按钮。

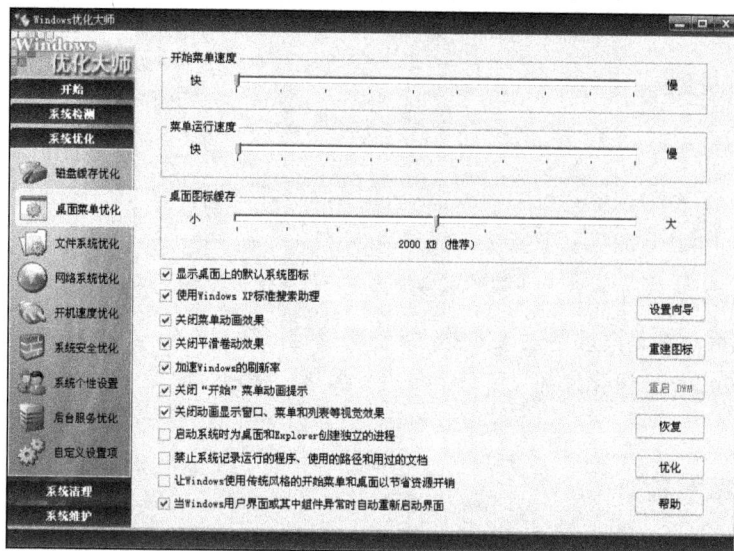

图 8.4　设置桌面系统优化

Step 05 退出"Windows 优化大师"，重启计算机。

8.1.3　优化文件系统

Step 01 打开"Windows 优化大师"软件，单击左边的"文件系统优化"按钮，打开如图 8.5 所示的窗口。

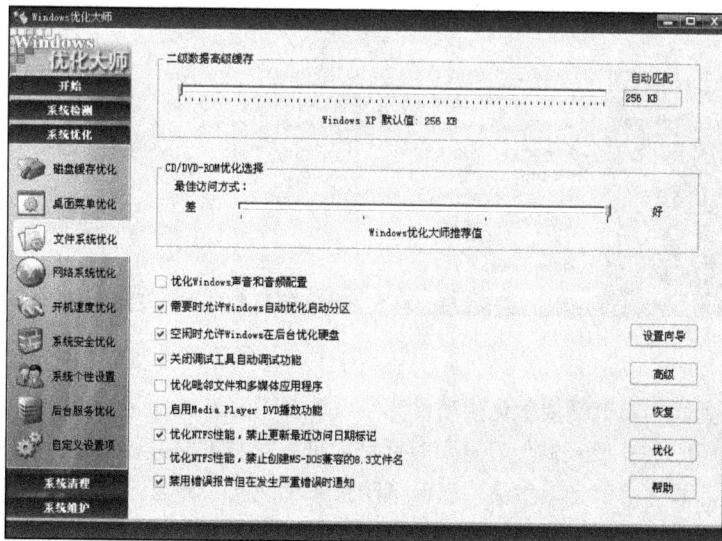

图 8.5　"文件系统优化"窗口

Step 02 拖动 "二级数据高级缓存" 滑块为 "256KB"，拖动 "CD/DVD-ROM 优化选择" 滑块为 "Windows 推荐"。

Step 03 选择 "关闭调试工具自动调节功能"、"禁用错误报告但在发生严重错误时通知" 等复选框。

Step 04 单击 "高级" 按钮，打开如图 8.6 所示的对话框。

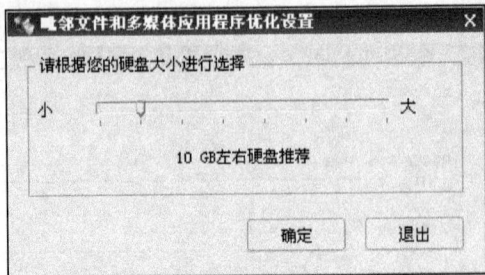

图 8.6 "毗邻文件和多媒体应用程序优化设置" 对话框

Step 05 根据硬盘大小拖动滑块到适当位置，单击 "确定" 按钮。

Step 06 返回 "Windows 优化大师" 窗口，单击 "优化" 按钮，退出 "Windows 优化大师"，重启计算机。

8.1.4 优化网络性能

Step 01 打开 "Windows 优化大师" 软件，单击左边的 "网络系统优化" 按钮，打开如图 8.7 所示的窗口。

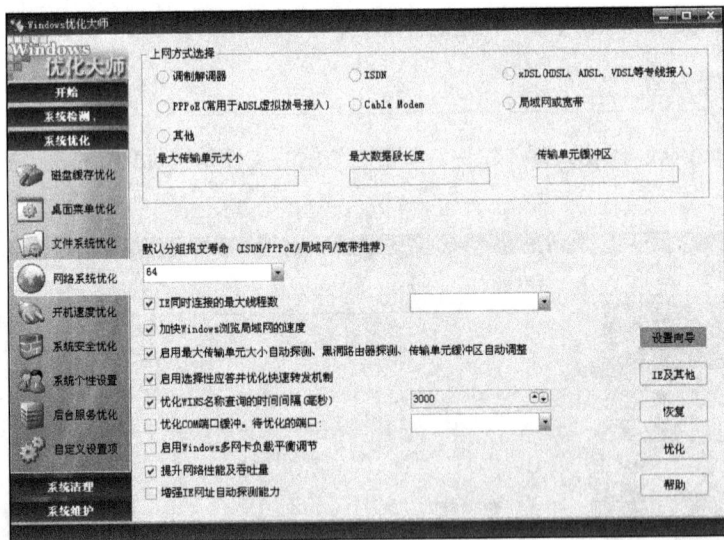

图 8.7 "网络系统优化" 窗口

Step 02 在右侧的列表中勾选需要优化的项目，然后单击 "IE 及其他" 按钮。

Step 03 在弹出的 "IE 浏览器及其他设置" 对话框中可以对浏览器进行设置，如图 8.8 所示。

Step 04 设置完成后单击 "确定" 按钮，返回 "网络系统优化" 界面，然后单击 "优化" 按钮。

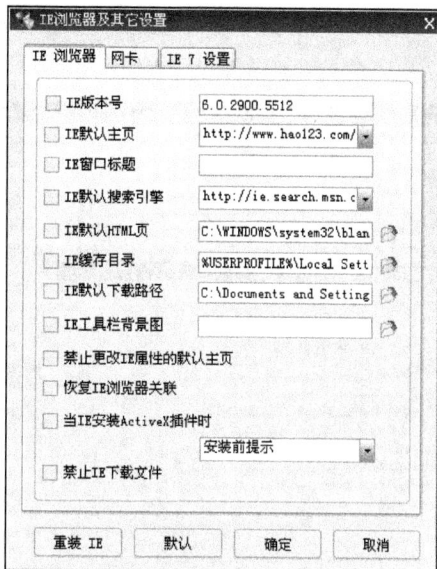

图 8.8　设置 IE 浏览器

Step 05 退出 Windows 优化大师，重启计算机。

8.1.5　优化开机速度

许多应用程序在安装时都会默认添加至系统启动组，每次启动系统都会自动运行，这不仅延长了启动时间，而且启动完成后系统资源会被占用掉不少。

Step 01 打开"Windows 优化大师"软件，单击左边的"开机速度优化"按钮，打开如图 8.9 所示的窗口。

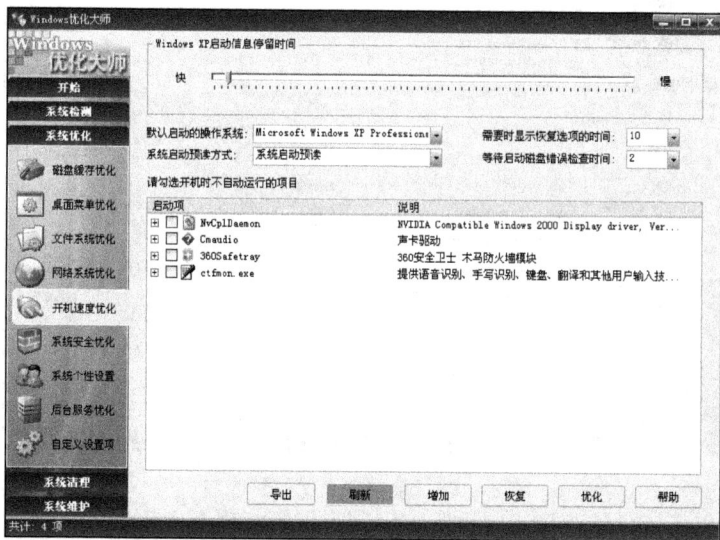

图 8.9　"开机速度优化"窗口

Step 02 在"请勾选开机时不自动运行的项目"列表框里，勾选开机不用自动运行的程序，然后单击"优化"按钮，勾选程序将从列表框中消失。

Step 03 如开机想运行的程序不在列表中，则单击"增加"按钮增加，只需在"名称"栏中输入程序名即可，如图 8.10 所示。

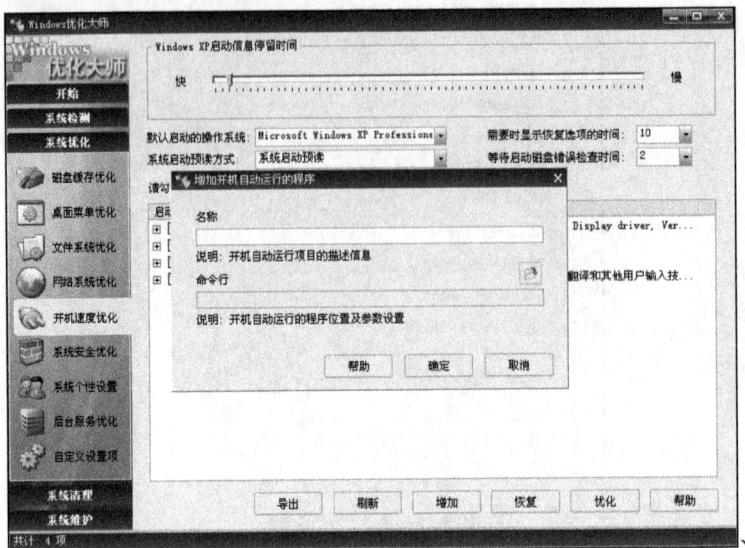

图 8.10　"增加开机自动运行的程序"对话框

8.1.6　优化系统安全

Step 01 打开"Windows 优化大师"软件，单击左边的"系统安全优化"按钮，打开如图 8.11 所示的窗口。

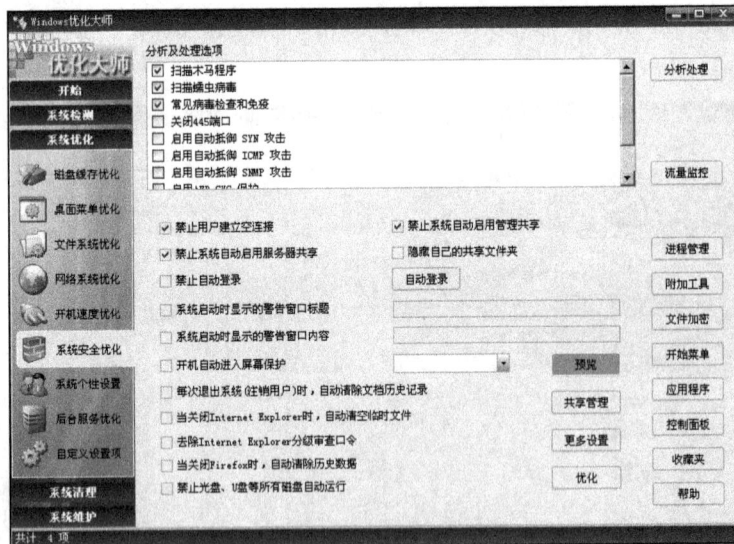

图 8.11　"系统安全优化"窗口

Step 02 在右侧的列表框中勾选需要禁止的项目，然后单击"优化"按钮。

Step 03 退出"Windows 优化大师"，重启计算机。

8.1.7 系统个性化设置

Step 01 打开"Windows 优化大师"软件，单击左边的"系统个性设置"按钮，打开如图 8.12 所示的窗口。

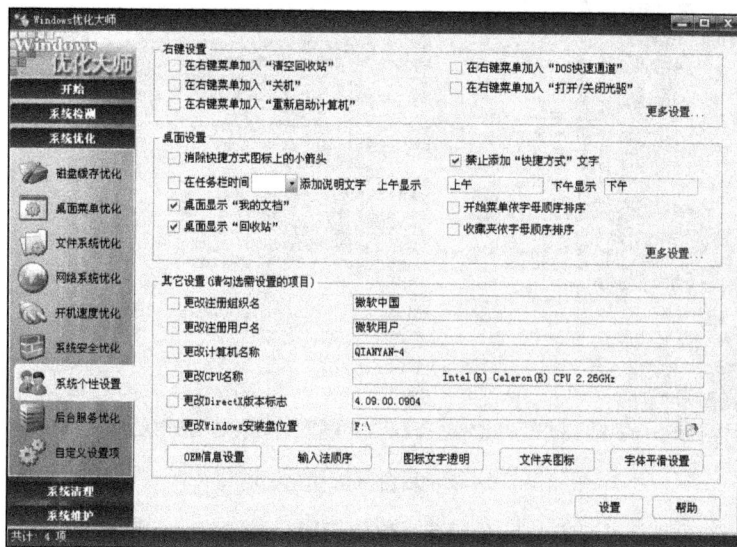

图 8.12 "系统个性设置"窗口

Step 02 在"右键设置"选项组中，我们可以设置单击鼠标右键弹出的快捷菜单选项。单击"更多设置"，在弹出的对话框中可以选择更多的设置选项，如图 8.13 所示。

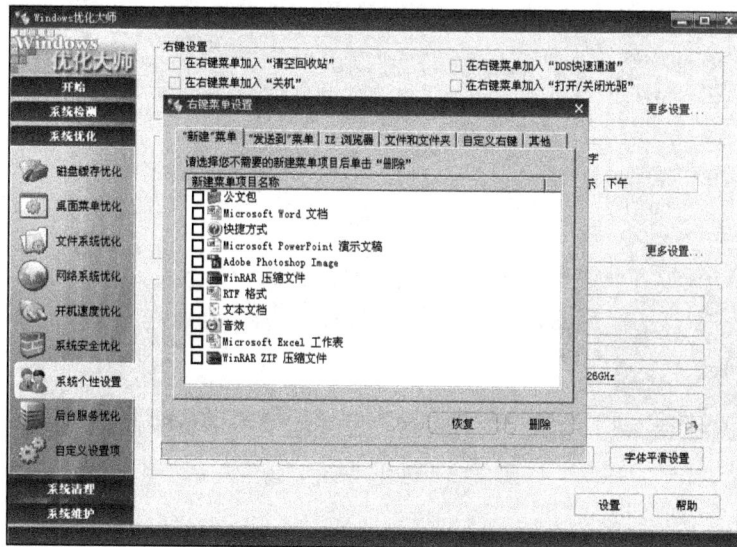

图 8.13 右键菜单设置

Step 03 退出"Windows 优化大师"，重启计算机。

8.1.8 优化后台服务

Step 01 打开"Windows 优化大师"软件，单击左边的"后台服务优化"按钮，打开如图 8.14 所示的窗口。

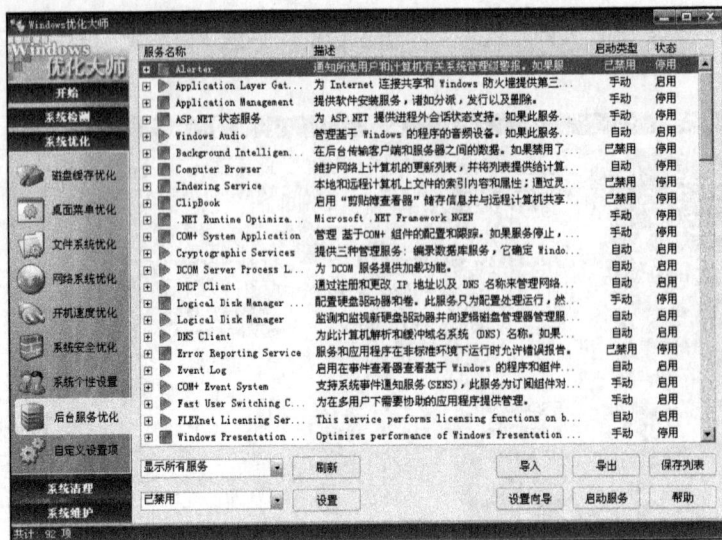

图 8.14 "后台服务优化"窗口

Step 02 右侧列表框中显示了所有的后台程序，我们可以将其设置为"手动"、"自动"或"已禁用"。

Step 03 选择一项后台服务，单击"设置"左侧的下拉按钮，可以更改其启动类型，如图 8.15 所示。

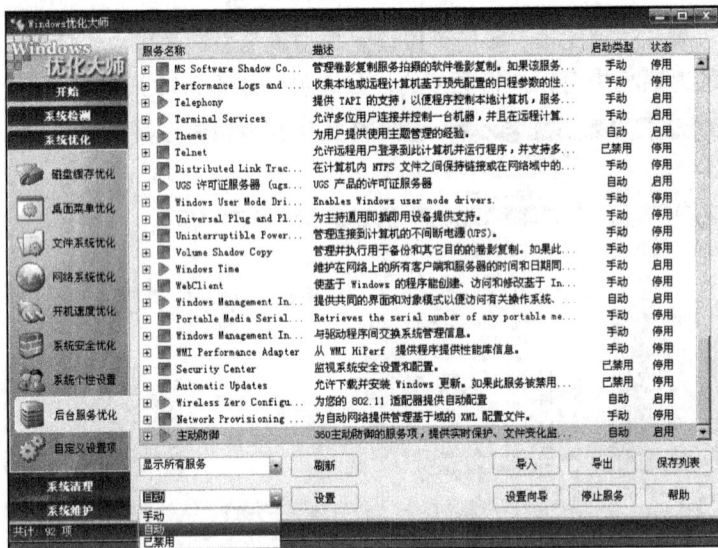

图 8.15 设置"启动类型"

8.1.9 清理注册表

Step 01 打开"Windows 优化大师"软件，单击左侧的"系统清理"下的"注册信息清理"按钮，打开如图 8.16 所示的窗口。

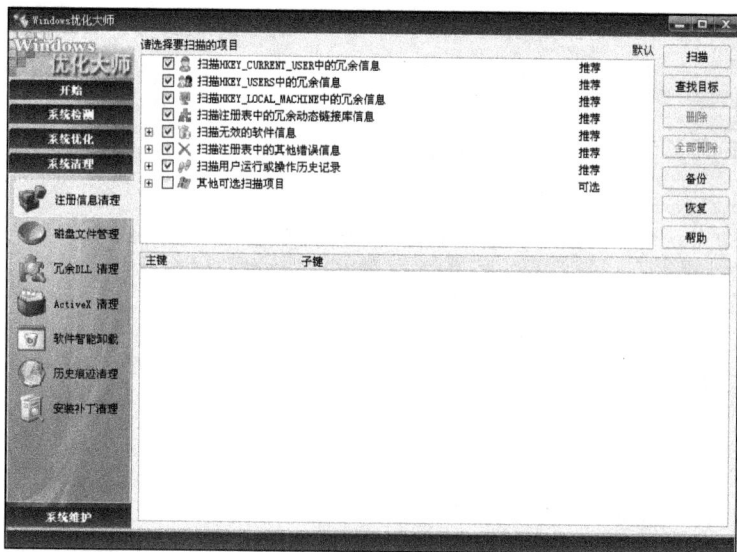

图 8.16　"注册信息清理"窗口

Step 02 选择窗口上方的扫描项目："扫描 HKEY_CURRENT _USER 中的冗余信息"、"扫描 HKEY_USERS 中的冗余信息"、"扫描 HKEY_LOCAL _MACHINE 中的冗余信息"、"扫描注册表中的冗余动态链接库信息"、"扫描无效的软件信息"、"扫描注册表中的其他错误信息"等复选框。

Step 03 单击窗口右边的"扫描"按钮，Windows 优化大师会将无用的注册表信息结果列在窗口下方，如图 8.17 所示。

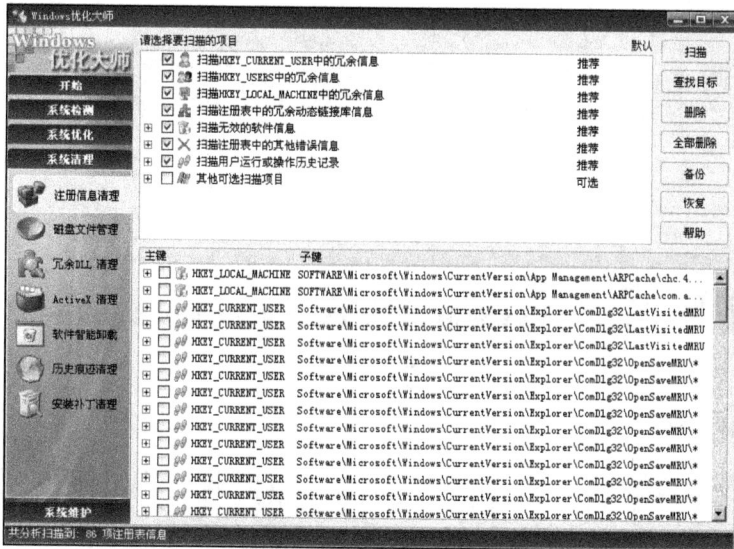

图 8.17　扫描到的注册表信息

Step 04 扫描结束后，单击窗口下边的扫描结果，然后单击"删除"按钮，将不用的注册表信息删除，这时系统提示确定删除对话框，单击"确定"按钮，如图 8.18 所示。如确认都不要也可以单击"全部删除"按钮，如图 8.19 所示。

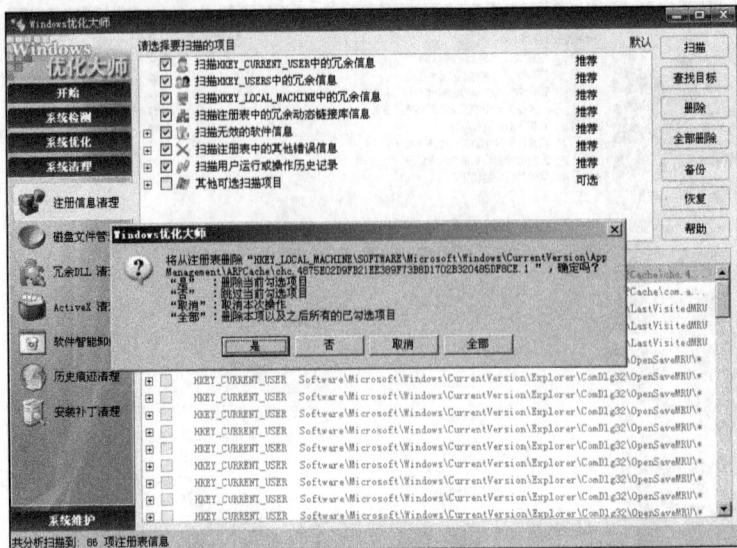

图 8.18　删除注册表信息

图 8.19　全部删除注册表信息

Step 05 退出"Windows 优化大师",重启计算机。

8.2　Windows 7 的系统优化

　　Windows 7 的系统非常庞大,这样就占用了计算机自身相当的系统资源。所以安装 Windows 7 操作系统必须要有强大的硬件支持,此外对系统进行优化也是必不可少的。只有这样才可以让系统运行更加稳定、快速。

8.2.1　将系统设为最佳性能

Step 01 使用鼠标右键单击桌面上"计算机"图标,在弹出的快捷菜单中选择"属性",如图 8.20

所示。在打开的窗口中单击左侧"高级系统设置"按钮，如图 8.21 所示。

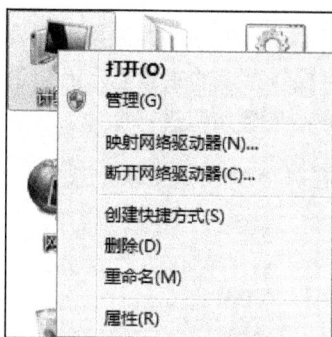

图 8.20 选择属性

图 8.21 打开"属性"窗口

`Step 02` 在弹出的"系统属性"对话框中选择"高级"选项卡，然后单击"性能"选项组中"设置"按钮，如图 8.22 所示。

`Step 03` 在"性能选项"对话框中选择"视觉效果"选项卡，然后选择"调整为最佳性能"单选按钮，如图 8.23 所示。设置完成后，分别单击"应用"按钮和"确定"按钮，从而完成我们的设置。

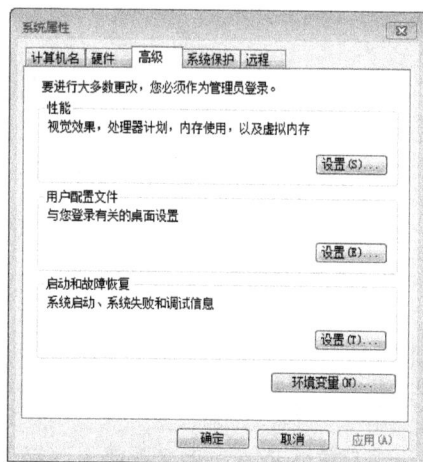

图 8.22 "系统属性"对话框

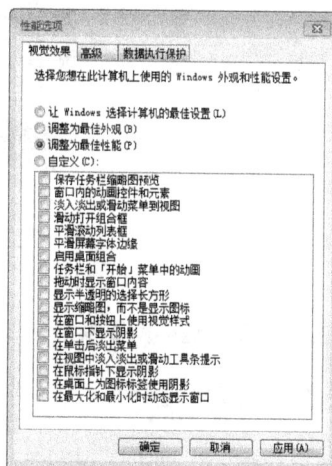

图 8.23 "性能选项"对话框

8.2.2 设置系统主题提高速度

Windows 7 绚丽的外观效果的确漂亮，但漂亮的效果就需要拿速度来交换，如果我们的计算机整体的性能不是特别高，或者不在乎操作系统的主题显示而想进一步提升系统速度，可以考虑更换主题外观来达到我们的目的。下面我们来看如何进行操作。

Step 01 在桌面上单击鼠标右键，在弹出的快捷菜单中选择"个性化"命令，如图 8.24 所示。

图 8.24 选择"个性化"命令

Step 02 在弹出的对话框中将右侧滚动条向下拖动，在"基本和高对比度主题"选项组下找到"Windows 经典"主题，如图 8.25 所示。

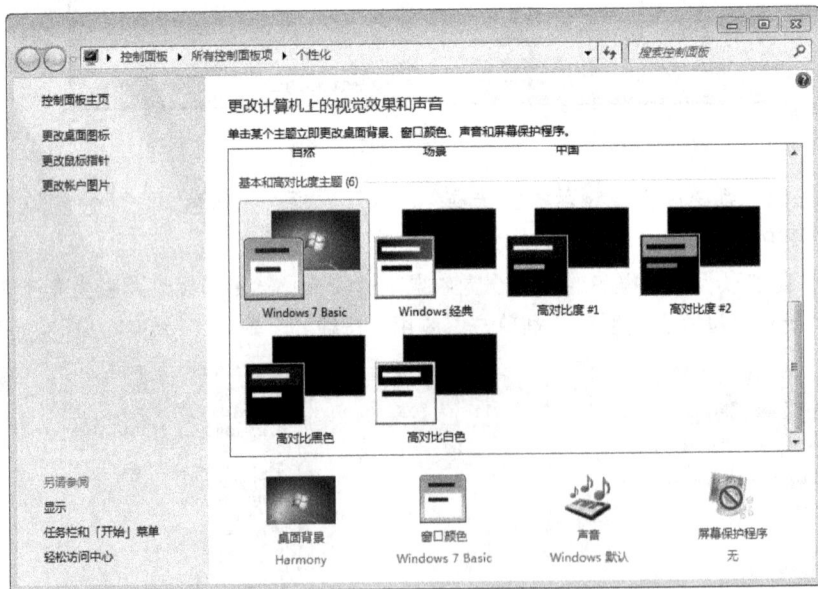

图 8.25 选择"Windows 经典"主题

Step 03 单击该主题，这样就更换了主题。

8.2.3 关闭远程差分压缩

"远程差分压缩"技术从 Windows Vista 开始引入，一直延续到 Windows 7 系统。远程差分压缩（RDC）功能是一组应用程序编程接口（API），这些应用程序可用于确定某个文件集是否发生了变化，如果是，就检测哪部分文件进行了更改。RDC 检测文件中数据的插入、删除和重新排列，使应用程序能够仅复制文件的已更改部分。

在实际应用环境中，"远程差分压缩"功能并不是很实用，我们可以选择将 Windows 7 系统中默认打开的此项程序进行关闭，具体操作步骤如下。

Step 01 选择"开始"按钮，单击右侧"控制面板"选项，如图 8.26 所示。

图 8.26 打开的"开始"菜单

Step 02 弹出"控制面板"窗口，在其中选择"程序和功能"按钮，如图 8.27 所示。

图 8.27 打开"控制面板"窗口

Step 03 弹出"卸载或更改程序"窗口，单击左上角"打开或关闭 Windows 功能"按钮，如图 8.28 所示。

图 8.28 "卸载或更改程序"窗口

Step 04 在打开的"Windows 功能"窗口中，在其列表框中取消勾选"远程差分压缩"复选框，如图 8.29 所示。

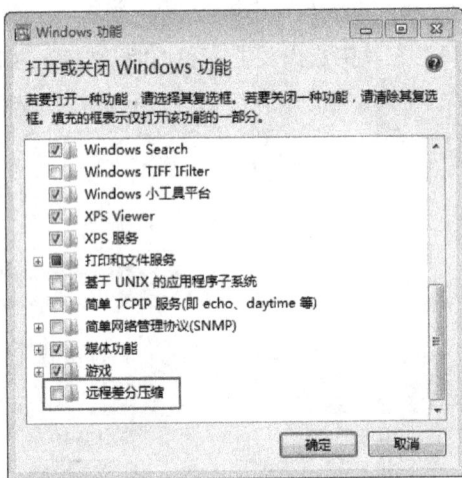

图 8.29 取消勾选"远程差分压缩"复选框

Step 05 设置完成后，单击"确定"按钮，此项更改需要重启计算机才能生效，我们只需要重新启动计算机即可。

8.2.4 使用任务管理器查看内存使用情况

Windows 7 的任务管理器不但可以查看系统进程或软件所占的物理内存大小，还可以查看系统进程或软件所占虚拟内存的大小。我们可以关闭一些不需要开启的进程来优化系统。

Step 01 打开"Windows 任务管理器"。按键盘上"Ctrl+Alt+Del"快捷键，在弹出的界面中选

择"启动任务管理器",然后弹出"Windows 任务管理器"对话框,选择"查看"|"选择列"命令,如图 8.30 所示。

Step 02 在弹出的"选择进程页列"对话框中,勾选"内存—提交大小"复选框,如图 8.31 所示。

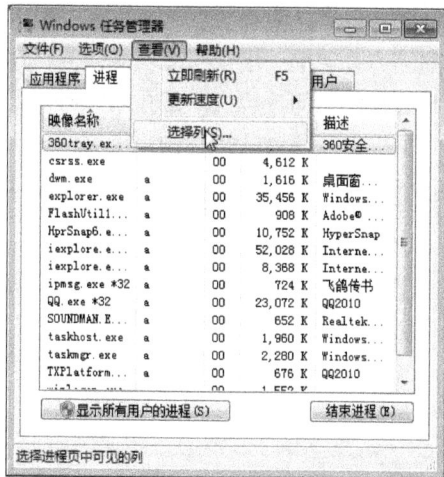

图 8.30 "Windows 任务管理器"窗口

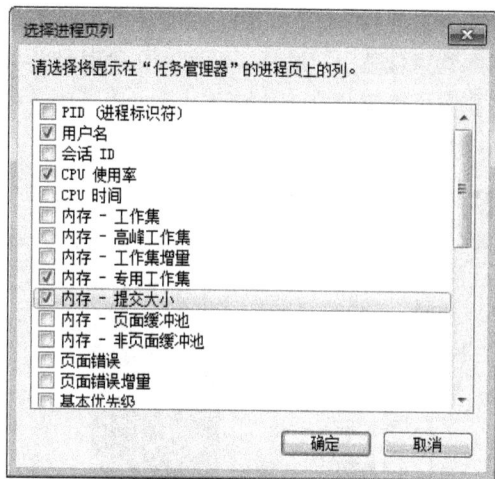

图 8.31 选择进程页列

Step 03 设置完成后,单击"确定"按钮,返回到"Windows 任务管理窗口",就可以看到进程中所使用虚拟内存的大小,如图 8.32 所示。在熟悉每一个进程代表具体含义的情况下,我们可以关闭一些使用不到的进程。

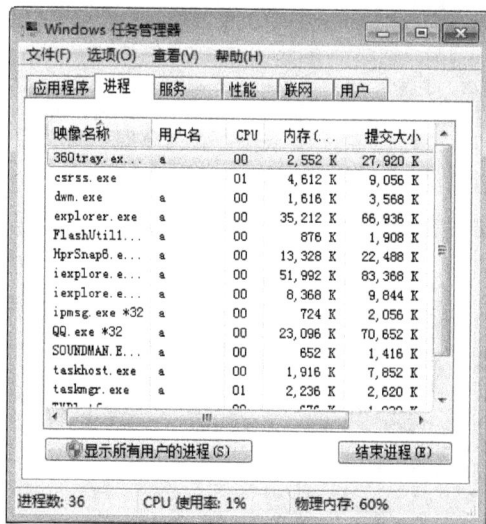

图 8.32 查看虚拟内存使用

8.2.5 磁盘碎片整理

磁盘碎片整理,就是通过系统软件或者专业的磁盘碎片整理软件对电脑磁盘在长期使用过程中产生的碎片和凌乱文件重新整理,释放出更多的磁盘空间,可提高电脑的整体性能和运行速度。

当应用程序所需的物理内存不足时,一般操作系统会在硬盘中产生临时交换文件,用该文件所占用的硬盘空间虚拟成内存。虚拟内存管理程序会对硬盘频繁读写,产生大量的碎片,这是产生硬盘碎片的主要原因。其他（如 IE 浏览器浏览信息时生成的临时文件或临时文件目录）的设置也会造成系统中形成大量的碎片。文件碎片一般不会在系统中引起问题，但文件碎片过多会使系统在读文件的时候来回寻找，引起硬盘性能下降，严重的还要缩短硬盘寿命。

　　硬盘在使用一段时间后，由于不断写入和删除文件，磁盘中的空闲扇区会分散到整个磁盘中不连续的物理位置上，这样，再读写文件时就需要到不同的地方去读取，增加了磁头的来回移动，降低了磁盘的访问速度。我们可以通过整理磁盘碎片来提高磁盘的访问速度。下面介绍如何使用系统中自带的程序来进行碎片整理。

Step 01 选择"开始"｜"所有程序"｜"附件"｜"系统工具"｜"磁盘碎片整理程序"命令，如图8.33 所示。系统会弹出"磁盘碎片整理程序"窗口，如图 8.34 所示。

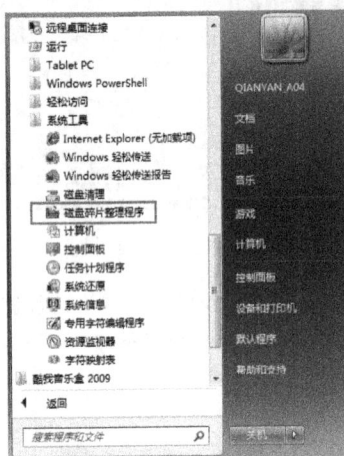

图 8.33　选择"开始"菜单　　　　　　　　图 8.34　对磁盘碎片进行分析

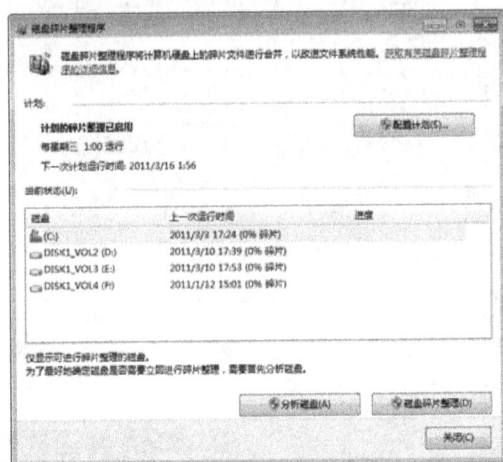

Step 02 在"磁盘碎片整理程序"窗口中，选择一个磁盘分区，然后单击"分析磁盘"按钮，一段时间后就可以分析出碎片文件占磁盘容量的百分比，如图 8.35 所示。我们可以根据得到的百分比来确定是否需要对磁盘碎片进行整理，如果需要，单击"磁盘碎片整理"按钮。整理过程比较漫长，需要耐心等待。

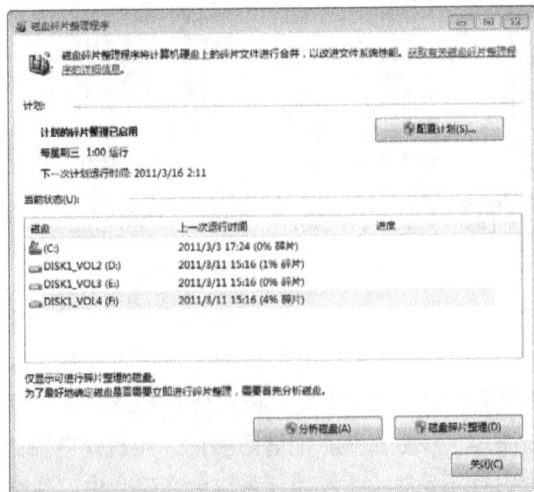

图 8.35　查看磁盘分析结果

8.3　使用"360 安全卫士"优化操作系统

8.3.1　开机加速

打开"360 安全卫士 7.6"软件，选择"功能大全"选项卡，选择"开机加速"选项，如图 8.36 所示。

图 8.36　"功能大全"窗口

这里能对启动项、服务、计划任务进行优化，给出建议。可以关闭一些不用开机启动的项目，优化我们的系统。根据工作的需要来对开机启动项目进行设置，可以将其设置为"建议禁止"、"建议启动"、"可以禁止"、"维持现状"，如图 8.37 所示。

- "建议禁止"的项目通常是系统无用服务、计划任务、病毒启动项、启动加速程序。禁止之后可以减少开机启动程序，使计算机运行更快。
- "建议启动"的项目通常是杀毒软件、厂商驱动支持组件。这样，可以在开启计算机时系统和硬件正常工作并对计算机进行保护。
- "可以禁止"指的是像 QQ、飞鸽这类聊天软件，用户可以根据喜好进行设置，一键优化不做优化。
- "维持现状"指的是 360 安全中心未知的启动项，建议用户不要私自修改。

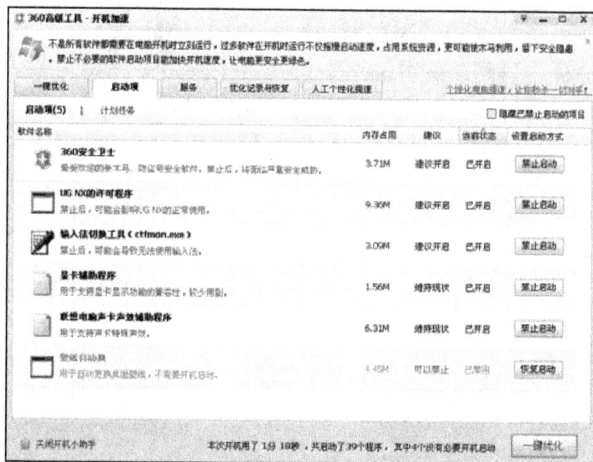

图 8.37　设置开机加速

8.3.2 清理系统垃圾

所谓系统垃圾，是指系统不再需要的文件的统称。当我们长时间使用电脑后，都会产生相当数量的系统垃圾，比如浏览网页、安装后又卸载的程序残留文件及注册表信息，这些都是对系统毫无作用的文件。所以我们需要定期进行清理，从而使系统运行更加的流畅。一般情况下，不建议用户手动进行清理，因为有时操作不当误删一些系统文件而导致系统瘫痪，这里我们使用"360 安全卫士"软件来进行清理。

Step 01 打开"360 安全卫士"软件，在主页面中选择"清理垃圾"选项卡，如图 8.38 所示。

图 8.38 选择"清理垃圾"选项卡

Step 02 在弹出的对话框中勾选所有选项，然后单击"开始扫描"按钮，会出现扫描的进度条，只需等待扫描结束即可。扫描结束后会显示系统垃圾数量，这时单击"立即清除"按钮即可清除，如图 8.39 所示。当使用播放器播放文件时，会在计算机中产生历史记录，时间长了历史记录增多也会影响运行速度，所以可以使用"360 安全卫士"中的"清理痕迹"选项来进行清理，如图 8.40 所示。由于操作方法相同，在这里就不一一赘述。

图 8.39 清理磁盘垃圾

图8.40　清理使用痕迹

8.4　课后练习

一、填空题

1．硬盘在使用一段时间后，由于不断的＿＿＿＿和＿＿＿＿文件，磁盘中的空闲扇区会分散到整个磁盘中不连续的物理位置上。

2．建议禁止的项目通常是系统无用服务、计划任务、＿＿＿＿和＿＿＿＿。禁止之后可以减少开机启动程序，使计算机运行更快。

3．所谓系统垃圾，是指＿＿＿＿的统称。

二、选择题

1．以下哪项设置无法使用"Windows 优化大师"软件实现？（　　　　）

    A. 个性化设置　　　　　　　B. 定时关机

    C. 优化后台服务　　　　　　D. 优化文件系统

2．使用 Windows 7 自带功能无法优化下面的哪一项？（　　　　）

    A. 磁盘碎片整理　　　　　　B. 关闭远程差分压缩

    C. 设置系统最佳性能　　　　D. 设置开机启动程序

第*9*章

电脑维护基础

本章导读

本章介绍了计算机的硬件与软件以及计算机安全维护的方法。通过本章可以学习到计算机的日常保养、及时发现问题并处理及保证计算机的安全。

知识要点

- ✪ 电脑维护常识
- ✪ 电脑的软件与硬件维护
- ✪ Windows 注册表及维护
- ✪ 电脑维护的内容
- ✪ 数据的备份
- ✪ 计算机安全维护

9.1 电脑的日常保养

其实，许多电脑故障都是由于用户缺乏必要的日常维护或维护方法不当所造成的。如果我们注意日常维护，便能防患于未然，并且将故障所造成的损失减少到最低程度，不仅可以使电脑保持比较稳定的工作状态，还能最大限度地延长电脑的使用寿命。

9.1.1 保证电脑系统良好的工作环境

环境对电脑寿命影响很大，只有工作在一个适当的外部环境下，才能保证电脑正常地运行，发挥其功效。

- **温度**：电脑理想的工作温度是常温环境，即 10℃~45℃，温度太高或太低都会影响配件的寿命。
- **湿度**：电脑理想的相对湿度应为 30%~80%，湿度太高会影响配件的性能发挥，甚至引起一些配件的短路；而湿度太低则容易产生静电，同样对配件不利。
- **洁净度**：灰尘被喻为电脑硬件的"天敌"。灰尘在电脑内部长期积累后，往往会造成短路。聚积在光驱光头上的灰尘，不仅使读写光盘时产生错误，严重时还会划伤盘面，造成其上数据的损坏和丢失。因此，电脑在运行一段时间后，应进行相应的清洁工作，如光驱的清洁、主机内电路板的清洁等。
- **电磁干扰**：电脑的主要外部存储介质是磁材料，较强的磁场环境很容易造成硬盘上数据的损失。强磁场还会影响电脑的正常运行，并可能使显示器产生花斑、抖动等。电磁干扰主要来源于音响设备、电机、大功率电器及电源等。在使用电脑时，应尽量使电脑远离电磁干扰源。
- **电源**：供电电源对电脑的影响也很大，交流电正常的范围应在 220V±10%，频率范围是 50Hz±5%，并且具有良好的接地系统。有可能的话，应使用 UPS 来保护电脑，使得电脑在市电中断时能继续运行一段时间。

9.1.2 要有良好的操作习惯

误操作是导致电脑故障的主要原因之一。要减少或避免误操作，必须有良好的操作习惯。

- 要正确开/关机。不要在驱动器灯亮时强行关机，也不要频繁地开/关机，每次关、开机之间的时间间隔应不小于 30s。正常开/关机能减少对主机的损害，因为在主机通电的情况下，打开或关闭外设的瞬间对主机产生的冲击较大。频繁开机或关机对各配件的冲击很大，尤其是对硬盘的损伤更为严重。机器正在读写数据时突然关机，很可能会损坏驱动器（硬盘、光驱等）；更不能在机器工作时搬动机器。当然，即使机器未工作时，也应尽量避免搬动机器，因为过大的振动会对硬盘一类的配件造成损坏。另外，关机时必须先关闭所有的程序，再按正常的顺序退出，否则有可能损坏程序。
- 理想舒适的工作姿势因人而异，应根据自己的需要和工作性质，安排位置和计算机的工作环境，舒适与否是最重要的。
- 尽量避免各种光源的直接照射与反射，以免对眼睛造成损害。
  - ◈ 放置显示器的位置，应避免来自各种光源的直接照射与反射。尽可能将显示器调整到与窗口及其他光源合适的角度。必要时，请关闭电灯或使用低瓦数的灯泡，以减少光线的强度。因为室内光线在一天中会有所变化，所以适当地调节显示器的亮度与对比度是必需的。
  - ◈ 显示器镜面上的灰尘会影响亮度，请经常清洁。
- 电源插座的位置，以及与电源线和连接到显示器、打印机与其他装置的接线长度，都会影响计算机最后的摆放位置。
  - ◈ 确定有足够数量的电源插座，可供计算机、显示器与其他设备使用。
  - ◈ 除非必要，请避免使用延长线；尽可能将电源线直接插到插座中。
  - ◈ 避开过道或其他会绊倒的地方，整齐摆放电源线和各类接线。
- 将计算机放置在一个清洁、干燥的环境中。湿气有可能使一些零配件短路，并引起危险的电击。
- 确定将计算机放置于平坦、坚固的表面上。
- 不要将物体放置于显示器上方，也不要盖住显示器或计算机的通风口。这些通风口可使空气流通，使计算机和显示器不会因过热而造成故障或损坏零件。因此，通风孔周围需要保留约 5cm 以上的空间，才能通风良好。
- 让食物和饮料远离所有的计算机设备。食物碎屑与残渣可能会使键盘与鼠标变得黏黏的，且无法使用。
- 要养成定期清洁计算机的好习惯。
- 系统非正常退出或意外断电后，应尽快进行硬盘扫描，及时修复错误。因为在这种情况下，硬盘的某些簇链接会丢失，给系统造成潜在的危险，如不及时修复，会导致某些程序紊乱，甚至危及系统的稳定运行。

9.1.3 主要部件使用的注意事项

- **主板**：主板要注意防静电和形变。静电可能会弄坏 BIOS 芯片和数据、损坏各种晶体管的接口门电路；板卡变形后会导致线路板断裂、元件脱焊等严重故障。

- **CPU**：CPU 是电脑的心脏，要注意防高温和高电压。高温容易使内部线路发生电子迁移，缩短 CPU 的寿命；高电压很容易烧毁 CPU，超频时应尽可能不用提高内核电压的方法。
- **内存**：内存要注意防静电，超频时也要小心，一旦达不到所需频率，极易出现黑屏，甚至发热损坏。
- **硬盘**：要注意防震动，大的震动可能使磁头组件划伤盘片，造成硬盘物理损坏，并且破坏其中的数据，尤其是不要在硬盘灯闪烁时挪动计算机。
- **光驱**：光驱要注意防灰尘和震动。灰尘是激光头的杀手，震动会使光头接触盘片，损坏光头。劣质光盘会加大光头伺服电路的负担，加速机心的磨损，加快激光管的老化。
- **电源**：要尽量避免注意防反复地开机、关机。
- **显示器**：在加电的情况下（特别是已加电一段时间后）及刚刚关机时，不要移动显示器，以免造成显像管灯丝的断裂；显示器应远离磁场，以免显像管磁化、抖动等。
- **键盘**：键盘要防止潮气、灰尘、拖曳。受潮腐蚀、沾染灰尘都会使键盘触点接触不良，操作不灵。拖曳易使键盘线断裂，使键盘出现故障。
- **鼠标**：鼠标要防灰尘、强光以及拉曳。强光会干扰光电管接受信号，拉曳同样会使"鼠尾"断裂，使鼠标失灵。

9.1.4 其他方面

- 保持机箱内部正常的温度，因为即使不超频，CPU、显卡、内存条等部件工作时总是要发热的，要随时留意机箱内的风扇是否转动正常。
- 集中保管各种原始资料，如说明书、驱动盘等。
- 不要在电脑附近吸烟或吃东西，避免污染电脑的键盘、鼠标及硬盘等部件。尤其是不要把水杯放在键盘的周围。
- 做好静电防护工作。当人接触到与人体带电量不同的载电体（如计算机中的板卡）时，就会产生静电释放。所以在拆卸、清洁各种硬件之前，必须断开所有电源，双手通过触摸地线、自来水管、金属等方法释放身上的静电。

9.2 软件的维护

　　软件故障在电脑故障中所占比例很大，特别是频繁地安装和卸载软件，对软件系统的影响很大，因此要对软件进行经常性维护。

　　在 Windows XP 环境下对软件进行维护，可按下述步骤。

Step 01 用干净的系统盘启动机器，选择新版杀毒软件进行病毒检测，确保系统没有病毒。

Step 02 执行"设备管理器"，查看有无带黄色"!"或是红色"X"的设备选项。如果有，说明硬件设备有问题或冲突，一般可以先删除该设备，然后进行"刷新"，按照安装向导重新安装设备驱动程序或进行必要的驱动程序升级。

Step 03 执行"附件"|"系统工具"|"磁盘清理"，搜索并删除硬盘中的各类临时文件、中间文件、衍生文件以及无效文件。一般来说，每个硬盘分区的剩余空间不应小于该分区容量的 15%左右，对于 C 盘则越大越好。

Step 04 使用 CleanSwap 等工具软件对 Windows 的 DLL 动态链接库进行扫描，删除多余无用的库文件。

`Step 05` 在桌面上执行"开始"|"运行",打开注册表编辑器(regedit),单击"导出注册表文件",随后再单击"导入注册表文件"。由于在"导出"时系统会将注册表多余的内容删除,所以该方法可删除注册表中的一些无用信息。

`Step 06` 执行"附件"|"系统工具"|"系统信息"|"工具"|"注册表检查程序",确保注册表文件正确无误;接着再执行"工具"|"系统文件检查器",确保 Windows 系统文件的完整性。

`Step 07` 执行"附件"|"系统工具"|"磁盘清理",修复错误、交叉链接等磁盘错误;再执行"附件"|"系统工具"|"磁盘碎片整理程序",并选定"重新安排程序文件以使程序启动得更快"选项。

`Step 08` 重新启动机器,注意观察运行速度是否有所提高。更重要的是,系统的稳定性是否进一步加强。

9.3 硬件的维护

对硬件也要定期进行维护,平时要注意经常检查,及时发现和处理硬件问题,以防止故障的扩大。进行全面维护时应先备妥螺丝刀、镜头拭纸、皮老虎、回形针、小型台扇等基本维护工具,然后按下面的步骤进行。

`Step 01` 切断电源,将主机与外设间的连线拔掉,用十字螺丝刀打开机箱,再用皮老虎细心地吹拭板卡上的灰尘,尤其注意面板进风口的附近和电源排风口附近,以及板卡的插接部位,同时应用台扇吹风,以便将被皮老虎吹起来的灰尘和机箱内壁上的灰尘带走。

`Step 02` 将电源盒拆开,电脑的排风主要靠电源风扇,因此电源盒里积落的灰尘最多,用皮老虎仔细清扫干净后装上。

`Step 03` 将回形针展开,插入光驱前面板上的应急弹出孔,稍稍用力,光驱托盘就可以打开。用镜头拭纸将所及之处轻轻擦拭干净,注意不要探到光驱里面去,也最好不要使用影碟机上的"清洁盘"进行清洁。

`Step 04` 如要拆卸板卡,在安装时要注意位置是否准确、插槽是否插牢、连线是否正确等。

`Step 05` 用镜头拭纸将显示器屏幕擦拭干净。

`Step 06` 用皮老虎将键盘键位间的灰尘清理干净。

9.4 使用 Ghost 备份数据

保护计算机中数据的最好方法是定期对数据进行备份。如果是网络中的计算机,一般都由备份服务器来完成这项工作。而在单独的计算机中,只有通过硬盘来备份数据了。GHOST 是一套功能强大的硬盘备份软件,它可以轻松而又快速地完成数据备份。在本节中,主要讲解如何使用 GHOST 备份数据。

Ghost 的功能如下。

- 两个硬盘(Disk)的备份。
- 两个硬盘的分区(Partition)备份。
- 制作硬盘的映像文件(Image File)。
- 两台电脑之间的硬盘备份(通过 LPT 连线或网卡连线)。

由于 Ghost 各功能的操作步骤都大同小异，只是选择的备份源和目的地不同而已，所以这里以直接将两个硬盘进行备份为例进行讲解。在直接将两个硬盘进行备份时，注意只要备份的源硬盘中数据占用的空间小于目的硬盘的容量即可。备份的步骤如下。

Step 01 输入 Ghost 后回车，弹出版权界面。

Step 02 又弹出主功能界面，选择 Local|Disk|To Disk 命令，如图 9.1 所示。

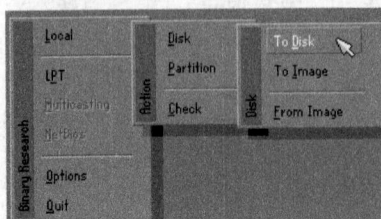

图 9.1　选择 To Disk 命令

Step 03 这时就出现源磁盘（source drive）选单，选择 C 盘（Drive 1），如图 9.2 所示。

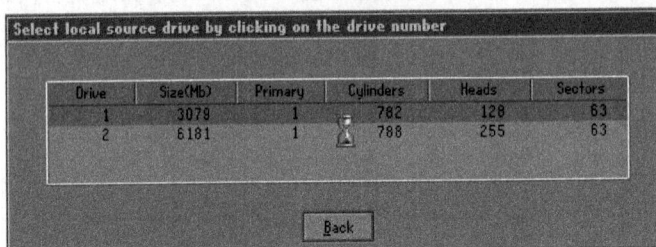

图 9.2　选择源盘

Step 04 当出现目标磁盘（destination drive）选单时，请选择 D 盘（Drive 2），如图 9.3 所示。

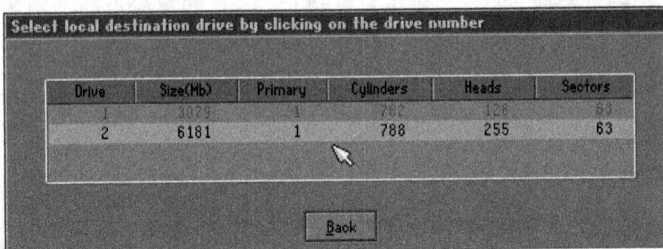

图 9.3　选择目标盘

Step 05 这时，屏幕出现目标磁盘的内容界面，如图 9.4 所示。在这里可以输入容量大小，由于是硬盘与硬盘之间的备份，所以直接单击 OK 按钮。

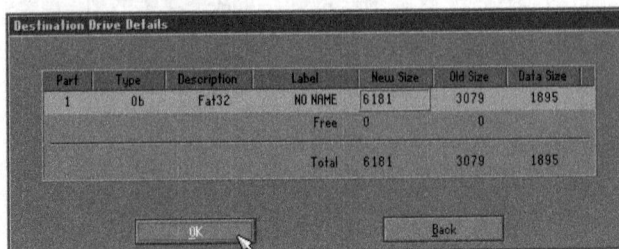

图 9.4　显示目标驱动器信息

Step 06 屏幕出现确认信息，如图 9.5 所示，单击 Yes 按钮即开始备份。之后开始显示进度及备份状态信息，如图 9.6 所示。

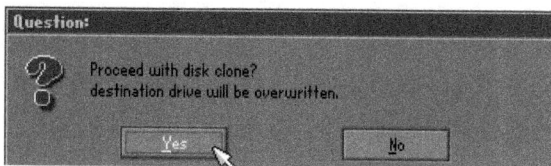

图 9.5　备份提示信息

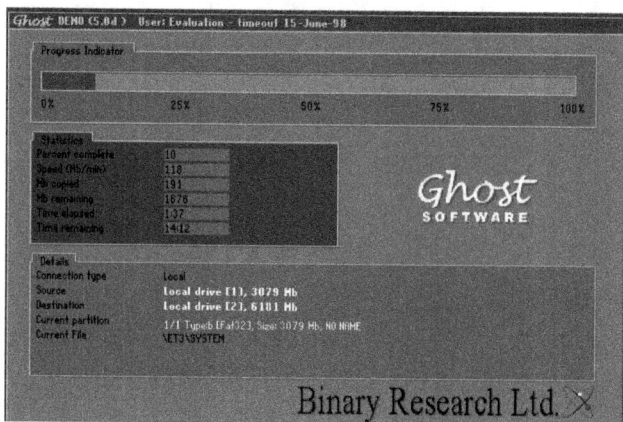

图 9.6　显示备份状态及进度信息

Step 07 备份完毕后，会显示备份花费的时间等信息，并弹出一个备份成功的对话框，如图 9.7 所示。

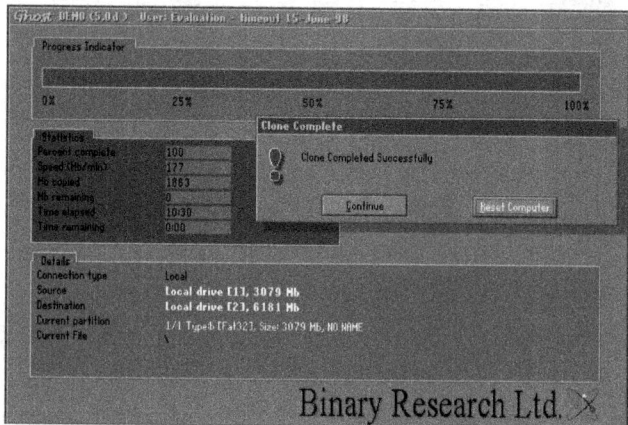

图 9.7　备份成功

Step 08 单击 ReSet Computer 按钮，重新开机即可。

注 意

如果目的硬盘没有进行分区和格式化，也可以直接进行备份，备份后目的硬盘将采用和源硬盘一样的分区。要在很多配置相同的计算机上安装操作系统，可以先在一块硬盘上安装好系统，然后采用两个硬盘直接备份的方法来为每个硬盘复制系统，最后只要在各自的计算机中进行简单修改即可。

9.5 Windows 注册表及其维护

注册表是 Windows 的一个内部数据库，是一个巨大的树状分层的数据库。它容纳了应用程序和计算机系统的全部配置信息、系统和应用程序的初始化信息、应用程序和文档文件的关联关系、硬件设备的说明、状态和属性以及各种状态信息和数据等。

注册表中存放着各种参数，直接控制着 Windows 的启动、硬件驱动程序的装载以及一些 Windows 应用程序的运行，从而在整个 Windows 系统中起着核心作用。

Windows 注册表主要包括以下内容。

- 软、硬件的有关配置和状态信息。注册表中保存有应用程序和资源管理器外壳的初始条件、首选项和卸载数据。
- 联网计算机的整个系统设置和各种许可、文件扩展名与应用程序的关系，硬件部件的描述、状态和属性。
- 性能记录和其他底层的系统状态信息，以及其他一些数据。

Windows 将所有注册表文件存入两个文件——System.dat 和 User.dat 中。它们是二进制文件，不能用文本编辑器打开查看。它们存于 Windows 目录下，具有隐含、系统和只读属性。其中，System.dat 包含了计算机特定的配置数据，如安装的硬件和设备驱动程序的有关信息等；User.dat 包含了用户特定的数据，如桌面设置、墙纸和窗口颜色设置等。

9.5.1 注册表编辑器

注册表的打开方式很简单，选择"开始"|"运行"，在弹出的"运行"对话框中输入 regedit，单击"确定"按钮即可。

可以看到，在注册表中，所有的数据都是通过一种树状结构以键和子键的方式组织起来，类似于目录结构。每个键都包含了一组特定的信息，每个键的键名都是和它所包含的信息相关的。

在注册表中，关键字可以分为两类：一类是由系统定义的，一般称为"预定义关键字"；另一类是由应用程序定义的，由于安装的应用软件不同，其登录项也就不同。在 Windows 系统中，打开"注册表编辑器"，可以看到注册表中的关键字，如图 9.8 所示。

注册表通过主关键字（最上层的为"根键"，如图 9.9 中 HKEY_CURRENT_USER 就是一个根键）和子键来管理各种信息，图中的 SOFTWARE 是一个主键，展开后就可以看到它里面的子键。

图 9.8 注册表中的关键字

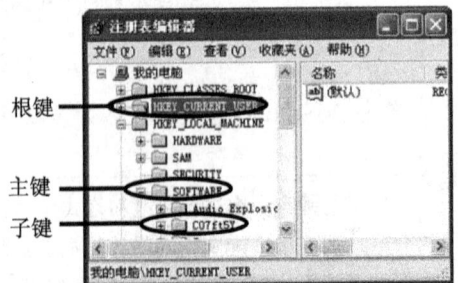

图 9.9 主键和子键

如果这个键包含子键，则在注册表编辑器窗口的左边出现一个"＋"，用来表示在这个文件夹内还有好多内容。如果这个文件夹被用户打开了，那么"＋"就变为"－"，与使用资源管理器的方法是一样的。

在注册表编辑器右窗格中，保存的都是键值项数据。注册表中的所有信息是以各种形式的键值项数据保存下来，如图 9.10 中的键值项 Installed Version 的数据为 REG_SZ 2.1.0。其中，REG_SZ 是该键值的数据类型；2.1.0 代表该键值被赋予的数值。

这些键值项数据可分为 3 种类型：二进制值、DWORD 值和字符串值。在注册表中，键值项数据包含"键值名"（如图 9.11 中的 Opened）与"键值"（如图 9.11 中的 REG_DWORD）。

图 9.10　键值项数据

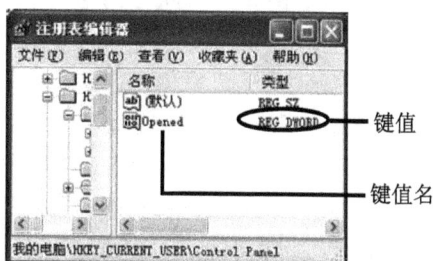

图 9.11　键值名与键值

1．二进制

在注册表中，二进制（BINARY）是没有长度限制的，可以是任意个字节的长度。在"注册表编辑器"中，二进制数据以十六进制的方式显示出来，如图 9.12 所示，图中的 OVER-PID192 的键值就是一个二进制数据。

双击键值名，弹出"编辑二进制数值"对话框，可以在二进制和十六进制之间进行切换，如图 9.13 所示。

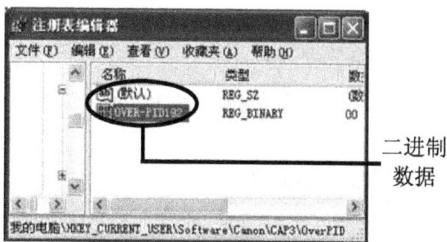

图 9.12　二进制数据

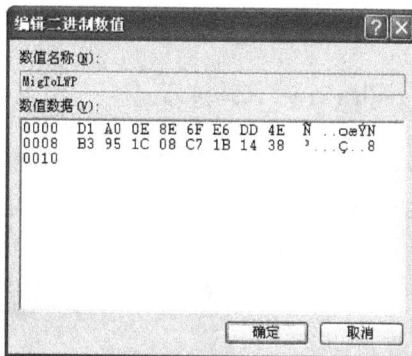

图 9.13　"编辑二进制数值"对话框

2．DWORD 值

DWORD 值是一个 32 位（4 个字节，即双字）长度的数值。在"注册表编辑器"中，将会发现系统以十六进制的方式显示 DWORD 值，如图 9.14 所示。

在编辑 DWORD 数值时，可以选择用十进制或十六进制的方式进行输入，如图 9.15 所示。

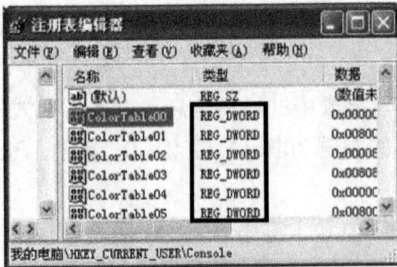

图 9.14　DWORD 值

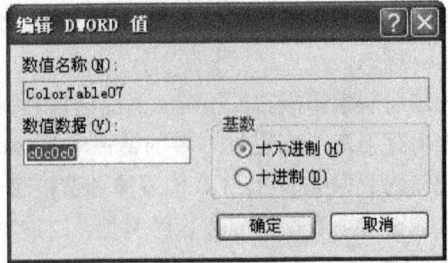

图 9.15　"编辑 DWORD 值"对话框

3. 字符串值

在注册表中，字符串值（SZ）一般用来表示文件的描述、硬件的标识等。通常，它由字母和数字组成，如图 9.16 所示。

如图 9.17 所示输入栏中的内容即为一个键值，它是一种字符串值类型。通过键值名、键值就可以组成一种键值项数据，这就相当于 Win.ini、System.ini 文件中小节下的设置行。其实，使用"注册表编辑器"将这些键值项数据导出后，其形式与.ini 文件中的设置完全一样。

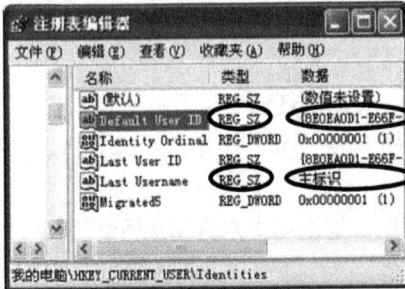

图 9.16　字符串值

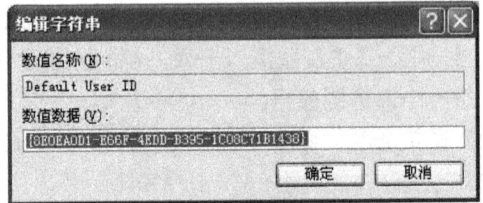

图 9.17　编辑字符串

9.5.2　Windows XP 注册表

Windows XP 注册表配备的注册表编辑器为 regedit.exe，是从原来的 Windows 9x 继承下来的。不过，由于使用环境变了，Windows XP 的注册表编辑器和 Windows 9x 的有较大区别：打开后，主键变为 5 个，而不是原来 Windows 9x 中的 6 个，如图 9.18 所示。

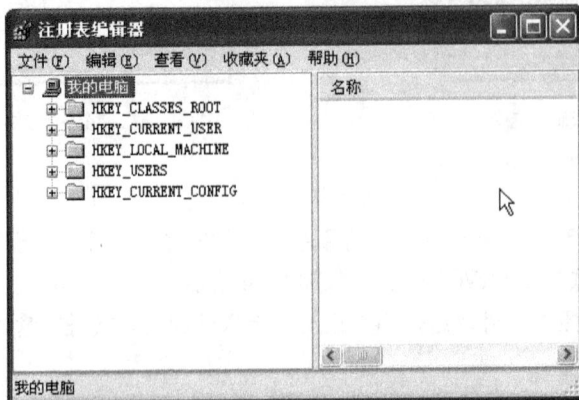

图 9.18　Windows XP 注册表

Windows XP 注册表由以下 5 个分支组成。

- **HKEY_LOCAL_MACHINE 根键**：该根键中存放的是用来控制系统和软件的设置。由于这些设置是针对那些使用 Windows 系统的用户而设置的，是一个公共配置信息，所以它与具体用户无关。
- **HKEY_CLASSES_ROOT 根键**：该根键记录的是 Windows 操作系统中所有数据文件的信息，主要记录不同文件的文件名后缀和与其对应的应用程序。当用户双击一个文档时，系统可以通过这些信息启动相应的应用程序。
- **HKEY_CURRENT_CONFIG 根键**：该根键中存放的是当前配置文件的所有信息。
- **HKEY_USERS 根键**：该根键中保存的是默认用户（.DEFAULT）、当前登录用户与软件（Software）的信息。
- **HKEY_CURRENT_USER 根键**：该根键中保存的信息（当前用户的子键信息）与 HKEY_USERS.Default 分支中所保存的信息是相同的。

9.5.3 注册表的备份

注册表由两个文件组成——System.dat 和 User.dat，它们存放在 Windows 目录下。通过导出、导入的注册表文件格式为.reg。而自动备份的注册表文件以.cab 压缩格式存放于 WINDOWS\sysbckup 文件夹中，它还包括了另外两个重要文件——System.ini 和 Win.ini。

1．在 Windows 下备份注册表

进入系统桌面，选择"开始"|"运行"命令，在"运行"对话框中输入 regedit，打开注册表后，选择"注册表编辑器"窗口中的"文件"|"导出"命令，打开如图 9.19 所示的对话框。输入文件名，选择"导出范围"为"全部"，单击"保存"按钮即可。

图 9.19 导出注册表文件

2．在 DOS 下备份注册表

进入 DOS 系统，在 DOS 盘符下输入：

```
Scanreg/backup <回车>
```

3．直接进行备份注册表

直接将 Windows 目录下的 System.dat 及 User.dat 两个文件复制到备份媒介上，当系统瘫痪而无法进入 Windows 系统时，进入 DOS 系统再将该备份替换覆盖回原处，就可恢复以前备份的正常数据。

9.5.4　注册表的恢复

进入 Windows XP 系统，选择"开始"|"运行"命令，输入 regedit 或 regedit32 打开"注册表编辑器"，选择"导入注册表文件"对话框中的备份.reg 文件，单击"打开"按钮，便重新向注册表写入正确信息，如图 9.20 所示；也可以直接双击.reg 文件将其信息添加到注册表。

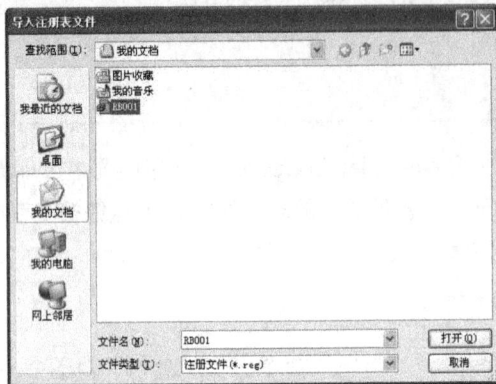

图 9.20　导入注册表文件

该方法主要适合于 Windows 系统还未瘫痪或能在启动时按 F8 键的方法，选择安全模式启动 Windows 系统时作为恢复注册表之用。

9.5.5　注册表的修复

修复注册表一般有以下几种方法。

- **重新启动电脑**：通过重新启动将硬盘中的信息调入内存来修正各种错误。
- **使用安全模式启动系统**：在安全模式下启动系统可以自动修复注册表问题。
- **重新检测设备**：如果注册表中关于某种设备的信息发生错误，那么系统就无法正确管理这个设备。这时，用户可以删去这个设备，让系统重新检测这个设备并再安装一次。
- **重新安装**：当用户很难找到导致注册表损坏的原因时，可以重新安装驱动程序、应用程序或系统。

9.5.6　维护注册表

1．删除注册表文件

在注册表中有很多无用的东西，可以在 HKEY_LOCAL_MACHINE\Software 和 HKEY_CURRENT_USER\Software 主键下找到不需要的键值，并将其删除。如 HKEY_LOCAL_MACHINE\Software\Microsoft\Windows\CurrentVersion\TimeZone 对应的时区、HKEY_LOCAL_MACHINE\System\CurrentControlSet\Control\Keyboardlayouts 对应的语言种类和输入法等，都可以根据自己的需要有选择地删除。

2. 删除失效的文件关联

注册表文件中有关文件关联的内容存储在 HKEY_CLASSES_ROOT 键下，其中 a~z 部分用来定义文件类型，A~Z 部分用来记录打开文件的应用程序。一般说来，在第二部分中打开可疑键值后，如果在子键 Command 下没有内容，则说明这个键值是空的。如果确认用来打开文件的程序已经不存在了，可以将这个键删除。或者通过"文件管理器"｜"查看"｜"选项"｜"文件类型"命令来查看那些使用通用文件图标的项目。

3. 删除已卸载软件的残留键值

许多软件在卸载后，仍然会在注册表文件中留下一些信息，这些信息实际已经没有用处。它们一般都保存在 HKEY_LOCAL_MACHINE\Software 和 HKEY_CURRENT_USERS \.DEFAULT\Software 子键中。可以在这些子键中查找那些已经被卸载的软件残留信息子键，并将其彻底删除。

4. 如何删除多余的 DLL 文件

在 Windows XP 的 System 子目录下存有大量的 DLL 文件，这些文件可能被系统或应用程序共享。但是由于经常安装和卸载软件，就会在 System 目录下留下一些 DLL 垃圾文件。它们不但占用了硬盘空间，而且还降低系统的运行速度。

删除它们的步骤如下。

`Step 01` 运行 regedit，打开"注册表编辑器"。

`Step 02` 单击 HKEY_LOCAL_MACHINE\Software\Microsoft\Windows\CurrentVersion\Shared-DLLs 分支，这里 SharedDLLs 子键记录的就是有关程序共享的 DLL 信息，每个 DLL 文件的键值说明它已被几个应用程序共享。如果是二进制键值为 00 00 00 00，则表明不被任何程序共享。

`Step 03` 从 System 目录中删除对应的文件。

5. 清理注册表中的软件信息垃圾

虽然现在绝大多数基于 Windows 的软件都自带了卸载程序或是为 Windows 的"添加/删除程序"提供了卸载信息，但它们大多数在卸载时并不会将注册表中的相关信息文件删除（这些信息主要是软件在初始安装时写到注册表中的有关生产商、ID 号、用户名等），导致注册表越来越庞大，无用的软件信息垃圾越来越多，系统变得非常臃肿。可以在注册表中用手工方式删除这些无用的信息，清除系统垃圾。

清除方法：打开 HKEY_CURRENT_USER\Software，它的下面包含的子键一般以软件生产商命名，如微软出品的一系列软件都包含在 Microsoft 子键项中。如果确信某些软件已被删除，就可以将其对应的键值全部删除。

9.6 计算机安全维护

随着计算机网络应用的普及，计算机安全问题显得越来越重要，网络给人们带来便利的同时，也带来了不安全隐患，诸如黑客攻击、蠕虫、木马、网络钓鱼等攻击手段层出不穷，给计算机用户带来了很大威胁。因此，做好计算机安全维护工作成为计算机用户的一项重要工作。

要做好计算机的安全维护，可以从以下几个方面着手。

1．安装防火墙

"防火墙"是指用来将内网与互连网分开的方法，是一种隔离技术。防火墙会在两个网络通信时执行一些过滤，允许有权限的用户和数据进入内部网络，同时将没有权限的用户和数据拒之门外，防止他们更改、复制、破坏内部网络计算机的资料。比较常见的防火墙软件有天网防火墙、金山毒霸等，这些软件都提供了自动监控功能，一旦发现有不安全的访问会立即阻止。要发挥防火墙的防护作用，必须对其进行定时更新。

2．安装 360 杀毒软件

防范电脑病毒的最好办法是安装杀毒软件，应该安装杀毒软件的实时监控程序，并定期进行软件升级和更新病毒库。应设置每天定时更新监控程序的病毒库，以保证能抵御最新出现的病毒攻击。

3．安装防间谍软件

间谍软件（Spyware）是一种在用户不知情下偷偷进行安装，并把截获的信息发送给第三者的软件。间谍软件能附在共享文件、可执行图像等，趁机进入用户的系统。间谍软件的主要用途是跟踪用户的上网习惯，有些还记录用户的键盘操作，捕捉屏幕图像。一般用户要做到避免间谍软件的侵入，可从下面 3 个途径入手。

- 把浏览器调到较高的安全等级。
- 在电脑上安装防止间谍软件的软件。
- 对将要安装的共享软件，到其官方网站了解详情。

4．不要下载来历不明的软件、电子邮件和附件

不要下载来历不明的软件及程序。将下载的软件及程序集中放在某个目录，在使用前最好用杀毒软件查杀病毒。不要打开来历不明的电子邮件及其附件。在互连网上有许多种病毒是通过电子邮件来传播的，这些病毒邮件通常都会以带有噱头的标题来吸引用户打开其附件，对于来历不明的邮件应当将其拒之门外。

5．避免共享文件夹

不要以为在内网上共享文件就安全，其实你在共享文件的同时已有软件漏洞呈现，外界可以自由地访问你的文件。因此共享文件应该设置密码，一旦不需要共享时立即关闭。不要将整个硬盘设定为共享，如某一访问者将系统文件删除，会导致电脑系统全面崩溃，无法启动。

6．设置不同而复杂的密码

网上需要设置密码的地方很多，如网上银行、上网账户、E-mail 以及一些网站会员等。尽可能使用不同的密码，以免因一个密码泄露导致所有资料外泄。设置密码时要避免使用有意义的英文单词、姓名缩写以及生日、电话号码等，最好采用字母与数字混合的密码。不要贪图方便，选择"记忆密码/保存密码"的功能，并定期修改自己的密码。

7．警惕"网络钓鱼"

网上一些黑客利用"网络钓鱼"手法进行诈骗，如建立假冒网站或发送含有欺诈信息的电子邮件，盗取网上银行、网上证券或其他电子商务用户的账户密码，从而窃取用户资金。注意留意政府和银行、证券等有关部门的提醒，防止上当受骗。

9.7 课后练习

一、填空题

1. 电脑理想的工作温度在_____之间，理想的相对湿度在_____。
2. 电脑的日常维护主要包括_____维护和_____维护。
3. 保护计算机中数据的最好方法是_____对数据进行_____。
4. Windows 操作系统注册表的两个文件是_____、_____。

二、选择题

1. 以下除哪项外，都可能影响电脑的正常使用？ （   ）

   A. 温度   B. 湿度   C. 电磁干扰   D. 噪声

2. Ghost 软件可以提供除以下哪项外的所有功能？ （   ）

   A. 快速擦除硬盘内容   B. 两个硬盘的分区（Partition）备份
   C. 制作硬盘的映像文件（Image File）   D. 两台电脑之间的硬盘备份

3. Windows 注册表文件的扩展名是（   ）。

   A. RAR   B. ZIP   C. DOC   D. REG

4. 以下除哪项外，都是维护计算机安全的重要措施？ （   ）

   A. 安装防火墙软件   B. 经常使用杀毒软件查毒
   C. 不要上网   D. 不要随便安装来历不明的软件

第10章

管理电脑中的软件

本章导读

本章我们介绍了常用软件的类型和安装卸载方法，以及如何规范的管理计算机中的软件。只有通过安装相应的软件才能使我们的计算机发挥出强大的功能。

知识要点

- 了解软件的类型
- 如何管理计算机中的软件
- 了解软件的基本安装和卸载方法
- 常用软件的类型和功能

10.1 软件的基本操作

10.1.1 安装软件

Windows 系统中支持各种软件的安装与应用，这些软件有的可以直接在网上下载，有的需要购买光盘通过光盘来进行安装。也有一些绿色免安装版的软件是可以不用安装，直接使用的。

安装软件的形式分为以下几种。

第一种是整个软件只有一个运行程序，也就是安装程序，我们习惯称为安装包。这类软件一般是 EXE 格式，我们只需要双击后根据提示进行安装即可，例如 QQ、优化大师、迅雷等。

第二种是压缩软件，这些格式的压缩软件往往是由多个文件组成的。常见的压缩软件格式有RAR、ZIP 等。这就需要安装前用压缩软件（如 WinRAR、WinZIP）对压缩包进行解压，解压完成后找到安装程序进行安装。

第三种是光盘文件，所有的安装程序都存储在光盘中，用户需要购买光盘才可以进行安装，例如 Microsoft Office、MAYA 等。这类软件在光盘中都会有一个安装文件（一般情况下为 Setup.exe或 Install.exe）和唯一的序列号，找到安装文件进行安装，然后根据提示输入序列号就可以正常使用。此类软件安装时必须使用光驱且安装过程中不可以将光盘退出光驱，只有全部安装成功后才可将光盘取出，否则安装失败。

还有一种软件是光盘镜像软件（其格式一般为 ISO、NRG 等），是将整张光盘的数据光轨完整地刻录到硬盘上，通过虚拟光驱软件直接在硬盘上读取，读取成功后即可找到软件安装程序进行安装。这样，即使没有光也可以打开光盘里面的内容，还可以保护光盘，延长光驱寿命。

运行安装程序时，大多数软件都会有安装向导，我们可以根据安装向导一步步进行安装。一般需要以下几个安装步骤。

① 运行安装程序，然后会出现许可协议界面，用户需要同意或者接受才可以进行下一步的安装；如果选择不同意，则直接退出安装。

② 弹出设置安装路径对话框，一般默认安装路径是 C 盘，这里我们可以使用默认的安装路径或者自定义安装路径。

③ 有些软件安装完成后会弹出输入序列号的对话框，我们可以输入已有的序列号或者选择试用。试用期一般为 30 天；输入序列号后可以永久使用。

④ 全部设置完成后，会出现安装完成界面。关闭该界面后，我们的软件就安装完成了。有的软件安装完成需要重新启动计算机，重启后软件即可正常使用。

下面我们以"Windows 优化大师"为例介绍软件的安装方法。

Step 01 双击运行安装程序，会弹出安装向导界面，如图 10.1 所示。单击"下一步"按钮。

图10.1　安装向导界面

Step 02 弹出"许可协议"界面，选择"我接受协议"复选框，如图 10.2 所示，单击"下一步"按钮。

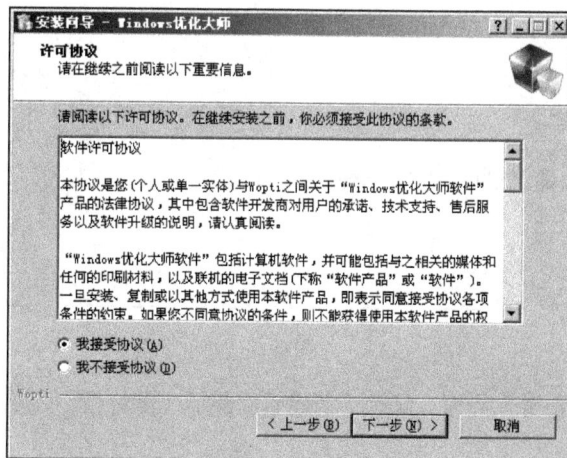

图 10.2　"许可协议"界面

Step 03 弹出"选择组件"界面，在其中勾选需要的组件，如图 10.3 所示，单击"下一步"按钮。

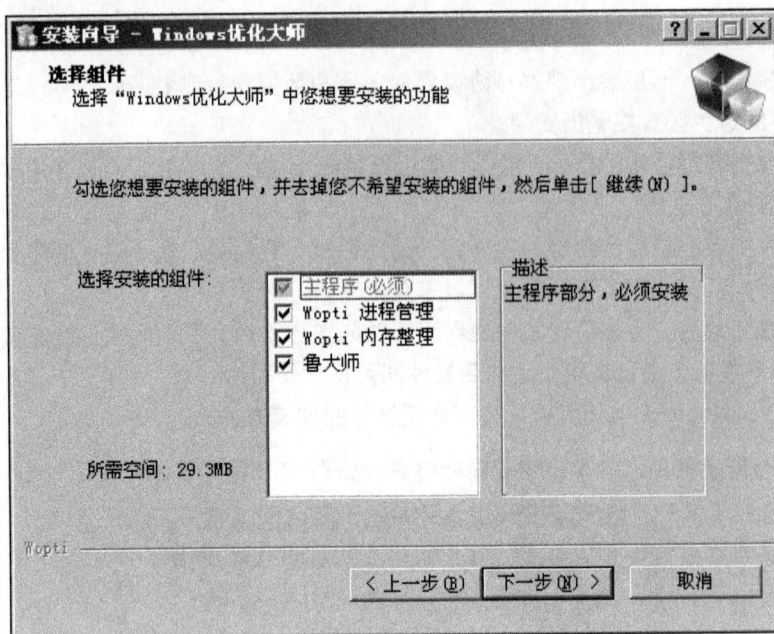

图10.3 "选择组件"界面

Step 04 弹出"选择目标位置"界面，这里使用默认的路径，也可以根据需要重新指定路径，如图10.4 所示，然后单击"下一步"按钮。

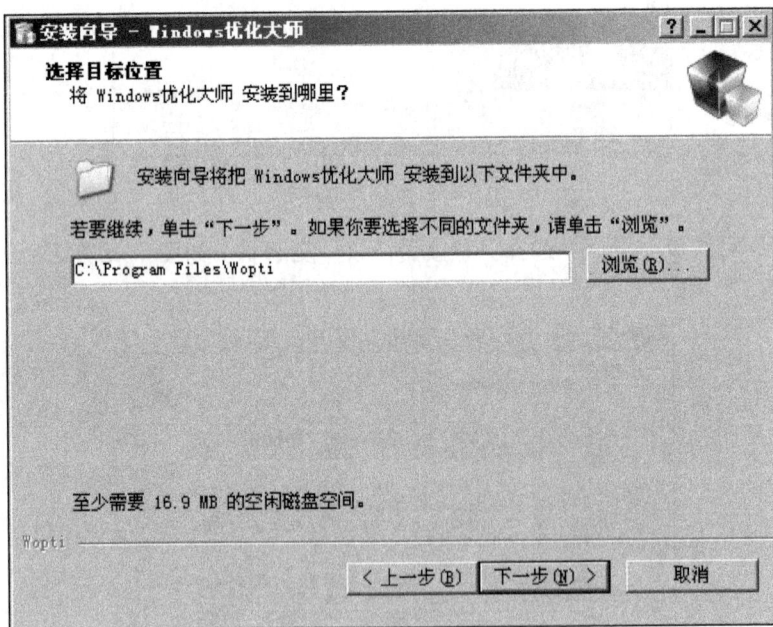

图10.4 "选择目标位置"界面

Step 05 弹出"选择附加任务"界面，勾选"创建桌面图标"复选框，如图 10.5 所示，单击"下一步"按钮。

Step 06 单击"下一步"按钮后，弹出"正在安装"界面，如图 10.6 所示，蓝条表示安装进度，此时需要等待一段时间。

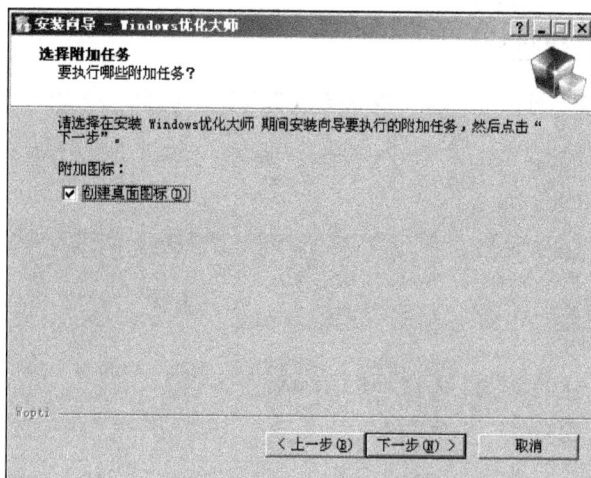

图10.5　"选择附加任务"界面

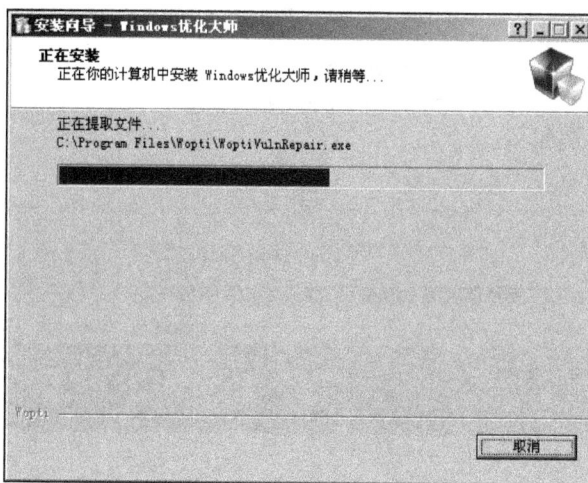

图10.6　"正在安装"界面

Step 07 安装完成后，弹出安装完成界面，此时单击"完成"按钮即可，如图 10.7 所示。

图10.7　安装完成界面

10.1.2　查看已经安装的软件

软件安装完成后，我们可以通过以下两种方法查看计算机中已经安装的软件。

- 打开"我的电脑"窗口，单击"添加/删除程序"链接，在弹出的列表中可以查看已安装软件的信息，如图 10.8 和图 10.9 所示。

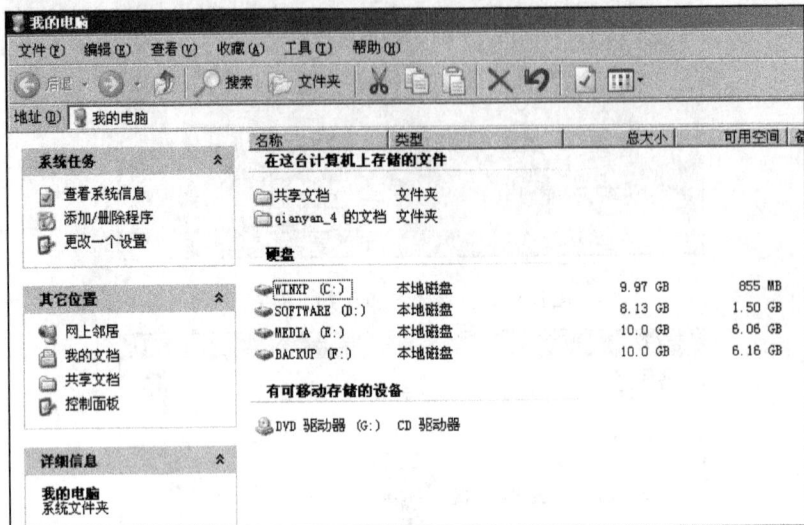

图10.8　打开的"我的电脑"窗口

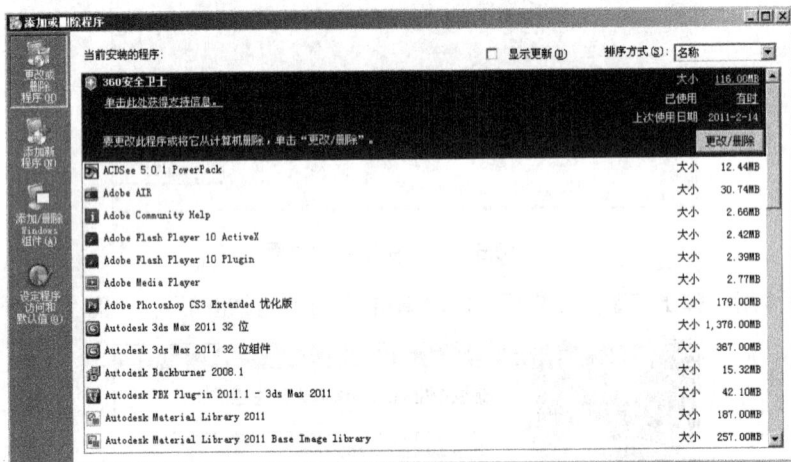

图10.9　"添加/删除程序"列表

- 单击"开始"｜"设置"｜"控制面板"｜"添加或删除程序"，在弹出的"添加/删除程序"列表中查看。

10.1.3　卸载软件

安装各种功能的软件后，会占用大量的硬盘空间。对于一些不再使用或者损坏的软件可以进行卸载，这样既优化系统，同时也释放硬盘空间，让计算机运行更加流畅。如果使用的是绿色免安装版的软件，只需要直接删除软件的整个文件夹；如果不是免安装的软件，则需要通过"控制面板"（见图 10.10）或者软件自带的卸载程序将其删除（见图 10.11）。同样卸载软件时会弹出提示界面，用户可以按照提示进行卸载，部分软件卸载完成后需要重启计算机。

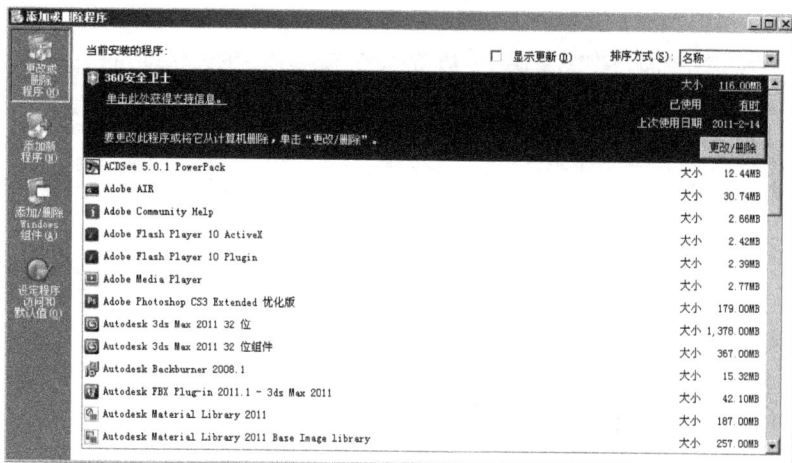

图 10.10　在"添加/删除程序"列表中删除软件

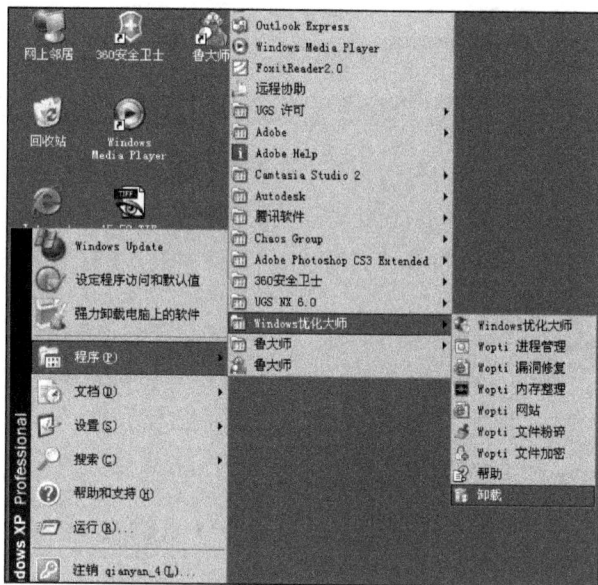

图 10.11　通过软件自带卸载程序删除软件

10.2　使用"360 软件管家"管理软件

　　"360 软件管家"是"360 安全卫士"中提供的一个集软件下载、更新、卸载、优化于一体的软件。它可以帮助用户实现软件下载、更新、卸载和开机加速等功能。

10.2.1　通过"软件宝库"安装软件

　　由软件厂商主动向 360 安全中心提交的软件，经工作人员审核后公布，这些软件更新时 360 用户能在第一时间内更新到最新版本。常用的软件几乎在这里可以全部找到，节省了我们搜索软件的时间。

　　下面我们来介绍如何使用"软件宝库"安装软件。

Step 01 打开"360 安全卫士"软件，在主页面中切换到"软件管家"选项卡，在左侧的列表框中选择"软件宝库"，如图 10.12 所示。

图 10.12　打开"软件管家"界面

Step 02 在打开的界面中选择需要安装的软件，单击"下载"或"一键安装"按钮。先介绍一键安装的使用方法，这里以安装搜狗拼音输入法为例，单击搜狗拼音输入法后一键安装，然后会显示下载进度，如图 10.13 所示。

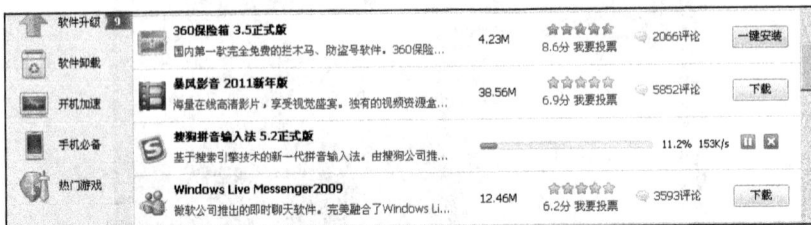

图 10.13　显示下载进度界面

Step 03 下载完成后自动进入安装界面，安装完成后的右侧列表显示状态变为灰色表示已安装，如图 10.14 和图 10.15 所示。

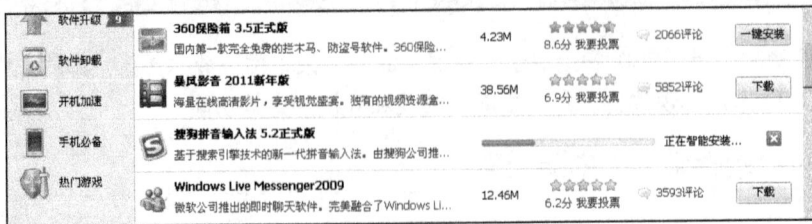

图10.14　显示安装进程界面

图10.15　软件安装完成

Step 04 介绍下载的使用方法，这里以暴风影音为例进行介绍。单击暴风影音右侧的"下载"按钮，再弹出的提示对话框中单击"继续下载"按钮，如图 10.16 所示。

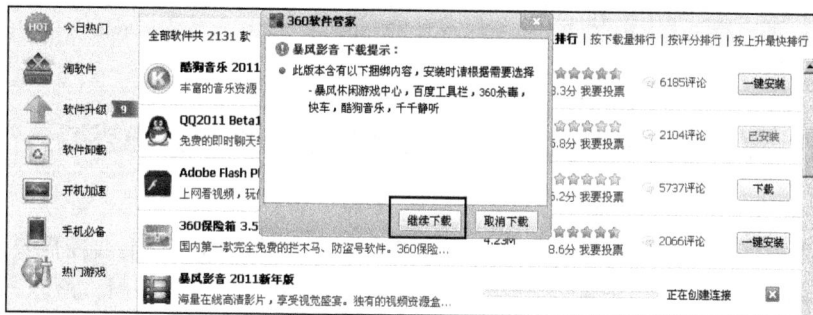

图 10.16　弹出提示对话框

Step 05 软件下载完成后弹出安装界面，使用上一节介绍的方法来进行安装，如图 10.17 所示，这里就不再赘述。安装完成后右侧的列表显示状态也会变为灰色，证明已安装。

图 10.17　弹出安装界面

10.2.2　升级软件

及时将当前电脑的软件升级到最新版本。新版本的"软件管家"具有"一键升级"功能，用户设定目录后可自动安装，适合于多个软件无人值守时安装。软件升级需要进行如下操作。

Step 01 进入"软件管家"界面，选择左侧列表框中的"软件升级"选项，进入"软件升级"界面，如图 10.18 所示

图 10.18　打开的"软件升级"界面

Step 02　在弹出的界面中会列出计算机中已经安装软件的最新版本，我们选择需要升级的软件，单击"升级"或"一键升级"按钮。升级软件的操作和安装软件基本相同，所以只介绍"一键升级"的使用方法，这里以升级 QQ 拼音输入法为例。单击 QQ 拼音输入法右侧的"一键升级"按钮，然后会显示下载进度，如图 10.19 所示。

图 10.19　显示下载进程界面

Step 03　下载完成后自动进入安装界面，安装完成后右侧的列表显示状态变为灰色，表示软件升级操作成功，如图 10.20 和图 10.21 所示。

图 10.20　显示安装进程界面

图 10.21　显示升级完成界面

10.2.3 软件卸载

卸载当前电脑上的软件，可以强力卸载，清除软件残留的垃圾；使用常规的方式卸载时，往往杀毒软件、大型软件不能完全卸载，剩余文件占用大量磁盘空间，这个功能可以将这类垃圾文件删除。

Step 01 进入"软件管家"界面，选择左侧列表框中"软件卸载"选项，进入"软件卸载"界面，如图 10.22 所示。

图 10.22 打开"软件卸载"界面

Step 02 在弹出的界面中会列出计算机中已经安装的软件，我们选择需要卸载的软件，单击"卸载"按钮。这里以卸载暴风影音为例，单击暴风影音右侧的"卸载"按钮，然后会弹出卸载界面，单击"卸载"按钮，如图 10.23 所示。

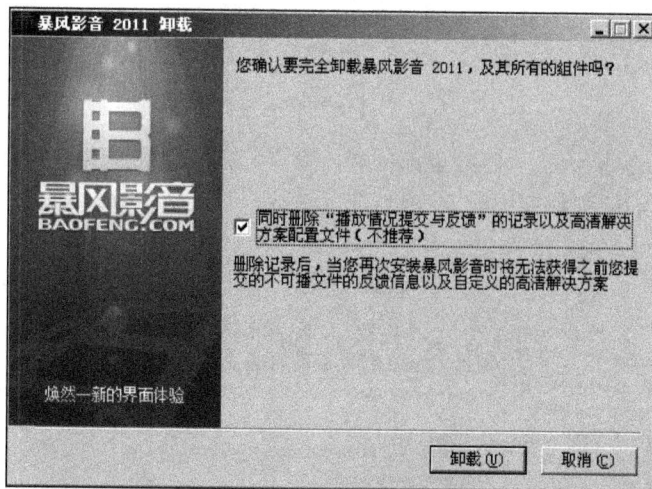

图 10.23 弹出卸载界面

Step 03 弹出正在卸载界面，会显示卸载的进度，如图 10.24 所示。我们需要等待一小段时间，让软件完成卸载。

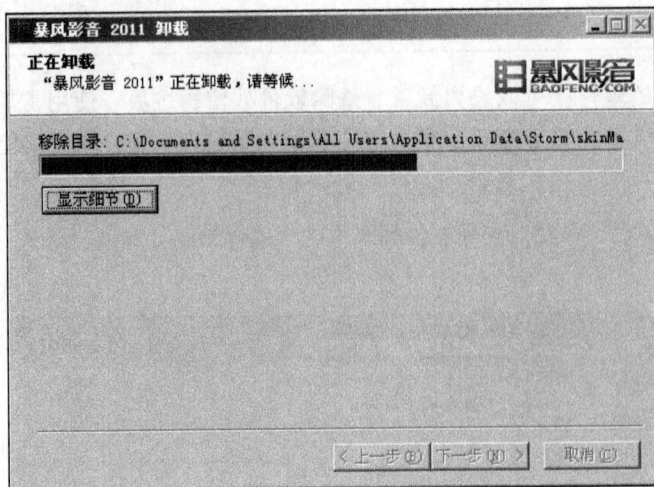

图 10.24　弹出卸载进度界面

Step 04　卸载完成后，弹出卸载完成界面，单击"完成"按钮，如图 10.25 所示。

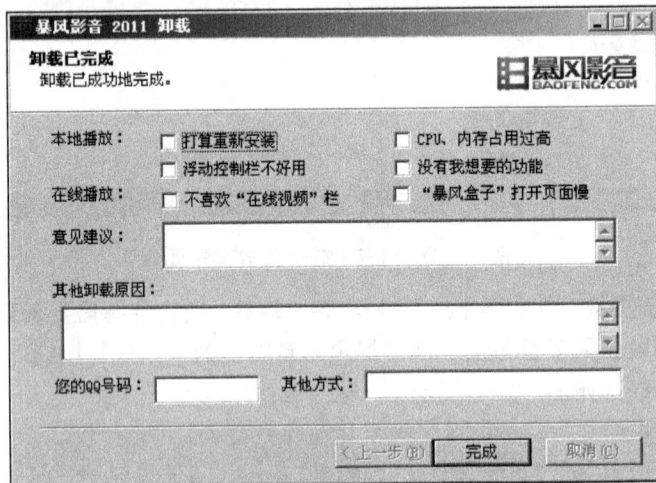

图 10.25　弹出卸载完成界面

Step 05　"软件管家"会提示软件已经全部卸载，没有残留的垃圾文件（见图 10.26），单击"完成"按钮。至此，我们的软件就已卸载完成了。

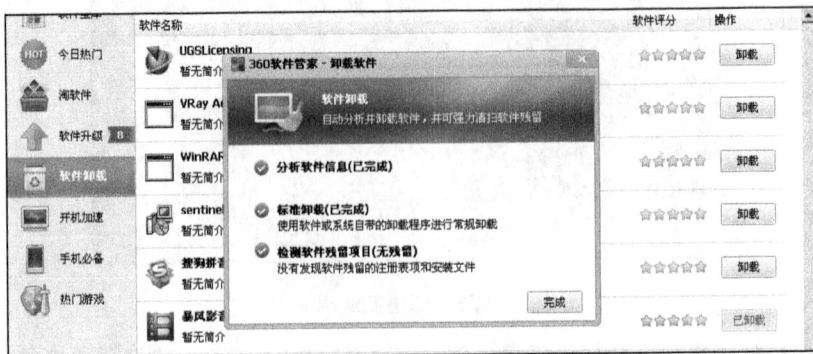

图 10.26　"软件管家"提示卸载完成

10.2.4　管理正在运行的软件

其功能相当于"Windows 任务管理器"。进入"软件管家"界面，在左侧的列表中选择"开机加速"选项（见图 10.27），然后选择"管理正在运行的软件"选项，或者直接单击右侧"开始管理"按钮。在弹出的界面中就可以查看进程加载的模块和软件的运行状态，判断进程是否安全，了解系统资源使用的情况，如图 10.28 所示。

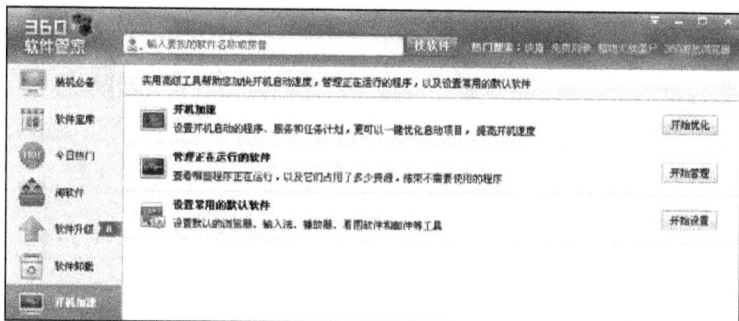

图 10.27　选择"开机加速"选项

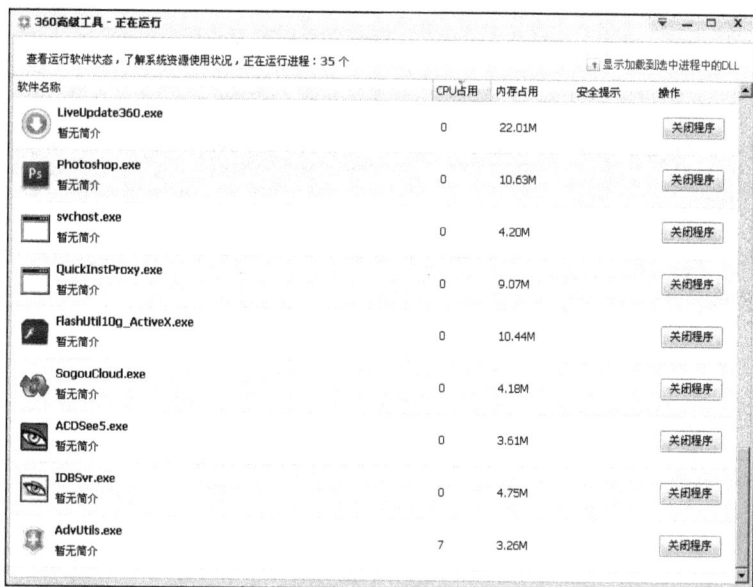

图 10.28　查看软件运行状态列表

10.2.5　设置默认软件

帮助用户设置默认软件，让使用更加快捷、方便。在这个功能中可以设置默认的浏览器、输入法、播放器、看图软件和邮件工具等。

① 进入"软件管家"界面，在左侧的列表中选择"开机加速"选项，然后选择设置常用的默认软件，或者单击右侧"开始设置"按钮，再左侧的列表中选择需要设置的选项，这里我们以设置"默认输入法"为例进行介绍。选择"默认输入法"，进入默认软件操作界面，如图 10.29 所示。

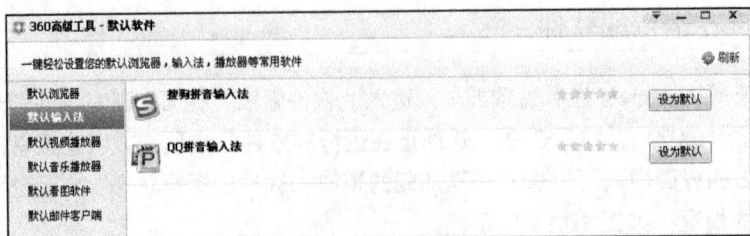

图 10.29　默认软件操作界面

② 单击搜狗拼音输入法右侧"设为默认"按钮，图标会变成"当然默认"，如图 10.30 所示。这就说明我们已经将搜狗拼音输入法设置为了默认输入法，在不切换输入法的情况下会一直使用该输入法进行操作。

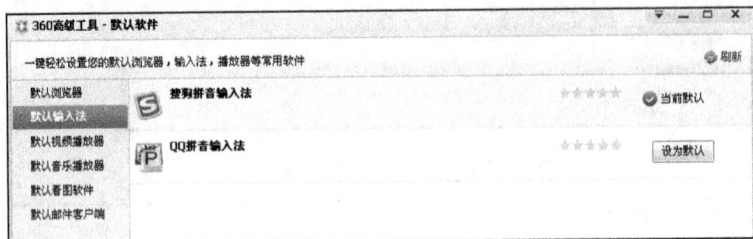

图 10.30　设置默认输入法

10.3　常用软件介绍

在使用电脑的时候，为了实现不同的功能和便于工作，经常要使用一些应用软件。下面我们来介绍几款常用的软件。

1．办公软件 Office

Office 软件是一套由微软公司开发的办公软件，为 Microsoft Windows 和 Apple Macintosh 操作系统而开发。几乎所有计算机上都安装了此软件，它可以进行文字和表格的编辑处理工作，还可以制作幻灯片。

2．解压缩软件 WinRAR

WinRAR 是一款功能强大的压缩包管理器，它是档案工具 RAR 在 Windows 环境下的图形界面。该软件可用于备份数据，缩减电子邮件附件的大小，解压缩从 Internet 上下载的 RAR、ZIP 2.0 及其他文件，并且可以新建 RAR 及 ZIP 格式的文件。

3．音频播放软件千千静听

千千静听是一款完全免费的音乐播放软件，集播放、音效、转换、歌词等众多功能于一身。其小巧精致，操作简捷，功能强大的特点，使其成为目前国内备受欢迎的音乐播放软件。千千静听支持几乎所有常见的音频格式，包括 MP3/mp3PRO、AAC/AAC+、M4A/MP4、WMA、APE、MPC、OGG、WAVE、CD、FLAC、RM、TTA、AIFF、AU 等音频格式和多种 MOD 和 MIDI 音乐，以及 AVI、VCD、DVD 等多种视频文件中的音频流，还支持 CUE 音轨索引文件。

4. 视频播放软件暴风影音

暴风影音是暴风网际公司推出的一款视频播放器，该播放器兼容大多数的视频和音频格式。它提供和升级了系统对常见绝大多数影音文件和流的支持，包括 RealMedia、QuickTime、MPEG2、MPEG4 （ASP/AVC）、VP3/6/7、Indeo、FLV 等流行视频格式。配合 Windows Media Player 最新版本可完成当前大多数流行影音文件、流媒体、影碟等的播放而无须其他任何专用软件。

5. 图像浏览软件 ACDSee

ACDSee 是非常流行的看图工具之一。它提供了良好的操作界面，简单人性化的操作方式，优质的快速图形解码方式，支持丰富的图形格式，强大的图形文件管理功能等。

6. 图像处理软件 Photoshop

Photoshop 是 Adobe 公司旗下最为出名的，集图像扫描、编辑修改、图像制作、广告创意，图像输入/输出于一体的图形图像处理软件，深受广大平面设计人员和电脑美术爱好者的喜爱。

7. 下载软件迅雷

迅雷可以让用户从网上更快地下载所需要的资源，迅雷使用先进的超线程技术基于网格原理，能够将存在于第三方服务器计算机上的数据文件进行有效整合，通过这种先进的超线程技术，用户能够以更快的速度从第三方服务器和计算机获取所需的数据文件。

8. 翻译软件金山词霸

金山词霸是由金山公司推出的一款词典类软件，适用于个人用户的免费翻译软件。软件含部分本地词库，仅 23MB，轻巧易用；该版本版继承了金山词霸的取词、查词和查句等经典功能，并新增全文翻译、网页翻译和覆盖新词、流行词查询的网络词典；支持中、日、英三语查询，并收录 30 万单词纯正真人发音，含 5 万个长词、难词发音。

9. 即时通讯软件腾讯 QQ

腾讯 QQ 是深圳市腾讯计算机系统有限公司开发的一款基于 Internet 的即时通信（IM）软件。它支持在线聊天、视频电话、点对点断点续传文件、共享文件、网络硬盘、自定义面板、QQ 邮箱等多种功能，并可与移动通信终端等多种通信方式相连。

10. 杀毒软件卡巴斯基

卡巴斯基总部设在俄罗斯首都莫斯科，Kaspersky Labs 是国际著名的信息安全领导厂商。公司为个人用户、企业网络提供反病毒、防黑客和反垃圾邮件产品。经过几十年与计算机病毒的战斗，卡巴斯基获得了独特的经验和技术，并成为了病毒防卫的技术领导者和专家。该公司的旗舰产品——著名的卡巴斯基反病毒软件被众多计算机专业媒体及反病毒专业评测机构誉为病毒防护的之佳品。

10.4 课后习题

一、填空题

1. 软件的形式分为_____、_____、_____、_____4 种。

2. 常用软件包括＿＿＿＿、＿＿＿＿、＿＿＿＿、＿＿＿＿、＿＿＿＿、＿＿＿＿、＿＿＿＿、＿＿＿＿等几个类别。

二、选择题

以下说法中全部正确的是？（　　　　）

　　A. 所有的软件都必须安装才能使用

　　B. 卸载软件只需要删除软件安装后产生的文件夹，不用使用卸载程序

　　C. 安装光盘文件的时候必须使用光驱，且安装过程中不可以将光盘退出光驱，只有全部安装成功后才可将光盘取出，否则安装失败

　　D. 光盘镜像文件必须用光驱才可以打开

第11章

电脑常见故障及处理

本章导读

　　本章介绍了电脑常见的故障及处理方法，包括硬件故障和软件故障。通过本章的学习，我们可以自己分析产生故障的原因并排除故障。

知识要点

- ✪ 了解故障分类
- ✪ 常见电脑故障的排除方法
- ✪ 了解常见故障现象
- ✪ 电脑硬件故障的分析处理方法

11.1　电脑故障概述

　　电脑常见的故障主要可分为两大类：硬故障和软故障。

11.1.1　硬故障

　　硬故障是指由于电脑硬件系统使用不当或硬件物理损坏所造成的故障。例如，主机无电源显示、显示器无显示、主机喇叭鸣响且无法使用、显示器提示出错信息但无法进入系统等。硬故障又可分为"真"故障和"假"故障两种。

- 所谓"真"故障是指各种板卡、外设等出现电气故障或机械故障，属于硬件物理损坏。"真"故障会导致发生故障的板卡或外设功能丧失，甚至整机瘫痪，如果不及时排除故障，还可能会导致相关部件的损坏。"真"故障主要是由于外界环境、操作不当、硬件自然老化或产品质量低劣等原因所引起的。
- 所谓"假"故障是指电脑主机部件和外设均完好无损，但由于用户粗心或无知、日久自然形成的接触不良、CMOS 设置错误、负荷太大、电源的功率不足或 CPU 超频使用等原因导致整机不能正常运行或部分功能丧失的故障。"假"故障一般与硬件安装、设置不当或外界环境等因素有关。

　　无论是"真"故障还是"假"故障，我们只要了解各种配件的特性及常见故障的性质，就能比较容易地找出故障的起因，然后将其迅速排除。

11.1.2　软故障

　　软故障即因为软件运行所产生的故障。例如，显示器提示出错信息无法进入系统，或进入系统但应用软件无法运行等。

引起软故障的主要原因如下。

① 系统配置不当，未安装驱动程序或驱动程序之间产生冲突。

② 内存管理设置错误，如内存管理冲突、内存管理顺序混乱或内存不够等。

③ 病毒感染，如.DBF 数据文件打不开、屏幕出现异常显示、运行速度变慢、硬盘不能正常使用或打印机无法工作等。

④ CMOS 参数设置不当。

⑤ 软、硬件不兼容。

⑥ 软件安装、设置、调试、使用和维护不当。

实践表明，大部分电脑故障是软件故障或假故障，例如 Windows 初始界面出现后的故障大部分是软件故障。因此，在未确定是硬件真故障前，最好不要大动干戈地将整机拆卸维修或盲目送回商家检修。

> **注 意**
>
> 电脑的软、硬故障并没有很明确的界限，很多硬故障是由于软件使用不当引起的，而很多软故障也是由硬件不能正常工作引起的。因此，在实际分析处理故障时一定要全面分析，不能被其表面现象所迷惑。

11.2 电脑检修基础

11.2.1 检修注意事项

检修电脑时，切记以下几点注意事项。

① 切勿带电拆装任何零部件，要随时留心静电。

② 备妥工具和替换部件，还要准备一个小空盒，以便放螺钉、弹簧等一些小物件。

③ 清楚检修过程中每个操作步骤的目的、危害和挽救方法。

④ 保持维修环境的洁净度，注意对电场和磁场的屏蔽。

⑤ 维修场地应有良好的供电系统，电压比较稳定。

⑥ 加电前，要将各部件充分固定，认真、严格地检查各种芯片、控制卡和信号线是否安装正确，确认后方能开机，开机后要注意防震。

11.2.2 识别故障的几条原则

电脑故障尽管五花八门、千奇百怪，但由于电脑是由一种逻辑部件构成的电子装置，因此识别故障也是有章可循的。

① 要充分了解故障机的工作性质及所用操作系统和应用软件；了解故障机的工作环境和条件；了解故障机的配置情况和工作要求；了解系统近期发生的变化，如移动、安装/卸载软件等；了解诱发故障的直接或间接原因与当时的现象。

② 静后动、先假后真、先外后内、先软后硬。

先静后动：先冷静对待出现的问题，静心分析，然后才动手处理，注意要有足够的耐心和信心。

先假后真：确定系统是否确实有故障，操作过程是否正确，连线是否可靠。排除假故障的可能后再去考虑真故障。

先外后内：先检查机箱外部，然后再考虑打开机箱。能不开机时，尽可能不要盲目拆卸部件。

先软后硬：先分析是否存在软故障，再去考虑硬故障。

③ 注意尽量通过识别文本、图像、声音等线索找到所提示的潜在故障点。

④ 运用已知知识或经验，将问题或故障分类，寻找方法和对策。

⑤ 要认真记录问题或现象，并及时总结经验及教训。

⑥ 做好安全措施。电脑需要接电源运行，因此在拆机检修时千万要记得检查电源是否切断；此外，静电的预防与绝缘也很重要，所以做好安全防范措施，既是为了保护自己，同时也是保障电脑部件的安全。

11.2.3　处理故障的一般思路

处理故障时要保持清晰的思路、冷静分析，找出故障症结后方能下手处理。

1. 熟悉常见故障的起因

计算机使用过程中经常有不正常的死机和退出现象，或者有些软件功能使用不正常，一般应先用杀毒软件查杀病毒，因为此类故障绝大部分是由病毒捣乱所致。如果是单个硬件不能正常工作，则需先检查驱动程序是否已正确安装设置。如果是某个应用软件工作不正常，则要先检查与该软件相关的一些配置程序。

2. 检查是否存在人为假故障

遇到任何故障先重新开机启动一下计算机，看故障是否真的存在。操作人员疏忽大意或应用水平不高，操作者对计算机的某些设置或特性不熟悉是造成假故障的主要原因。

常见的假故障如下。

① 供电电压太低。

② 电源未接通。计算机的很多外围设备和计算机主机之间是独立供电的，运行时只打开计算机主机的电源开关往往是不够的。

③ 数据线脱落、接触不良。

④ 设备设置或调整不当。例如，一台新购的彩显在刚开始使用时，一般都需要调整一下场幅、行幅、场相位、行相位、亮度和对比度的旋钮，否则，计算机可能出现显示的长度、宽度被压缩或拉长；图像的上下、左右位置不对；无任何显示等。

⑤ 对硬件设备或软件系统的新特性不了解。

⑥ 对基本操作的细节不了解。例如，对加了写保护的软盘进行写操作等。

⑦ 对硬件设备的软件环境不了解，如果设置不当或软件环境不满足，就会导致设备无法工作。

⑧ 硬件驱动程序的安装不完善、硬盘上的垃圾文件太多或操作系统损坏严重，造成某些设备不能正常工作，误认为硬件有问题。

3. 从可听、可视线索中找出潜在的故障起因

可听的线索主要有风扇转动声、软光驱读盘声、显示器或电源内部的异常声、自检警示音等；可视的线索主要有风扇速度、指示灯、电缆是否破裂或绝缘层是否良好、松动或丢失的螺钉及可能掉进电路中的物件和文字提示信息等。

4．检查系统设置情况

例如，CMOS 参数设置、动态链接库（.DLL）文件、常驻内存程序（TSR）、虚拟设备驱动程序（VXD）等。

5．其他方面

另外，要充分查杀计算机病毒、查看资源是否冲突、观察硬件接口插接是否正确等。

11.2.4　故障检测的常用方法

目前，微机系统硬故障的维修主要指板卡级的维修。也就是说，只要找出有故障的板卡并更换成好的，就可以排除微机系统的硬故障。因此通常情况下，微机系统硬故障的维修重点在于故障的定位，只要发现故障点并更换成好的部件，就可以，使微机硬件系统恢复正常。下面介绍几种微机故障定位法。

1．直接观察法

直接观察法是微机硬故障维修过程中最基本也是最重要的方法，通过看、听、摸、闻等方式检查比较典型或比较明显的故障。着重查找电路板是否有过热、火花、烧焦、变形等现象；是否有插头松动、电缆损坏、断线或碰线、声音异常、短路等现象；查各种连接线是否接好、供电电压是否正常、有关插头是否松动等。

2．替换法

替换法是把相同的插件或器件互相交换，观察故障变化的情况，帮助判断、寻找故障原因的一种方法。一台电脑的部件出现故障后，可用另一台工作正常的电脑部件加以替换，从而十分准确、迅速地查找到故障部件。在进行部件替换前，应首先检查故障机器的各工作电压是否正常，各部件界面是否有短路现象，只有在确认这两点都正常后，才能进行部件的替换。否则，当好部件换到坏的机器上时，有可能造成好部件的损坏。

3．最小系统法

所谓"最小系统法"是指保留系统运行的最小环境。把其他的适配器和输入/输出设备（包括软、硬盘驱动器）从系统扩展槽中临时取下来，再加电观察最小系统能否运行。这样可以避免因外围电路故障而影响最小系统。一般在电脑开机后系统没有任何反应的情况下，使用最小系统法。对电脑来说，最小系统是由主板、扬声器及开关电源组成的系统。将电脑系统主机箱内的所有接口板都取出来，并去掉软盘驱动器和硬盘驱动器的电源插头及键盘连线，打开电源，系统仍没有任何反应，说明故障出在系统板本身，也可能在开关电源或内存芯片（内存条）。打开电源，系统若有报警声，则说明上述 3 个部分基本正常。然后再逐步加入其他部件扩大最小系统，在逐步扩大系统配置的过程中，若发现在加入某块电路板到系统板扩展槽上后，电脑系统由正常变为不正常，则说明刚刚加入的那一块接口卡或部件有故障，从而找到故障电路板，更换该电路板。

4．减小系统配置法（又称插拔法）

这种方法和最小系统配置法正好相反，也是用于开机后系统没有反应时的故障处理。它是一种通过将插件板或芯片"插入"或"拔出"来寻找故障原因的方法。例如，电脑出现"死机"现象后，依次拔出插件板，每拔一块，测试一次电脑当前状态。一旦拔出某块插件板后，机器工作不正常，那么故障原因就在这块插件板上。

5．程序诊断测试法

对于一些出现非严重性故障且能引导操作系统的电脑，则可以借助一些高级诊断测试程序来确定其故障点。诊断软件是专为检查、诊断电脑而编制的软件，比较流行的有 SisofiSandra、BumInTest、Norton 2002 等。检测时，要尽量严格地检查正在运行的计算机工作情况，考虑各种可能的变化来创造出"最坏"环境条件。如果发现问题所在，要尽量了解故障范围，并且范围越小越好，这样才便于寻找故障原因和排除故障。高级诊断软件检测法实际上是系统原理和逻辑的集合，这类软件给电脑用户带来了极大的方便。

6．原理分析法

按照电脑部件的基本原理，根据机器所安排的时序关系，从逻辑上分析各点应有的特征，进而找出故障原因，这种方法称为"原理分析法"。例如，在某一时刻，某个点应有多宽的脉冲信号或者应满足哪些条件，这些条件正确的电平状态是高电平还是低电平，然后测试和观察这点的具体现象，分析和判断故障原因的可能性，并缩小范围进行观察、分析和判断，直至找出故障原因。

7．升/降温法

有时，电脑工作较长时间或环境温度升高以后会出现故障，而关机检查却正常，工作一段时间又发现故障，这时可用本方法来解决。所谓"升温法"，就是人为地把环境温度升高，加速高温参数较差的元器件暴露出问题，以帮助寻找故障原因的一种方法。而"降温法"是对怀疑有故障的部分元件逐一蘸点无水酒精进行降温处理。当某一元件在降温后故障消失，则说明这一元件的热稳定性差，是引起故障的根源，更换这一元件即可消除故障。

总之，在电脑硬故障的实际维修过程中，应视具体情况采取相应的故障定位方法，而且大多数情况下也应该将多种故障定位方法结合起来使用，才便于准确、高效地查找出故障部件。一般情况下，应先使用直接观察法，然后结合具体情况使用其他的故障定位法，查出故障部件，进行更换维修。

11.2.5　电脑检修步骤

初学者往往面对五花八门的电脑故障感到无从下手。其实，在动手维修电脑前，只需对电脑进行全面、细致的"体检"，即按照某一特定的步骤查出病因所在，常见的电脑故障是不难排除的。由于电脑是按一定顺序启动的，当某个步骤不能通过时，便会出现相应的故障，因此在学习电脑检修步骤前，有必要先熟悉电脑的启动顺序。

1．电脑启动顺序

通常，打开电脑后，要等待一会儿才能完成启动，然后系统才能在操作系统的管理和控制之下有条不紊地工作。启动过程中究竟做了哪些工作呢？

Step 01　打开电脑电源。此时会看到显示器、键盘、机箱面板上的指示灯闪烁。

Step 02　进行 POST 自检，检测系统中一些关键设备是否存在和能否正常工作。

Step 03　检测显卡 BIOS，显示显卡初始化信息。

Step 04　显示主板类型、序列号和版本号 BIOS 信息。

Step 05 检测和显示 CPU 类型、工作频率及内存容量。

Step 06 检测硬盘、键盘等标准设备是否正常。

Step 07 检测即插即用设备，显示出设备的名称、型号等信息，载入操作系统文件。

Step 08 显示标准设备的参数。

Step 09 按指定启动顺序启动系统。

Step 10 执行 Io.sys 和 Msdos.sys 系统文件，出现 Windows 的启动界面。

Step 11 执行 Config.sys、Command.com、Autoexec.bat 系统文件，接着读取 Windows 初始化文件 System.ini、Win.ini 文件和注册表文件。

当启动时，PC 会发出声音，通过这个声音可以判断是何种错误。主板所采用的 BIOS 不同，发出的声音也有所不同。我们将在下一节介绍这些警示音。

2. 电脑检修步骤

了解电脑的启动顺序后，下面介绍的检修流程就很容易理解了。检修时，先检查屏幕是否出现显示信息，接下来查看是否加载操作系统，最后检查外部存储器、板卡和外部设备是否正常。

具体的流程如下。

Step 01 开机。观察指示灯是否亮，如果指示灯不亮，检查电源是否接好，如果电源没连接好，则为电源连接问题；如电源连接好则检查风扇是否转动，如果风扇不转动，可能是电源问题或是电源开关问题，否则为主板问题。

Step 02 屏幕是否有显示。如果屏幕没有显示，检查显示器开关是否打开，如果显示器开关已经打开，是否有警报，如果有警报根据 BIOS 报警声排除故障，如果无警报检查显示器信号线是否接好；如果显示器连接线已经连接好，检查机箱内有无烧焦的地方，如果有则故障由电路损坏或灰尘腐蚀电路造成，如果主板无烧焦的地方，去掉 ReSet 连线是否正常；如果正常则故障由 ReSet 线短路引起，否则用最小系统法检测电脑是否显示，如果不能显示，则可能为硬盘、光驱的故障；如果能正常显示，则用替换法检测 CPU、内存、显卡和主板是否正常。

Step 03 如果屏幕有显示，自检是否出错，如果出错，则根据自检提示排除故障。

Step 04 如果自检无错，检查是否出现系统启动界面，如果没有出现启动界面，BIOS 是否检测到硬盘，如果没有检测到，则可能为数据线连接问题、硬盘电源问题、跳线问题和硬盘损坏；如果能检测到，则检查硬盘有无系统，有则故障原因可能为硬盘坏道。

Step 05 果有启动界面，检查是否启动，如果不能启动，则可能为硬盘坏道问题、系统文件损坏问题、感染病毒问题和设备冲突。

Step 06 如果能正常启动，检查颜色、效果等显示是否正常；如果不正常，则可能为显卡或显示器故障。

Step 07 如果能显示正常，检查光驱是否能正常使用，不能则光驱或光驱连线故障。

Step 08 如果光驱正常，检查声音播放是否正常；如果不能正常播放声音，可能声卡、音箱或音箱连线故障。

Step 09 如果声音能正常播放，则检查完毕。

若经过上述"体检"，每一步骤都能正常通过，那么该电脑毫无故障；若某一步骤无法通过，只需对症下药，按下一节将要介绍的方法进行分析处理，处理完毕后再次检查，直到顺利通过"体检"为止。

11.3　典型故障的分析与处理方法

　　由前面电脑检修的一般步骤可以看到，电脑故障大致分为：启动黑屏故障、自检出错、硬盘引导失败、无法进入操作系统环境、驱动器故障、板卡故障、外设故障和应用软件故障等几大类。

　　下面分别介绍这些故障的基本分析和处理方法。

11.3.1　启动黑屏故障的分析与处理

　　启动黑屏故障是指开机后屏幕无任何显示的故障，俗称"点不亮"。该现象是一种十分常见的故障，既有可能出现在刚组装的计算机中，也有可能在用过一段时间的电脑身上发生。出现此类故障时，显示器上没有任何信息，不能通过提示来判断故障的来源。

　　导致黑屏的原因也很多，故障机理也比较复杂，但绝大多数都是硬件故障所造成的。例如，主板 BIOS 芯片损坏或接触不良、电源损坏、内存条损坏、CPU 损坏或接触不良、超频过度等都有可能导致启动黑屏。

1．启动黑屏故障的一般检查方法

　　① 检查是否"假"黑屏。假黑屏是指主机或显示器电源插头未插好、电源开关未打开、显示器与主机上显卡的数据连线未连接好、连接插头有松动等。当出现启动黑屏时，先要认真检查是否有此类假故障。

　　② 检查主机电源是否工作。只需用手移到主机机箱背部开关电源的出风口，感觉是否有风吹出，如果无风则电源肯定出现了故障。同时，主机面板上的电源指示灯、硬盘指示灯和开机瞬间键盘上 3 个指示灯的状态都可初步判断电源是否正常。如果电源不正常或主板不加电，显示器便接收不到数据信号。

　　③ 观察在黑屏的同时其他部分是否工作正常。例如，启动时驱动器是否有自检的过程、是否扬声器有正常的鸣响声等。如果其他部分工作正常，可检查显示器是否加电，显示器的亮度电位器是否关到最小等；还可以通过替换法用一台好的显示器接在主机上测试，如果只是显示器黑屏而其他部分正常，则只是显示器出了问题。

　　④ 打开机箱检查显卡是否安装正确，与主板插槽是否接触良好。因显卡导致黑屏时，计算机开机自检时会有一长二短的声音提示（对于 Award BIOS）。可拔出后重新安装，如果确认安装正确，可以取下显卡用酒精棉球擦一下插脚或者换一个插槽安装。如果还不行，便换一块好的显卡试验。

　　⑤ 检查其他的板卡与主板的插槽接触是否良好。这是一个许多人容易忽视的问题，如声卡等设备的安装不正确，会导致系统初始化难以完成。硬盘的数据线、电源线插错也可能造成无显示的故障。

　　⑥ 检查内存条与主板的接触是否良好，内存条是否损坏。把内存条重新插拔一次，或者更换新的内存条。如果内存条出现问题，计算机启动时会有不断的长声发出（对于 Award BIOS）。

　　⑦ 检查 CPU 与主板的接触是否良好。搬动计算机或其他因素会使 CPU 与主板插口、插座接触不良，可用手按一下 CPU 或取下 CPU 重新安装。CPU 过热可能造成主板弯曲、变形，可在 CPU 插座的主板底层垫平主板。

　　⑧ 检查主板的总线频率、系统频率、DIMM 跳线是否正确。可对照主板说明书，逐一检查各

种跳线。

⑨ 检查环境因素是否正常。着重检查电压是否稳定或温度是否过高等。

2. 黑屏且无声故障的处理方法

如果启动时黑屏且扬声器无任何声响，在排除假故障的可能性后，应着重从电源故障、主板和CPU 3 个方面来考虑。

以 Award BIOS 为例，其处理方法如下。

① 检查是否存在接触性故障。将电源、主板、卡、软/硬驱电源重新插拔一次，清除灰尘杂物，再加电测试。

② 检查是否存在电源故障。观察风扇是否转动，CPU 芯片是否过热；有条件时可测量 4 芯电源的电压是否正常，若电源正常则进行下一步。

③ 最小化系统。拔下除显卡之外的所有功能卡（如声卡、网卡等）及驱动器电源线和数据线，若故障排除，则说明上述部件有问题；否则，进行下一步。

④ 如果有一长二短的声音，则显卡有故障；若有不断的长声，则说明内存有问题；若无显示也无声音，则进行下一步。

⑤ 拔下显卡，仅剩下一块主板加电，若有一长二短的声音，则说明主板无问题，而显卡有问题；若有不断的长声，则内存有问题；若无喇叭声，可能主板或 CPU 有问题，可进行下一步。

⑥ 分别用新的 CPU 和主板替换原 CPU 及主板，重复上一步，以进一步确认 CPU 和主板是否有问题。

提 示

由于机箱漏电或与主板发生短路等也会导致黑屏故障，因此在最小化系统时可将主板从机箱中卸下后再测试。

3. 黑屏但主机喇叭有鸣响

如果启动时黑屏但主机喇叭有鸣响，则可根据响声数来判断错误，然后对号入座。以 Award BIOS 为例，如果出现二短的鸣响，则表示出现常规错误，只需进入 CMOS，重新设置不正确的选项；如果出现一长一短的鸣响，则表示 RAM 或主板出错，可换一条内存试验，若还是不行，只好更换主板；若不断地响（长声），说明内存条未插紧或损坏，应重插内存条，若还是不行，只有更换一条内存。

总之，遇到启动黑屏故障时，应先检查是否存在假故障。排除假故障的可能性后，用最小系统进行测试，即只安装显示器、显卡、CPU、内存、主板和电源，测试正常后再逐一添加其他硬件。如果最小系统不正常，就要按显示器、显卡、内存、CPU、主板和电源的顺序依次使用替换法检查。

在实际维修中，显示器和电源的故障率一般不高。显卡和内存的故障一般是由和主板接触不良引起的，正常情况下由于芯片的损坏而造成黑屏的机会不是太高，显卡由于接触问题造成的故障率尤其高；内存的故障一般主板上的喇叭会有提示。CPU 的故障大多是由于 CPU 发出的工作信号不正常或 CMOS 设置错误而造成的。至于主板的故障则多数是 BIOS 芯片损坏引起的，例如 CIH 病毒的破坏，这种情况就只能重写 BIOS 或更换新的 BIOS 芯片。还有一种情况往往会被忽略，就是机箱的复位键。复位键的机箱连线很容易短路，造成主板永久短路，这种情况在一些质量差的机箱上很常见。

11.3.2 硬盘启动故障的分析与处理

1. CMOS 设置中不能识别硬盘

进入 CMOS 设置界面，用 IDE HDD AUTO DETECTON 选项检测硬盘，如果检测不到硬盘，可能的原因有以下几点。

① 硬盘安装有误。应检查硬盘电源线和数据线是否安装正确。

② 硬盘跳线设置错误。如果安装了两个硬盘，应将其中一台设置为 Master，另一台设置为 Slave。

③ 硬盘接口故障。如果排除了安装和设置错误的可能，可使用替换法将该硬盘安装到另一台电脑检测，如果能检测到，说明主板的 IDE 接口存在故障；如果仍然检测不到，则说明该硬盘存在永久性故障。此处，也可另用一个好硬盘来替换测试。

④ 硬盘永久性故障。如果检测硬盘时嘎嘎响且不能检测出硬盘，则可能马达坏了或者是整个盘面严重损坏。另外，控制芯片等烧毁后也不能识别硬盘。对于永久性故障，一般只有更换硬盘或送回厂家检修。

2. 自检时提示 HDD contorller failure press<FI>resume 或 C:drive error press <F1> to resume

① 提示 HDD contorller failure press<FI>resume 表示微机对硬盘检测失败，此时应该重点检查硬盘驱动器的电源线、数据线是否连接正常或者根本就没有安装硬盘，却在 CMOS 中设置了硬盘。

② 提示 C:drive error press<FI>to resume 表示微机对硬盘驱动器检测时，未收到任何响应信号或硬盘参数设置错误。此时应检查硬盘参数设置，再检查硬盘的电源线和数据线是否连接正常，线路中是否断路。

3. 读取硬盘的分区信息和主引导记录失败

① 提示 Drive not ready error insert boot diskette in A：提示这种信息的主要原因有以下两种。

● 硬盘的分区记录遭到破坏。

● 硬盘在格式化时未向硬盘传送系统文件。

检修时，先将一张可启动电脑的系统盘插入软驱来启动系统，然后键入 C:回车，如果能看到硬盘，则只需传送系统文件；如果提示 Invalid drive specification（无效的驱动器定义），可参考第 4 种现象。

② 提示 No ROM basic system halted：这种故障主要是由于硬盘主引导扇区的活动分区标志（1BE 的 80 H）丢失或分区信息严重破坏，可先用 NORTON UTILITES 8.0 中的 DISKEDIT 软件查看并修改硬盘分区记录的活动分区标志（1BE 的 80H）。如果发现硬盘的分区记录损坏严重或更改活动分区标志（1BE 的 80H）后仍然有相同的故障提示，可以用杀毒软件 KV3000 对硬盘的主引导扇区进行修复。

③ 提示 Invalid parition table：提示该信息表明硬盘的分区记录遭到破坏。检修时，可先查看硬盘的分区记录，看分区记录的活动分区标志（1BE 的 80H）和分区结束标志（1FE、FF 的 5AA）是否丢失，如果丢失，用工具软件将其改正。

④ 提示 Invalid drive specification：提示这种信息的主要原因有以下几点。

- CMOS 设置的硬盘参数与实际的硬盘参数不符。
- 硬盘低级格式化后未分区。
- 分区后未经高级格式化。
- 硬盘的分区记录遭到破坏。对于正常使用的电脑突然出现这种不能启动故障，应当首先考虑硬盘分区记录遭受破坏。

⑤ 提示 Missing operation system：出现这种故障表明硬盘主引导记录严重破坏或主引导结束标志丢失，主要有下列 3 种原因。

- 启动盘根目录下的两个系统文件（IO.SYS 和 MSDOS.SYS）之一被破坏或被误删除。
- 硬盘 DOS 引导记录（BOOT）严重破坏或 DOS 引导记录的结束标志丢失。
- 硬盘主引导数据被严重破坏或主引导结束标志丢失。

遇到这种故障时先用软盘启动电脑，再转入硬盘，用 DIR/A 命令查看硬盘根目录是否有 DOS 的两个系统文件。如果没有，执行 SYS C:命令向硬盘传输系统文件；如果有两个系统文件，可以尝试用 NU8 的 NDD 修复硬盘 DOS 引导记录（BOOT），最后用 DISKEDIT 修改硬盘主引导记录的结束标志（080、081 的 55AA）。

⑥ 电脑自检后无任何提示便死机：出现这种故障的主要原因是硬盘主引导程序被严重破坏或主引导程序的开始 3 个字节丢失，只要用软盘启动后执行 FDISK／MBR 命令即可。

4．硬盘 DOS 引导记录错误

在读取硬盘主引导记录扇区正常后，将读取硬盘的 DOS 引导记录，如果硬盘 DOS 引导记录错误，电脑将可能显示以下错误提示信息。

① 提示 Error loading operation system 或 Disk boot failure：该信息表明硬盘 DOS 引导记录损坏或两个系统隐含文件发生错误。用户可以使用 NDD 修复系统 DOS 引导记录（BOOT），如果故障仍未排除，则用命令 SYS C：向硬盘传送系统文件。

② 提示 Non system disk error 或 Replace and strike any key when ready：这两个提示信息表明硬盘上没有 DOS 系统文件（IO．SYS 和 MSDOS．SYS）或系统文件遭到破坏。用户只需传送系统文件即可。

11.3.3　系统死机故障的分析与处理

系统死机在电脑软件故障中的发生频率是比较高的。在使用电脑时，突然死机不但会影响工作，还会让心情变得很糟。总之，电脑死机是件令人烦恼的事情。

1．电脑死机现象

常见的死机现象有以下几种。
① 鼠标停止不动。
② 键盘无法输入。
③ 界面"定格"无反应。
④ 软件运行非正常中断。
⑤ 屏幕出现"蓝屏"。
⑥ 无法启动系统。

2. 计算机死机原因及处理

（1）开机过程中出现死机

在启动计算机时，只听到硬盘自检声而看不到屏幕显示或开机自检时发出的报警声，且计算机不工作或在开机自检时出现错误提示等。

此时出现死机的原因可能为：

- BIOS 设置不当。
- 计算机移动时设备遭受震动。
- 灰尘腐蚀电路及接口。
- 内存条故障。
- CPU 超频。
- 硬件兼容问题。
- 硬件设备质量问题。
- BIOS 升级失败。

处理方法：

① 如果计算机是在移动后发生死机，可以判断为移动过程中受到很大震动，因为移动会造成电脑内部器件松动，从而导致接触不良。这时只要打开机箱把内存、显卡等设备重新紧固即可。

② 如果计算机是在设置 BIOS 后发生死机，将 BIOS 设置改回来。如忘记了先前的设置项，可以选择 BIOS 中的"载入标准预设值"恢复。

③ 如果计算机是在 CPU 超频后死机，可以判断为超频引起的，因为超频加剧了在内存或虚拟内存中找不到所需数据的矛盾。该情况下，将 CPU 频率恢复即可。

④ 如屏幕提示"无效的启动盘"，则是系统文件丢失/损坏或硬盘分区表损坏，一般修复系统文件或恢复分区表即可。

⑤ 如果不是上述问题，接着检查机箱内是否干净，设备连接有无松动，因为灰尘易腐蚀电路及接口会造成设备间接触不良而引起死机。一般只要清理灰尘及设备接口，再插进设备，故障即可排除。

⑥ 如果故障依旧，最后用替换法排除硬件兼容性问题和设备质量问题。

（2）在启动计算机操作系统时发生死机

在计算机通过自检，开始装入操作系统或刚刚启动到桌面时出现死机。

此时出现死机的原因可能为：

- 系统文件丢失或损坏。
- 感染病毒。
- 初始化文件遭破坏。
- 非正常关闭计算机。
- 硬盘有坏道。

处理方法：

① 如启动时提示系统文件找不到，则可能是系统文件丢失或损坏，只需从其他相同操作系统的计算机中复制丢失的文件到故障计算机中即可。

② 如启动时出现蓝屏并提示系统无法找到指定文件，则为硬盘坏道导致系统文件无法读取所致。用启动盘启动计算机，运行 Scandisk 磁盘扫描程序，检测并修复硬盘坏道即可。

③ 如没有上述故障，先用杀毒软件查杀病毒，再重新启动计算机，看计算机是否正常。

④ 如还死机可用"安全模式"启动，然后再重新启动，看是否死机。

⑤ 如依然死机，接着恢复 Windows 注册表（如系统不能启动，则用启动盘启动）。

⑥ 如还死机，打开"开始|运行"对话框，输入 sfc 并回车，启动"系统文件检查器"开始检查。如查出错误，屏幕会提示具体损坏文件的名称和路径，接着插入系统光盘，选"还原文件"，被损坏或丢失的文件就会还原。

⑦ 如依然死机，重新安装操作系统。

（3）在使用一些应用程序过程中出现死机

计算机一直都运行良好，只在执行某些应用程序或游戏时出现死机。此时死机的原因可能为：

- 病毒感染。
- 动态链接库文件（.DLL）丢失。
- 硬盘剩余空间太少或碎片太多。
- 软件升级不当。
- 非法卸载软件或误操作。
- 启动程序太多。
- 硬件资源冲突。
- CPU 等设备散热不良。
- 电压不稳。

处理方法：

① 用杀毒软件查杀病毒，再重新启动计算机。

② 看是否打开的程序太多，如是，关闭暂时不用的程序。

③ 是否升级了软件，如是，将软件卸载再重新安装即可。

④ 是否非法卸载软件或误操作，如是，恢复 Windows 注册表尝试恢复损坏的共享文件。

⑤ 查看硬盘空间是否太少，如是，可删掉不用的文件并进行磁盘碎片整理。

⑥ 查看死机有无规律，如计算机总是在运行一段时间后死机或运行大的游戏软件时死机，则可能是 CPU 等设备散热不良引起的。此时，打开机箱查看 CPU 的风扇是否转动以及风力如何，如风力不足应及时更换风扇，改善散热环境。

⑦ 用硬件测试工具测试计算机，检查是否由于硬件品质和质量不好造成的死机，如是更换硬件设备。

⑧ 打开"控制面板"|"系统"|"硬件"|"设备管理器"，查看硬件设备有无冲突（冲突设备一般用黄色的"！"标出），如有，只要将其删除并重新启动计算机即可。

⑨ 查看所用市电是否稳定，如不稳定，配置稳压器即可。

（4）关机时出现死机

在退出操作系统时出现死机。Windows 的关机过程：先完成所有磁盘写操作，清除磁盘缓存；接着执行关闭窗口程序，关闭所有当前运行的程序，将所有保护模式的驱动程序转换成实模式；最后退出系统，关闭电源。

此时死机的原因可能为：

- 选择退出 Windows 时的声音文件损坏。
- BIOS 的设置不兼容。
- 在 BIOS 中的"高级电源管理"设置不当。
- 没有在实模式下为视频卡分配一个 IRQ。
- 某一个程序或 TSR 程序可能没有正确关闭。
- 加载了一个不兼容的、损坏的或冲突的设备驱动程序等。

处理方法：

① 确定"退出 Windows"声音文件是否已毁坏，单击"开始"|"设置"|"控制面板"，然后双击"声音和音频设备"。在"声音"选项卡中的"程序事件"框中，单击"退出 Windows"选项。在"声音"框中，单击"（无）"，然后单击"确定"按钮，接着关闭电脑。如果 Windows 正常关闭，则问题是由退出声音文件所引起的。

② 在 CMOS 设置程序中，重点检查 CPU 外频、电源管理、病毒检测、IRQ 中断开闭、磁盘启动顺序等选项设置是否正确。具体设置方法可参看主板说明书，上面有很详细的设置说明。如果对其设置不太懂，建议将 CMOS 恢复到出厂默认设置即可。

③ 如不行，接着检查硬件不兼容问题或安装的驱动不兼容问题。

11.3.4　内存不足故障及维修方法

在 Windows 系统中出现"内存不足"的故障提示后，可能导致程序或系统无法正常运行，影响正常工作。

1．内存不足故障的原因

① 同时运行的应用程序太多。
② 硬盘剩余空间太少。
③ 系统中的"虚拟内存"设置太少。
④ 运行的程序太大。
⑤ 计算机感染了病毒。

2．内存不足故障的维修方法

Step 01　关闭不需要的应用软件。

Step 02　删除剪贴板中的内容。打开"开始"|"程序"|"附件"|"剪贴板查看器"，用鼠标单击"编辑"菜单，选择"删除剪贴板内容"即可。如程序中无"剪贴板查看器"，可以打开"控制面板"|"添加或删除程序"窗口，再单击"添加/删除 Windows 组件"，将"剪贴板查看器"添加到附件中。

Step 03　释放"系统资源"。"系统资源"是一些小内存区，Windows 用它们来存储已打开的窗口、对话框和桌面配置（如"墙纸"）等的位置与大小。如果你的"系统资源"用完了，即使计算机中仍有几兆的内存，Windows 依然会显示内存不足的信息。我们可以让系统自动关闭失去响应的程序和卸载内存中没用的 DLL 文件，设置方法：打开注册表中的 HKEY_LOCAL_MACHINE\SOFTWARE\Microsoft\Windows\CurrentVersion\Explorer，在右侧的窗格中新建一个字符串值 AlwaysUnloadDLL，将其值设为"1"，然后关闭注册表编辑器，重启计算机即可。

Step 04 增加系统的虚拟内存。

Step 05 重新启动计算机。

11.3.5 计算机自动重启故障及维修方法

造成计算机自动重启故障的原因有硬件方面原因和软件方面原因，具体包括以下几方面。

1. 硬件方面原因

（1）电压不稳原因

一般家用计算机的开关电源工作电压范围为 170~240V，当市电电压低于 170V 或高于 240V 时，计算机就会自动重启或关机。因为市电电压的波动有时感觉不到，所以就会误认为计算机莫其妙地自动重启了。

（2）计算机电源的功率不足或性能差导致自动重启

劣质的电源不能提供足够的电量，当系统中的设备增多且功耗变大时，劣质电源输出的电压就会急剧降低，最终导致系统工作不稳定，出现自动重启现象。

（3）主机开关电源的插头松动或没有插紧导致重启

电源插座在使用一段时间后，簧片的弹性慢慢丧失，导致插头和簧片之间接触不良，电阻不断变化，电流随之起伏，系统自然会很不稳定。一旦电流达不到系统运行的最低要求，计算机就会重启。

（4）CPU 原因

CPU 内部部分功能电路、二级缓存损坏时，计算机也能启动，甚至还会进入正常的桌面进行正常操作，但当进行某一特殊功能时就会重启或死机，如播放 VCD、玩游戏等。

（5）内存原因

当内存条上某个芯片不完全损坏时，有时可能会通过自检环节。但是在运行时，可能会因为内存散热量大导致功能失效而意外重启。

（6）ReSet 开关质量问题

如果 ReSet 开关弹性减弱或机箱上的按钮按下去不易弹起时，就会在使用过程中因偶尔触碰机箱或者在正常使用状态下导致主机突然重启。因此，当 ReSet 按钮不能按动自如时，我们一定要仔细检查，最好更换新的 ReSet 按钮或对机箱的外部按钮进行加油润滑处理。

（7）接入网卡或并口、串口、USB 接口接入外部设备时自动重启

这种情况一般是因为外设有故障，例如打印机的并口损坏、某一针脚对地短路、USB 设备损坏或网卡做工不标准等。当使用这些设备时，就会因为突然的电源短路而引起计算机重启。

（8）散热不良或测温失灵原因

CPU 散热不良，经常出现的问题就是 CPU 散热器固定卡子脱落，CPU 散热器与 CPU 之间有异物，CPU 风扇长时间使用后散热器积尘太多，这些情况都会因积聚温度过高而自动重启。

另外，在 CMOS 中设置的 CPU 保护温度过低也会引起主机自动重启。

（9）强磁干扰原因

许多时候计算机死机和重启是因为干扰造成的，这些干扰既有来自机箱内部 CPU 风扇、机箱风扇、显卡风扇、显卡、主板、硬盘的干扰，也有来自外部的动力线，变频空调甚至汽车等大型设

备的干扰。如果主机的抗干扰性能差或屏蔽不良，就会出现主机意外重启或频繁死机的现象。

（10）主板短路原因

由于装机时不小心将螺丝钉掉在主机内或机箱变形等造成主板短路，开机后主机没有反应。

2．软件方面原因

（1）病毒原因

电脑感染了病毒或上网时被人恶意侵入，通常会导致计算机重新启动。可以用杀毒软件清除，最好重新安装操作系统。

（2）系统文件损坏原因

当系统文件被破坏时，系统在启动时会无法完成初始化而强迫重新启动。

（3）定时软件或计划任务软件导致自动重启

如果你在"计划任务栏"里设置了重新启动或加载某些工作程序，会导致重启。

3．计算机"自动重启"故障维修方法

① 对系统查杀病毒，排除病毒造成的计算机重启。

② 检查计算机重启时，是否有大功率的电器启动，如有，则是电压起伏过大所致。只要将计算机的电源和大功率电器的电源分别装在不同路的电源上即可，也可安装稳压器。

③ 检查 CPU 的风扇是否运转正常，散热条件是否良好，如果发现 CPU 温度过高，就应该及时维修或者更换 CPU 风扇。

④ 检查是不是计算机安装的设备过多，超出了电源承受的功率负荷造成功率不足，自动重启。

⑤ 检查是否是定时软件或计划任务软件导致自动重启，查看"计划任务栏"里是否设置了定时重启任务。

⑥ 检查其他硬件问题（CPU、内存等）。

11.3.6　Windows 注册表故障及解决方案

我们有时会频繁地装卸软件，而许多软件要对注册表进行改动。每次启动系统、运行应用程序和重新进行硬件配置时都要访问注册表，所以注册表比计算机中的其他静态文件更容易出错或损坏。如果注册表遭到破坏，那么系统可能无法访问硬件设备、无法运行应用程序，甚至于系统无法启动，系统、应用程序、数据等遭到毁坏。

1．注册表被破坏后的故障现象

① Windows 系统显示"注册表损坏"的信息，要求重启计算机。

② 系统无法正常启动，出现一个对话框，在对话框中提示："无法启动 Shell32.DLL 文件，请退出部分程序，然后再试一次"。单击"确定"按钮后，系统死机。有时会再现非法操作的对话框。

③ 应用程序出现"找不到服务器上的嵌入对象"或"找不到 OLE 控件"这样的错误提示。

④ "资源管理器"页面包含没有图标的文件夹、文件或者意料之外的奇怪图标。

⑤ 无法运行应用程序。

⑥ 当单击某个文档时，Windows 提示"找不到应用程序打开这种类型的文档"信息，即使安

装了正确的应用程序，文档的扩展名（或文件类型）也正确。

⑦ 没有访问应用程序的权限。

⑧ 驱动程序不能正确被安装。

⑨ "开始"菜单或"控制面板"项目丢失/变灰，处于不可激活状态。

⑩ 无法调入驱动程序。

⑪ 不能进行正常的网络连接。

⑫ Windows 系统根本不能启动或仅能以安全模式启动。

⑬ 注册表条目有误。

⑭ 不久前工作正常的硬件设备不再起作用或不再出现在"设备管理器"的列表中。

2．注册表故障维修方法

用手动备份的注册表文件恢复或用系统自动备份的注册表恢复，如恢复之后故障仍存在，则重新安装系统即可。

11.3.7 光驱和刻录机故障的分析与处理

故障 1：光驱不读盘

光驱不读盘故障原因有：光驱激光头脏或老化、光盘划得太厉害。

维修方法：先用光驱清洗盘清洗激光头，如不管用，打开光驱外壳，加大电阻改变电流的强度，使发射管的功率增加，提高激光的亮度，从而提高光驱的读盘能力。

故障 2：开机检测不到光驱或者检测失败

此类故障的原因主要有：光驱驱动程序丢失或损坏、光驱接口接触不良、光驱数据线损坏和光驱跳线错误等。

维修方法：检查光驱接口、跳线及数据线，如正常，接着检查光驱驱动程序，用"安全模式"启动计算机，然后重启计算机，如不行可利用恢复注册表来修复光驱驱动程序。

故障 3：光驱指示灯不亮，没有反应

此类故障主要是由于光驱电源问题或光驱内部电路问题造成。

维修方法：检查光驱供电电源插头，如正常，接着打开光驱检查光驱电源接口有无虚焊。如没有，则是光驱芯片损坏，返回厂家维修。

故障 4：DVD 光驱只能读 DVD 盘，不能读数据盘

此故障原因是由于读取数据盘的磁头老化造成。

维修方法：调整激光头的功率，方法同上。

故障 5：安装刻录机后无法启动计算机

此类故障的原因一般为刻录机没连好或跳线设置有问题。

维修方法：先检查 IDE 线是否完全插入，并且要保证 PIN-1 的接脚位置正确连接。如果刻录机与其他 IDE 设备共用一条 IDE 线，需保证两个设备不能同时设定为 MA（Master）或 SL（Slave）方式，可以把一个设置为 MA，另一个设置为 SL。

故障 6：刻录软件找不到光盘刻录机

此故障可能由 3 方面原因引起：

● 刻录软件版本太旧。因为目前光盘刻录机硬件的发展速度非常快，往往导致刻录软件不能跟上硬件的更新速度，所以请及时将刻录软件更新到最新版本。

● 安装过程中的意外错误。由于系统等方面的原因，导致刻录软件在检测硬件时没有检测到相应的刻录机信息。

● 系统 ASPI（Advanced SCSI Programming Interface）即高级 SCSI 编程接口驱动程序不全。这是大多数刻录软件会应用到的数据传输接口，如果驱动程序不全，往往会导致找不到刻录机、刻录不稳定和报错等问题。

维修方法：将刻录软件卸载并重新安装一次或根据使用的操作系统下载相应版本的 ASPI 驱动程序进行安装即可。

11.3.8 板卡常见故障的分析与处理

1．声卡常见故障

故障 1：无法正常安装声卡。

当出现 Windows 系统无法正确识别声卡时，可以先在 DOS 系统下把声卡的驱动程序安装好，然后重新安装 Windows XP/Vista。

当系统属性中出现"惊叹号"的时候，就是遇到设备冲突问题了，这在 ISA 声卡中是非常常见的毛病。这时可以手动调整声卡的各种设置属性，一般正常情况下 ISA 声卡的输入/输出范围是 0220~-022F，直接内存访问是 01，而中断请求通常是 05 或者 07。用户可以按照这个标准上下微调，直至解决系统冲突。

故障 2：声卡无声。

① 与音箱或者耳机的连接不正确。
② 音箱或者耳机出现故障。
③ 音频连接线损坏。
④ Windows 音量控制中的声音通道被屏蔽，如被设置为"静音"。
⑤ 声卡与其他插卡有冲突，可调整 PnP 卡所使用的系统资源。
⑥ 如果只有一个声道无声，可检查声卡到音箱的音频线是否有断线现象。
⑦ 使用替换法，确认声卡自身是否损坏。

故障 3：播放 MIDI 无声。

如果声卡在播放 WAV、玩游戏时非常正常，但无法播放 MIDI 文件，则主要有以下原因。

① 早期 ISA 声卡的 16 位模式与 32 位模式不兼容。
② 没有加载适当的波表音色库。
③ Windows 音量控制中的 MIDI 通道被设置成了静音模式。

故障 4：播放 CD 无声。

一般是由于连接 CD-ROM 和声卡的音频线未连接或连接错误引起的。

故障 5：无法录音。

① 麦克风插接错误。

② 录音属性设置错误。

③ 在"控制面板"｜"多媒体"｜"设备"中的"混合器设备"和"线路输入设备"选项卡中设置"使用"状态。

故障 6：噪声过大。

① 声卡插卡不正。

② 音箱连接不当。

③ 使用的是 Windows XP 自带驱动程序，只需装入厂家提供的驱动程序。

2．中断冲突

虽然 Windows XP 采用了 PnP（即插即用）功能，但是中断冲突仍然是不可避免的，其中容易发生冲突的就是 IRQ、DMA 和 I/O。

① IRQ：IRQ 的中文名称是中断请求线。声卡、硬盘等设备在工作时需要定期中断 CPU，让 CPU 为其做一些特定的工作。如果这些设备要中断 CPU 的运行，就必须在中断请求线上把请求 CPU 中断的信号发给 CPU，每个设备只能使用自己独立的中断请求线。一般来说，在 80286 以上计算机中，共有 16 个中断请求线与需要用中断的不同外设相连接，每个中断线有一个标号也就是中断号。中断号的分配情况如表 11.1 所示。从表中可以看到，IRQ3、4、5、10、11、12、15 可供用户使用。

表 11.1 中断号的分配情况

IRQ	说明	IRQ	说明
0	定时器	8	实时时钟
1	键盘	9	PC 网络
2	串行设备控制器	10	可用
3	COM2	11	可用
4	COMI	12	PS/2 鼠标
5	LPT2	13	数学协处理器
6	软盘控制器	14	硬盘控制器
7	LPTI	15	可用

② DMA（存储器直接存取）：计算机与外设之间的联系一般通过以下两种方法。

- 通过 CPU 控制来进行数据的传送。
- 在专门的芯片控制下进行数据的传送。

DMA 就是不用 CPU 控制，直接利用 DMA 通道将数据写入存储器或将数据从存储器中读出，此过程无须 CPU 参与，系统的速度会大大增加。

DMA 通道的分配情况如表 11.2 所示。

表 11.2　DMA 通道分配情况表

DMA 通道	分配情况	DMA 通道	分配情况
DMA0	可用	DMA4	DMA 控制器
DMAI	EPC 打印口	DMA5	可用
DMA2	软盘控制器	DMA6	可用
DMA3	8 位数据传送	DMA7	可用

③ I/O：I/O 即输入/输出端口，也就是计算机配件与 CPU 连接的接口。每个端口都有自己的一个端口号，这个端口号称为地址。任何一个与 CPU 通信的外设或配件都有不同的 I/O 地址，通常在 PC 内部一共有 1024 个地址。

④ 中断冲突及其解决方法：PnP 技术可以对中断进行自动分配，但当 Windows XP 不能正确检测出新设备时自动分配中断就会产生冲突，使设备不能正确使用。

解决冲突的方法如下。

- 删除有"？"和"！"的设备，然后重新启动，让计算机自己再认一遍这些设备。
- 如果进行第一步后仍有带"？"和"！"的设备，说明存在中断冲突，只能手动调整来解决中断冲突。在"系统"|"设备管理器"|"属性"中可以看到系统资源分配的情况，例如了解哪些系统资源被占用、哪些系统资源还没有用，以便于用户做相应的调整。

⑤ 容易产生中断冲突的设备：要防止中断冲突，只需了解哪些设备容易产生中断冲突，以便在使用这些设备时稍微注意即可。

- **声卡**：特别是早期的 ISA 声卡，需要手动设置中断号。
- **内置调制解调器和串口鼠标相冲突**：一般鼠标用 COM I，内置调制解调器使用 COM 2 的中断。
- **网卡和串口鼠标相冲突**：此问题一般发生在鼠标所在 COM1 口，使用中断号为 3，而网卡的默认中断号一般为 3，两者极有可能发生冲突。
- **打印机和 EPP 扫描仪相冲突**：可以在安装扫描仪驱动程序时将打印机打开，以防止扫描仪驱动程序设置有误。

此外，在使用"即插即用"操作系统时，应将 BIOS 中 PNP OS Installed 设置为 Yes；使用 PS/2 鼠标时应将 BIOS 中 PS/2 Mouse Function Control 打开或设置为 Auto，才能将 IRQ12 分配给 PS/2 鼠标用。

11.3.9　外设常见故障的分析与处理

1．键盘常见故障与处理

检查键盘故障时，先要确保键盘连接正确，如果连接正确的键盘仍然无法使用，可用替换法交换到其他主机试验，若在其他主机上工作正常，则可能是主板键盘接口的问题；若在其他主机上工作仍不正常，表明键盘自身有问题，一般只需另购新键盘。

对于下述故障，读者可以尝试自己修理。

故障 1：个别字母无法输入。

一般可关机后清洗键盘内部，用酒精擦洗键盘按键下面与键帽接触的部分。

故障 2：鼠标使用正常，键盘不可用。

检查键盘接口是否松动，如果键盘接口插接良好，可用替换法找出是主板上键盘接口质量问题，还是键盘自身质量问题，以便及时更换。

故障 3：个别键不好使，更换键盘故障依旧。

出现这种故障的主要原因是键盘设置错误或病毒干扰。可依次选择"控制面板"|"键盘"|"语言"，并将其设置成默认值。如果故障依旧，可查杀病毒或重新安装系统。

故障 4：开机黑屏。

开机后黑屏的原因在前面已经做过介绍，还有一种可能性便是鼠标和键盘接反了。只需关机后交换键盘和鼠标接口。

2．鼠标的故障与处理

鼠标最常见的故障是：启动后，系统报"鼠标没有检测到"或"没有安装鼠标"（而实际上是安装了鼠标及其驱动程序）。系统不认鼠标的故障一般是由接触不良、鼠标模式设置错误、鼠标的硬件故障、病毒或主板故障等引起的，一般按下列步骤检查和处理。

Step 01　拔插鼠标与主机的接口插头，检查接触是否良好，处理后重新启动系统。

Step 02　若故障仍存在，可检查鼠标底部是否有模式设置开关。如果有，试着改变其位置并由重新启动系统；若没有解决问题，仍把开关拨回原位。

Step 03　若故障仍存在，则用替换法将另一只好鼠标与主机连接，再开机启动。

Step 04　若故障消失，则说明是由鼠标的硬件故障引起的，检查鼠标的接口和连线有无问题。如无问题，再检查鼠标的 X 轴和 Y 轴的移动机构或光电接收电路系统有无问题。

Step 05　若用替换法后故障仍存在，则说明是软故障。可检查鼠标驱动程序是否完好，如有问题应重新安装。如果驱动程序是好的，再检查 CMOS 的内容是否被修改。

Step 06　若故障仍存在，可用杀毒软件查杀病毒。

若经以上检查后故障仍存在，应怀疑主板故障，送专业人员修理或更换主板。

3．显示器的常见故障与处理

检修显示器需要具备大量的电子知识和技能，因此对于普通人员，只需确定是否显示器有硬件故障。如果有，交给显示器厂家或专业显示器维修人员处理即可。

检测显示器的方法如下。

Step 01　确定显示器电源线、信号线连接正确。

Step 02　开机观察是否出现界面，如果没有界面，可试着进行亮度调整。

Step 03　如果仍未出现界面，关机后将其交换到其他主机试验。

Step 04　如果仍未出现界面，可确认是显示器本身的硬故障。

4．打印机的常见故障与处理

打印机无法打印的故障大多是由于打印机使用、安装、设置不当造成的，病毒、打印机损坏、打印机端口故障也会导致打印机无法打印。

故障原因可能是下列 3 种之一。

① 打印机电缆断线。

② 打印机损坏。

③ 打印机端口有故障。

打印机电缆断线可用替换法检查，如果是打印机出现故障，请将打印机送修；如果是主板打印机端口损坏，可另加装一块多功能卡，在 BIOS 中关闭主板打印机端口实施打印。

Step 01 检查打印机是否处于联机状态，在大多数打印机上有一个指示联机状态指示灯，正常情况下该联机指示灯应处于常亮状态。如果该指示灯不亮或处于闪烁状态，说明联机不正常，应检查打印机电源是否接通、打印机电源开关是否打开、打印机电缆是否正确连接等。

Step 02 如联机指示灯显示联机正常，可先关掉打印机，然后再打开，重新打印文档试验。

Step 03 检查打印机驱动程序是否安装正确，且是否已将打印机设置为默认打印机。方法是启动 Windows XP 后选择 "开始" | "控制面板" | "打印机与传真"，打开 "打印机与传真" 窗口，检查当前使用的打印机图标上是否有一个黑色的小钩，如果没有，用右键单击打印机图标，选择 "设为默认值"，将打印机设置为默认打印机。如果 "打印机" 窗口没有当前使用的打印机，请双击 "添加打印机" 图标，然后根据提示安装打印机驱动程序。

Step 04 检查是否将当前打印机设置为暂停打印，方法是在 "打印机" 窗口用右键单击打印机图标，在出现的下拉菜单中检查 "暂停打印" 选项上是否有对钩。如果选中了 "暂停打印" 选项，请取消该选项上的小钩，然后重新打印。

Step 05 在 "打印机" 窗口中右击 "打印机" 图标，选择 "属性" | "常规" | "打印测试页"，如果能够打印测试页，但 WPS 2000、Word 或其他应用程序不能正确打印，应检查相应的应用程序是否选择了正确的打印机。

Step 06 硬盘剩余空间过小也会导致打印机无法打印，如果硬盘可用空间低于 10MB，应清空 "回收站"、删除硬盘上的临时文件、删除硬盘上的过期文件或已归档文件、删除从不使用的程序等，以释放更多的空间才能打印。

Step 07 检查 BIOS 中打印机端口是否打开，BIOS 中打印机使用端口应设置为 Enable。

Step 08 用杀毒软件检查是否存在病毒。

Step 09 检查打印机是否有打印纸、色带或墨粉和其他必需品，打印机是否卡纸。

11.3.10 计算机软件常见故障的分析与处理

故障 1：自动关机

故障现象：更换键盘后，计算机在正常运行过程中，突然自动关闭系统或重启系统。

故障原因：因为计算机更换键盘前系统正常，且开机自检正常，说明故障不在主板和键盘接口上，而是在键盘本身。由于电路板上相邻的电路走线相距较近，尘埃以及受潮等原因有可能导致相邻的线路短路，造成以上故障。

解决方法：打开键盘外壳，先用柔软毛刷轻轻扫除键盘电路板上的灰尘，而后用棉球沾酒精擦拭电路板，待凉干后装上外壳使用，故障排除。

故障 2：病毒

故障现象：系统运行缓慢、有时死机并出现非法操作、硬盘灯乱闪或经常蓝屏等现象。

故障原因：从故障现象看，可能是感染病毒。

解决方法：安装最新版的杀毒软件，查杀病毒并重启电脑后故障排除。

故障 3：虚拟光驱

故障现象：将安装的虚拟光驱软件删除后，发现其虚拟出来的光驱盘符没有跟着消失。

故障原因：可能删除虚拟光驱软件时，并不是按照正确方法删除，造成此故障。

解决方法：打开"控制面板"|"系统"|"设备"|"硬件管理器"，查看"DVD/CD-ROM 驱动器"项下是否有虚拟的光驱，将其删除。如果问题依旧存在，切换到注册表中的 HKEY_LOCAL_MACHINE\Enum\SCSI 下，将其下所有键值删除。这样所有的光驱信息就删除了，重新启动计算机后物理光驱会自动加载，故障排除。

11.3.11 其他常见故障的分析与处理

1．"非法操作"故障

在使用 Windows 时，有时会出现莫名其妙的"非法操作"而终止程序的运行。引起非法操作故障的原因有硬件方面和软件方面的两种情况。

（1）硬件方面的原因

- 内存条质量不佳引起。这是出现"非法操作"故障较常见的一种硬件方面原因，可以尝试清理内存条上的灰尘，清洗内存条的"金手指"，或提高内存延迟时间。
- CPU 工作温度过高。如果风扇不转或散热片接触不良，导致 CPU 温度过高，"非法操作"就会频繁出现。
- 其他硬件也有可能导致"非法操作"，但应首先怀疑驱动程序问题。如不是，则可能是硬件不兼容。

（2）软件方面的原因

- 病毒感染。
- 系统文件被更改或损坏。在打开一些系统自带的程序时，会出现"非法操作"的提示（例如打开"控制面板"时）。
- 非 Windows 的应用程序或与 Windows 兼容性不好的应用程序造成。
- 软件之间不兼容。
- 使用未经测试的程序。在制作过程中，一些商业软件的初期版本、试用版以及盗版软件或一些网上下载的软件都存在许多 Bug，运行这些程序有可能造成"非法操作"故障。
- 驱动程序未正确安装。在打开一些游戏程序时，会产生"非法操作"的提示。

（3）系统"非法操作"故障维修方法

Step 01 排除软件原因，可以首先排除应用软件原因引起的故障，将出现"非法操作"提示的应用软件卸载，看是否还出现非法操作故障，如还出现，则不是软件引起的故障。

Step 02 排除操作系统。重新安装操作系统，在不装其他应用软件的情况下，查看系统是否还出现"非法操作"故障。

Step 03 如重新安装操作系统后，不出现"非法操作"故障，则是由于操作系统引起的。重新安装操作系统后，故障排除。

Step 04 如重新安装操作系统后，还出现"非法操作"故障，则可能是硬件原因引起的故障。

Step 05 用替换法等方法逐一检查硬件引起的故障（如硬件接触不良、老化、质量问题等），直到找到故障点。

2. 内存不足

在 Windows 系统中出现"内存不足"的故障提示后，可能导致程序或系统无法正常运行，影响计算机的正常工作。

（1）内存不足故障的原因

- 同时运行的应用程序太多。
- 硬盘剩余空间太少。
- 系统中的"虚拟内存"设置太少。
- 运行的程序太大。
- 计算机感染了病毒。

（2）内存不足故障的维修方法

Step 01 关闭不需要的应用软件。

Step 02 删除剪贴板中的内容。打开"开始"|"程序"|"附件"|"剪贴板查看器"，用鼠标打开"编辑"菜单，选择"删除剪贴板内容"即可。如程序中无"剪贴板查看器"，可以打开"控制面板"|"添加/删除程序"对话框，再单击"添加 Windows 组件"，将"剪贴板查看器"添加到附件中。

Step 03 释放"系统资源"。"系统资源"是一些小内存区，Windows 用它们来存储已打开的窗口、对话框和桌面配置（如"墙纸"）等的位置与大小。如果你的"系统资源"用完了，即使计算机中仍有几兆的内存，Windows 依然会显示内存不足的信息。可以让系统自动关闭失去响应的程序和卸载内存中没用的 DLL 文件，设置方法：打开注册表中的 HKEY_LOCAL_MACHINE\SOFTWARE\Microsoft\Windows\CurrentVersion\Explorer，在右侧的窗格中新建一个字符串值 AlwaysUnloadDLL，将其值设为"1"，然后关闭注册表编辑器，重启计算机即可。

Step 04 增加系统的虚拟内存。

Step 05 重新启动计算机。

3. 花屏故障

故障现象： 从游戏中退出后，系统花屏。

故障原因： 这是由于游戏使用的显示模式和 Windows 默认的显示模式不一致，而游戏退出时又没有尝试刷新屏幕造成的。

解决方法： 试将游戏使用的显示模式调到 Windows 默认的显示模式，如不行需更换显卡。

4. 蓝屏故障

故障现象： 在正常模式下计算机启动时出现蓝屏，并显示0E或0D错误。在安全模式下可以启动，但运行任何程序都将导致蓝屏。

故障原因： 这个错误提示是主板或内存错误，但不一定完全是硬件的问题。

解决方法： 恢复注册表或重装系统，如重装之后故障依然存在，则用替换法排除硬件原因。

11.4 CMOS 密码破解

"CMOS 密码"就是通常所说的"开机密码"，主要是为了防止别人使用自己的计算机而设置的一个屏障（本节内容只作忘记密码时使用，不得用于恶意目的）。

破解"CMOS 密码"的方法很多，主要有以下几种。

11.4.1 更改硬件配置

当丢失 CMOS 密码时，可以先试着改动机器的硬件再重新启动，因为启动时如果系统发现新的硬件配置与原来的硬件配置不相同，可能会允许你直接进入 CMOS 重新设置而不需要密码。

改动硬件配置的方法很简单，比如拔去一根内存条或安装一块不同型号的 CPU（当然要主板支持）、更换一块硬盘等。

11.4.2 建立自己的密码破解文件

`Step 01` 当系统自检完毕并准备引导 Windows 时按 F8 键，选择 Safe mode command prompt only（安全命令模式）后，在 DOS 提示符下输入 COPY CON YK.COM，回车，在编辑环境内输入：Alt+179、Alt+55、Alt++136、Alt+216、Alt+230、Alt+112、Alt+176、Alt+32、Alt+230、Alt+113、Alt+254、Alt+195、Alt+128、Alt+251、Alt+64、Alt+117、Alt+241、Alt+195 再按F6 键保存。

> **注 意**
>
> 输入以上数据时先按 Alt 键，接着按下右侧数字键盘（按键盘上面那一排数字键是没有作用的）中的数字键，输完一段数字后再松开 Alt 键，然后按 Alt 键输入下一段数字。在输入过程中，每松开一次Alt 键屏幕上都会出现一个乱字符，不必管它。

保存并退出后，直接运行 YK.COM 这个文件，屏幕上应该没有任何提示信息，然后重新启动计算机即可清除 CMOS 里的密码。当然，CMOS 里的其他设置也会同时被清除，这就需要重新设置了。

`Step 02` 启动时选择安全模式后，输下 COPY CON YK.COM，然后在编辑环境里输入：Alt+176、Alt+17、Alt+230、p、Alt+176、Alt+20、Alt+230、q、Alt+205、空格，按 F6 键保存并运行这个文件，重新启动计算机即可。

`Step 03` DEBUG 法。在 DOS 提示符下，运行 DEBUG 后输入：

```
-o 70 18
-o 71 18
-q
```

或

```
-o 70 21
-o 71 21
-q
```

退出到 DOS 提示符后，重新启动计算机，便将 CMOS 密码完全清除了。

> **注 意**
>
> 70 和 71 是 CMOS 的两个端口，可向它们随意写入一些错误数据（如 20、16、17 等），就会破坏 CMOS 里的所有设置，有兴趣的朋友不妨多用几个数据试试。

Step 04 万能密码。如果有人将 CMOS 里的安全选项设为系统，那么当你每次开机时都必须输入正确密码；否则，别说进入 Windows，就连 DOS 也进入不了。这样就只能靠万能密码来解决问题了。

AMI 的 BIOS：AMI；Sysg。

Award 的 BIOS：award；Syxz；h996；wantgirl；eBBB；dirrid。

以上万能密码在 386、486、奔腾主板上破解 CMOS 口令几乎百发百中，而对 PII 级或以上的主板就不那么灵光了。

Step 05 使用工具软件。在网上你会发现能破解 CMOS 密码的软件比比皆是，笔者认为最好用的软件要数 Biospwds。它是由一名德国人做的小软件，使用时只需轻轻一点 Get passwords（获得密码）按钮，CMOS 密码便尽显于屏幕中了，此外还可以看到 BIOS 版本、时间等信息。

Step 06 放电。如果你运气太差，用以上方法都破解不了 CMOS 口令，那就只有这一条路可走了。翻开主板说明书，找到清除 CMOS 设置的那个跳线，按说明书所述改变其短接的方法，清空 CMOS。如果是免跳线主板，请取下电池后再安装上即可。

11.5 课后练习

一、填空题

1．电脑常见的故障主要分为_____和_____两大类。

2．硬故障是指电脑硬件系统_____或硬件_____所造成的故障，软故障即因为_____所产生的故障。

二、选择题

1．以下属于软件故障的是（　　　）。

A．元件及芯片故障　　　　　　　B．连线与接插件故障
C．跳线及设置引起的故障　　　　D．病毒

2．针对故障系统依次拔出卡类设备，每拔一块，然后开机测试计算机状态。一旦拔出某设备后故障消失，那么故障原因就在这个设备上。此类故障排除方法称为（　　　）。

A．替换法　　　　　　　　　　　B．最小系统法
C．直接观察法　　　　　　　　　D．插拔法

3．以下属于操作系统故障的是（　　　）。

A．系统文件丢失　　　　　　　　B．系统启动和关机故障
C．系统死机　　　　　　　　　　D．以上都是

4．以下属于内存不足故障的是（　　　）。

A. 同时运行的应用程序太多　　　　B. 硬盘剩余空间太少

C. 系统中的"虚拟内存"设置太少　　D. 以上都是

5. 以下哪项信息说明硬盘有问题？（　　　　）。

A. Floppy Disk（s）fail

B. Hard disk（s）diagnosis fail

C. Memory test fail

D. Keyboard error or no keyboard present

6. 以下可能是由病毒原因引起的是（　　　　）。

A. 异常死机

B. 程序装入时间增长，文件运行速度下降

C. 系统自行引导

D. 以上都是

7. 以下可能为软驱故障的是（　　　　）。

A. 启动计算机时，屏幕提示 Device Error，Non-system Disk Or Error，Replace
And Strike Any Key When Ready，不能启动

B. 启动计算机时，屏幕提示 No ROM Basic System Halted，死机

C. 启动计算机时，屏幕提示 Invalid Partition Table，不能启动

D. 提示 Not Ready Error（没有准备好）错误

8. 以下可能与声卡无关的故障是（　　　　）。

A. 可以播放 VCD 影碟，但不能读取数据盘

B. 播放 CD 无声

C. 播放时有噪声

D. 无法安装声卡驱动

附录

课后练习参考答案

第1章　计算机基础知识

一、填空题

1. 控制器　存储器
2. 逻辑
3. 输入的指令
4. 程序
5. 键盘　鼠标　扫描仪
6. 显示器　打印机　绘图仪
7. 文字处理软件　数据库管理软件　电子表格软件　工具软件
8. 控制器　运算器
9. 1981　8088
10. 软件系统　硬件系统
11. 字长　速度　内存容量　外存容量　可靠性　性能价格比

二、选择题

1. A　2. A

第2章　CPU

一、填空题

1. 外频　倍频
2. T主板、ATX与Micro ATX主板　NLX主板
3. Socket　Slot
4. 随机存储器　只读存储器
5. 盘片　磁头　盘片主轴电机　控制电机　磁头控制器　数据转换器　接口　缓存
6. TN-LCD　STN-LCD　DSTN-LCD　TFT-LCD　TFT-LCD
7. 电信号　声音信号　箱体　外壳　电源　功率放大部分　扬声器单元　特殊音效单元　功能电路

8. 打字键区　功能键区　编辑控制键区　数字小键盘区

9. 机械式　光电式　串口　PS/2 接口　USB 接口　无线鼠标

10. 电阻式　感应式　有压感　无压感

11. 立式　卧式；AT　ATX　Micro ATX　NLX　Flex ATX　ATX

12. AT　ATX　ATX 1.0　ATX 1.1　ATX 2.01　ATX 2.02

二、选择题

1. C　2. D　3. D　4. A

5. B　6. C　7. D　8. C

第 3 章　装机实战

一、填空题

1. 静电　金属导体

2. 基本分区　扩展分区　操作系统启动　激活　基本分区　逻辑分区

二、选择题

1. D　2. B　3. A

4. A　5. D　6. D

第 4 章　常见外设的使用

一、填空题

1. 针式　喷墨　激光

2. 激光　喷墨　针式　针式　激光　喷墨　喷墨　激光　针式

3. 光电倍增管　硅氧化物隔离 CCD　半导体隔离 CCD　接触式感光器件

4. 数字摄像头　模拟摄像头　数字摄像头　模拟摄像头

二、选择题

1. D　2. C　3. D

第 5 章　组建局域网

一、填空题

1. 地理　计算机技术　通信技术　资源共享　数据传输

2. 有限区域　1～2km

3. 双绞线　光纤　同轴电缆

4. 双绞线　网卡　交换机

二、选择题

1．D 2．B 3．D 4．C

第 6 章　接入 Internet

一、填空题

1．电子邮件　万维网　文件传输　远程登录　电子公告板　网络论坛　文档检索　信息查询服务系统　聊天室　网上电话　WWW 浏览　电子邮件

2．通过 MODEM 拨号上网　DDN 专线上网　ADSL 宽带上网　LAN 接入

二、选择题

1．B 2．B

第 7 章　BIOS 基础知识

一、填空题

1．基本输入/输出程序　系统设置信息　开机自检程序　系统启动程序

2．Award BIOS　AMI BIOS　Phoenix BIOS

二、选择题

1．A 2．D 3．D

第 8 章　优化电脑性能

一、填空题

1．写入　删除

2．病毒启动项　启动加速程序

3．系统不再需要的文件

二、选择题

1．B 2．D

第 9 章　电脑维护基础

一、填空题

1．10～45℃　10%～80%

2．软件　硬件

3．定期　备份

4．System.dat　User.dat

二、选择题

1．D　2．A　3．D　4．C

第 10 章　管理电脑中的软件

一、填空题

1．安装包　压缩软件　光盘文件　光盘镜像软件

2．办公软件　解压缩软件　音频播放软件　视频播放软件　图像浏览软件　图像处理软件　下载软件　即时通信软件

二、选择题

C

第 11 章　电脑常见故障及处理

一、填空题

1．硬故障　软故障

2．使用不当　物理损坏　软件运行

二、选择题

1．D　2．D　3．D　4．D

5．B　6．D　7．A　8．A